普通高等教育"十一五"国家级规划教材

荣获中国石油和化学工业优秀教材奖一等奖

过程自动化及仪表

（非自动化专业适用）

第三版

U0291988

俞金寿　孙自强　编著

化学工业出版社

·北京·

本书以自动控制系统为主体，辅以各种自动化仪表和控制装置，深入浅出地叙述了生产过程有关变量的测量方法及应用特点，自动控制系统的组成和简单、复杂、先进控制系统，以及在设计、运行中与工艺过程有关知识要点，最后介绍了典型工业生产过程：流体输送设备、传热设备、锅炉设备、精馏塔、反应器、窑炉、生化过程、冶金过程、造纸过程等的控制。

本书可作为高等学校非自动化专业（工艺类专业）自动化仪表课程教材，亦可供生产过程工艺技术人员参考。

图书在版编目（CIP）数据

过程自动化及仪表：非自动化专业适用/俞金寿，孙自强编著. —3 版 .—北京：化学工业出版社，2015.1（2022.7 重印）

普通高等教育"十一五"国家级规划教材

ISBN 978-7-122-22487-3

Ⅰ.①过… Ⅱ.①俞… ②孙… Ⅲ.①过程控制-高等学校-教材②仪表-高等学校-教材 Ⅳ.①TP273②TH7

中国版本图书馆 CIP 数据核字（2014）第 287542 号

责任编辑：唐旭华 郝英华 装帧设计：刘剑宁
责任校对：陶燕华

出版发行：化学工业出版社（北京市东城区青年湖南街 13 号 邮政编码 100011）
印 装：北京虎彩文化传播有限公司
787mm×1092mm 1/16 印张 16¾ 字数 430 千字 2022 年 7 月北京第 3 版第 8 次印刷

购书咨询：010-64518888 售后服务：010-64518899
网 址：http://www.cip.com.cn
凡购买本书，如有缺损质量问题，本社销售中心负责调换。

定 价：42.00 元 版权所有 违者必究

前　　言

本书第一版于 2003 年出版，2007 年获得过上海市优秀教材一等奖。2007 年修改后出版第二版，是国家"十一五"规划教材，2009 年获得上海市优秀教学成果奖二等奖、中国石油和化学工业优秀教材奖一等奖。本书不仅是华东理工大学的上海市精品课程"化工自动化及仪表"所用教材，同时还受到不少大专院校的欢迎，被选为相关课程教材。也受到了许多自动化技术人员的欢迎。

现在距离本书第二版修订又过去七年多了，过程自动化及仪表与整个的工业自动化一样发生着变化。除了先进控制策略发展迅速外，自动化仪表也有所更新变化。本书第三版修订大体上仍保持原来的体系，保持紧密结合工业过程实际、理论联系实际的特点，在内容上主要针对仪表和控制装置部分的一些内容进行了更新。

总的来看，在生产过程工艺设计与技术改造中，工艺技术专业人员必须熟悉生产过程自动控制的项目及具体控制方案，并与自动化技术人员密切合作；在生产过程控制、管理和调度中，工艺技术专业人员必须熟悉自动化仪表、计算机及其他自动化技术工具，并正确使用；熟悉各个控制回路和其他系统，使它们充分发挥作用。通过自动化来掌握生产，提高生产；在处理各类技术问题时，用一些系统论和控制论的观点分析思考，寻求考虑整体条件、考虑事物间相互关联、考虑过渡历程的可行解或最优解。

本书仍以自动控制系统为主体，辅以各种自动化仪表和控制装置，深入浅出地叙述了生产过程有关变量的测量方法及应用特点，自动控制系统的组成和简单、复杂、先进控制系统，以及在设计、运行中与工艺过程有关知识要点，最后介绍了典型工业生产过程的控制。

本书相关电子课件可免费提供给本书作为教材的大专院校使用，如有需要请联系：cipedu@163.com。

由于编著者水平所限，书中难免存在不足之处，恳请读者批评指正。

编著者

2014 年 12 月

目　录

1 自动控制系统概述

1.1 自动化及仪表发展状况

20 世纪 40 年代开始形成的控制理论被称为"20 世纪上半叶三大伟绩之一",在人类社会的各个方面有着深远的影响。控制理论与其他任何学科一样,源于社会实践和科学实践。在自动化的发展中,有两个明显的特点:第一,任务的需要、理论的开拓与技术手段的进展三者相互推动,相互促进,显示了一幅交错复杂,但又轮廓分明的画卷,三者间表现出清晰的同步性;第二,自动化技术是一门综合性的技术,控制论更是一门广义的学科,在自动化的各个领域,移植和借鉴起了交流汇合的作用。

自动化技术的前驱,可以追溯到我国古代,如指南车的出现。至于工业上的应用,一般以瓦特的蒸汽机调速器作为正式起点。工业自动化的萌芽是与工业革命同时开始的。这时候的自动化装置是机械式的,而且是自力型的。随着电动、液动和气动这些动力源的应用,电动、液动和气动的控制装置开创了新的控制手段。

到第二次世界大战前后,控制理论有了很大发展。电信事业的发展导致了 Nyquist(1932)频域分析技术和稳定判据的产生。Bode(1945)的进一步研究开发了易于实际应用的 Bode 图。1948 年,Evans 提出了一种易于工程应用的求解闭环特征方程根的简单图解方法——根轨迹分析方法。至此,自动控制技术开始形成一套完整的,以传递函数为基础,在频率域对单输入单输出(SISO)控制系统进行分析与设计的理论,这就是今天所谓的古典控制理论。古典控制理论最辉煌的成果之一要首推 PID 控制规律。PID 控制原理简单,易于实现,对无时间延迟的单回路控制系统极为有效,直到目前为止,在工业过程控制中有80%~90%的系统还使用 PID 控制规律。经典控制理论最主要的特点是:线性定常对象、单输入单输出、完成镇定任务。即便对这些极简单对象的描述及控制任务,理论上也尚不完整,从而促使现代控制理论的发展。

20 世纪 60 年代,控制理论迅猛发展,这是以状态空间方法为基础,以极小值原理(Pontryagin,1962)和动态规划方法(Bellman,1963)等最优控制理论为特征的,而以采用 Kalman 滤波器的随机干扰下的线性二次型系统(LOG)(Kalman,1960)宣告了时域方法的完成。现代控制理论在航天、航空、制导等领域取得了辉煌的成果。现代控制理论中首先得到透彻研究的是多输入多输出系统,其中特别重要的是对描述控制系统本质的基本理论的建立,如可控性、可观性、实现理论、典范型、分解理论等,使控制由一类工程设计方法提高成为一门新的科学。为了扩大现代控制理论的适用范围,相继产生和发展了系统辨识与估计、随机控制、自适应控制以及鲁棒控制等各种理论分支,使控制理论的内容越来越丰富。现代控制理论虽然在航天、航空、制导等领域取得了辉煌的成果,但对于复杂的工业过程却显得无能为力。

从 20 世纪 70 年代开始，为了解决大规模复杂系统的优化与控制问题，现代控制理论和系统理论相结合，逐步发展形成了大系统理论（Mohammad，1983）。其核心思想是系统的分解与协调，多级递阶优化与控制（Mesarovie，1970）正是应用大系统理论的典范，实际上，大系统理论仍未突破现代控制理论的基本思想与框架，除了高维线性系统之外，它对其他复杂系统仍然束手无策。对于含有大量不确定性和难于建模的复杂系统，基于知识的专家系统、模糊控制、人工神经网络控制、学习控制和基于信息论的智能控制等应运而生，它们在许多领域都得到了广泛的应用。

从自动控制系统结构来看，已经经历了四个阶段。

20 世纪 50 年代是以基地式控制器等组成的控制系统，像自力式温度控制器、就地式液位控制器等，它们的功能往往限于单回路控制，时至今日，这类控制系统仍没有被淘汰，而且还有了新的发展，但所占的比重大为减少。

20 世纪 60 年代出现单元组合仪表组成的控制系统，单元组合仪表有电动和气动两大类。所谓单元组合，就是把自动控制系统仪表按功能分成若干单元，依据实际控制系统结构的需要进行适当的组合。因此单元组合仪表使用方便、灵活。单元组合仪表之间用标准统一信号联系。气动仪表（QDZ 系列）为 $20\sim100kPa$ 气压信号。电动仪表信号为 $0\sim10mA$ 直流电流信号（DDZ Ⅱ 系列）和 $4\sim20mA$ 直流电流信号（DDZ Ⅲ 系列）。单元组合仪表已延续了 30 多年，目前国内还广泛应用。由单元组合仪表组成的控制系统，控制策略主要是 PID 控制和常用的复杂控制系统（例如串级、均匀、比值、前馈、分程和选择性控制等）。

20 世纪 70 年代出现了计算机控制系统，最初是直接数字控制（DDC）实现集中控制，代替常规控制仪表。由于集中控制的固有缺陷，未能普及与推广就被集散控制系统（DCS）所替代。DCS 在硬件上将控制回路分散化，数据显示、实时监督等功能集中化，有利于安全平稳生产。就控制策略而言，DCS 仍以简单 PID 控制为主，再加上一些复杂控制算法，并没有充分发挥计算机的功能和控制水平。

20 世纪 80 年代以后出现二级优化控制，在 DCS 的基础上实现先进控制和优化控制。在硬件上采用上位机和 DCS 或电动单元组合仪表相结合，构成二级计算机优化控制。随着计算机及网络技术的发展，DCS 出现了开放式系统，实现多层次计算机网络构成的管控一体化系统（CIPS）。同时，以现场总线为标准，实现以微处理器为基础的现场仪表与控制系统之间进行全数字化、双向和多站通讯的现场总线网络控制系统（FCS）。它将对控制系统结构带来革命性变革，开辟控制系统的新纪元。

当前自动控制系统发展的一些主要特点是：生产装置实施先进控制成为发展主流；过程优化受到普遍关注；传统的 DCS 正在走向国际统一标准的开放式系统；综合自动化系统（CIPS）是发展方向。

1.2 自动控制系统

1.2.1 自动控制系统

生产过程中，对各个工艺过程的物理量（或称工艺变量）有着一定的控制要求。有些工艺变量直接表征生产过程，对产品的数量和质量起着决定性的作用。例如，精馏塔的塔顶或塔釜温度，一般在操作压力不变的情况下，必须保持一定，才能得到合格的产品；加热炉出口温度的波动不能超出允许范围，否则将影响后一工段的效果；化学反应器的反应温度必需保持平稳，才能使效率达到指标。有些工艺变量虽不直接地影响产品的数量和质量，然而保持其平稳却是使生产获得良好控制的前提。例如，用蒸汽加热反应器或再沸器，在蒸汽总压波动剧烈的情况下，要把反应温度或塔釜温度控制好将极为困难；中间储槽的液位高度与气柜压力，必须维持在允许的范围之内，才能使物料平衡，保持连续的均衡生产。有些工艺变量是决定安全生产的因素，例如，锅炉汽包的水位、受压容器的压力等，不允许超出规定的限度，否则将威胁生产的安全。还有一些工艺变量直接鉴定产品的质量，例如，某些混合气体的组成、溶液的酸碱度等。对于以上各种类型的变量，在生产过程中，都必须加以必要的控制。

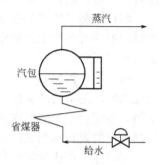

图 1-1　锅炉汽包示意图

图 1-1 所示是工业生产常见的锅炉汽包示意图，其液位是一个重要的工艺参数。液位过低，影响产汽量，且易烧干而发生事故；液位过高，影响蒸汽质量，因此对汽包液位应严加控制。

如果一切条件（包括给水量、蒸汽量等）都近乎恒定不变，只要将进水阀置于某一适当开度，则汽包液位能保持在一定高度。但实际生产过程中这些条件是变化的，例如进水阀前的压力变化，蒸汽流量的变化等。此时若不进行控制（即不去改变阀门开度），则液位将偏离规定高度。因此，为保持汽包液位恒定，操作人员应根据液位高度变化情况，控制进水量。

在此，把工艺所要求的汽包液位高度称为设定值；把所要求控制的液位参数称为被控变量或输出变量；那些影响被控变量使之偏离设定值的因素称为扰动作用，如给水量、蒸汽量的变化等，设定值和扰动作用都是系统的输入变量；用以使被控变量保持在设定值范围内的作用称为控制作用。

为了保持液位为定值，手工控制时主要有三步：

① 观察被控变量的数值，在此即为汽包的液位；

② 把观察到的被控变量值与设定值加以比较，根据二者的偏差大小或随时间变化的情况，作出判断，并发布命令；

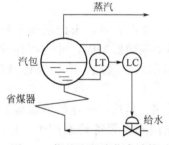

图 1-2　锅炉汽包液位自动控制系统示意图

③ 根据命令操作给水阀，改变进水量，使液位回到设定值。

如采用检测仪表和自动控制装置来代替手工控制，就成为自动控制系统。

现以图 1-2 所示的锅炉汽包液位自动控制系统为例，说明自动控制系统的原理。当系统受到扰动作用后，被控变量（液位）发生变化，通过检测仪表得到其测量值 h。在自动控制装置（液位控制器 LC）中，将 h 与设定值 h_0 比较，得到偏差 $e=h-h_0$，经过运算后，发出控制信号，这一信号作用于执行器（在此为控制阀），改变给水量，以克服扰动的影响，使被控变量回到设定值。这样就完成了所要求的控制任务。这些自动控制装置和被控的工艺对象组成了一个自动控制系统。

通常，设定值是系统的输入变量，而被控变量是系统的输出变量。输出变量通过适当的检测仪表，又送回输入端，并与输入变量相比较，因此称为反馈，二者相加称为正反馈，二者相减称为负反馈。输出变量与输入变量相比较所得的结果叫做偏差，控制装置根据偏差方向、大小或变化情况进行控制，使偏差减小或消除。发现偏差，然后去除偏差，这就是反馈控制的原理。利用这一原理组成的系统称为反馈控制系统，通常也称为自动控制系统。实现自动控制的装置可以各不相同，但反馈控制的原理却是相同的。由此可见，有反馈存在，按偏差进行控制，是自动控制系统最主要的特点。

1.2.2　闭环控制与开环控制

在反馈控制系统中，被控变量送回输入端，与设定值进行比较，根据偏差进行控制，控制被控变量，这样，整个系统构成了一个闭环，因此称为闭环控制。

闭环控制的特点是按偏差进行控制，所以不论什么原因引起被控变量偏离设定值，只要出现偏差，就会产生控制作用，使偏差减小或消除，达到被控变量与设定值一致的目的，这是闭环控制的优点。

由于闭环控制系统按照偏差进行控制，所以尽管扰动已经发生，但在尚未引起被控变量变化之前，是不会产生控制作用的，这就使控制不够及时。此外，如果系统内部各环节配合不当，系统会引起剧烈震荡，甚至会使系统失去控制，这些是闭环控制系统的缺点，在自动控制系统的设计和调试过程中应加以注意。

有时亦采用比较简单的开环控制方式，这种控制方式不需要对被控变量进行测量，只根据输入信号进行控制。由于不测量被控变量，也不与设定值相比较，所以系统受到扰动作用后，被控变量偏离设定值，并无法消除偏差，这是开环控制的缺点。

图 1-3 所示是目前数字程序控制机床中广泛应用的精密定位控制系统。这是一个开环控制系统。工作台位移是被控变量，它只根据控制信号（控制脉冲）而变化。系统中既不对被控变量进行测量，也不将其与控制信号进行比较，系统结构比较简单，但不能保证消除误差。图中步进电机是一种由"脉冲数"控制的电机，只要输入一个脉冲，电机就转过一定角度，称为"一步"。所以根据工作台所需要移动的距离，输入端给予一定数量的脉冲。如果因为外界扰动，步进电机多走或少走了几步，系统并不能"觉察"，从而造成误差。

图 1-3　精密定位开环控制系统方框图

图 1-4 所示是开环的液位控制系统。这里是根据扰动信号（蒸汽流量）来控制给水量。

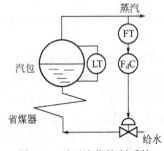

图 1-4　开环液位控制系统

这种开环控制仅在蒸汽扰动信号对液位影响时，才进行补偿，而对其他影响液位的扰动无控制作用。因此，不能保证液位无误差。

依据扰动作用进行控制的系统，虽然不一定能消除偏差，但是也有突出的优点，即控制作用不需等待偏差产生，控制很及时，对于较频繁的主要扰动能起到补偿的效果。这种系统称为前馈控制系统。所用的控制装置 F_dC 称为前馈控制器。

综上所述，开环控制与闭环控制各有特点，应根据各种不同的情况和要求，合理选择适当的方式。前馈-反馈控制系统就是开环与闭环控制的组合形式，在不少情况下可获得很好的效果。

1.2.3　自动控制系统的组成及方框图

在研究自动控制系统时，为了更清楚地表示控制系统各环节的组成、特性和相互间的信号联系，一般都采用方框图。图 1-5 所示是自动控制系统的方框图。每个方框表示组成系统的一个环节，两个方框之间用带箭头的线段表示信号联系；进入方框的信号为环节输入，离开方框的为环节输出。输入会引起输出变化，而输出不会反过来直接引起输入的变化，环节的这一特性称为单向性。

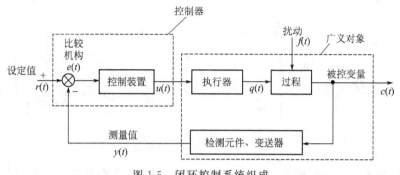

图 1-5　闭环控制系统组成

图 1-5 所示方框图采用下列符号：

$r(t)$　设定值；

$y(t)$　测量值；

$e(t)$　偏差，$e(t)=r(t)-y(t)$；

$u(t)$　控制作用（控制器输出）；

$c(t)$　被控变量；

$q(t)$　操纵变量；

$f(t)$　扰动。

检测元件和变送器的作用是把被控变量 $c(t)$ 转化为测量值 $y(t)$。例如，用热电阻或热电偶测量温度，并用温度变送器转换为统一的气压信号（20～100kPa）或直流电流信号（0～10mA 或 4～20mA）。

比较机构的作用是比较设定值 $r(t)$ 与测量值 $y(t)$ 并输出其差值。在自动控制系统分析中，把 $e(t)$ 定义为 $[r(t)-y(t)]$。然而在仪表制造行业中，却把 $[y(t)-r(t)]$ 作为偏差，两者的符号恰好相反。

控制装置的作用是根据偏差的正负、大小及变化情况，按某种预定的控制规律给出控制作用 $u(t)$。

比较机构和控制装置通常组合在一起，称为控制器。目前应用最广的控制器是气动和电动控制器，它们的输出 $u(t)$ 也是统一的气压或电流信号。

执行器的作用是接受控制器送来的 $u(t)$，相应地去改变操纵变量 $q(t)$。最常用的执行器是气动薄膜控制阀，在采用电动控制器的场合，控制器的输出 $u(t)$ 还需经电-气转换器将统一的电流信号转换成统一的气压信号。

系统中控制器以外的各部分组合在一起，即过程、执行器、检测元件与变送器的组合称为广义对象。

在分析控制系统的工作过程时，有以下几个很重要的概念。

① 信息的概念　图 1-5 中的 $r(t)$，$y(t)$，$e(t)$，$u(t)$，$q(t)$，$c(t)$ 和 $f(t)$ 尽管是实际的物理量，然而它们是作为信息来转换和作用的。图 1-5 中的箭头方向表示信息的流向。对于图 1-6 中的两个液位控制系统，图 1-6(a) 的操纵变量是进入量，图 1-6(b) 的操纵变量是流出量。作为物料流动方向来看，两者有进、出之分；但作为信息来看，它们都是作用于过程，使液位发生变化的输入信号，因此信息流的流向是相同的。图 1-5 中的每一个部分称为一个环节，作用于它的信息称为该环节的输入信号，它送出的信息称为输出信号。上一环节的输出信号就是下一环节的输入信号。每一环节的输出信号与输入信号之间的关系仅仅取决于该环节的特性。从整个系统来看，设定值和扰动是输入信号，被控变量或其测量值是输出信号。

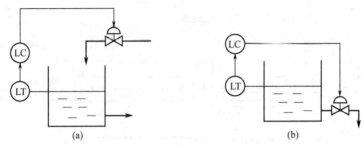

图 1-6　两个液位控制系统

② 闭环的概念　在方框图中，任何一个信息沿着箭头方向前进，最后又回到原来的起点，构成一个闭合回路，这种系统称为闭环系统。闭环控制系统的闭合回路是通过检测元件及变送器，将被控变量的测量值 $y(t)$ 送回到输入端与设定值 $r(t)$ 进行比较而形成的，所以闭环一定要有反馈。

③ 动态的概念　$r(t)$，$y(t)$，$e(t)$，$u(t)$，$q(t)$，$c(t)$ 和 $f(t)$ 都是时间函数，它们随时间而变，是不断运动的，在定值控制系统中，扰动作用使被控变量偏离设定值，控制作用又使它恢复到设定值。扰动与控制构成一对主要矛盾时，被控变量则处于不断运动之中。

1.2.4　自动控制系统的分类

自动控制系统的分类方法有多种，这里按设定值的不同情况，将自动控制系统分为三类，即定值控制系统、随动控制系统和程序控制系统。

（1）定值控制系统

设定值保持不变（为一恒定值）的反馈控制系统称为定值控制系统。这类系统在工业生产中得到广泛的应用，例如各种温度、压力、流量、液位等控制系统；恒温箱的温度控制；稳压电源的电压稳定控制等。

图 1-7(a) 所示是一个用电阻丝加热的恒温箱温度控制系统。控制变压器活动触点的位置即改变了输入电压，则通过电阻丝的电流将产生变化，使恒温箱得到不同的温度。所以，控制活动触点的位置可以达到控制温度的目的。这里的被控变量是恒温箱的温度，经热电偶测量并与设定值比较后，其偏差经过放大器放大，控制电动机的转向，然后经过传动装置，移动变压器的活动触点位置。结果使偏差减少，直到温度达到设定值为止，系统的方框图如图 1-7(b) 所示。

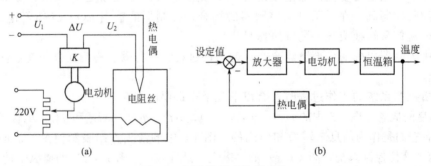

图 1-7　恒温箱温度控制系统

（2）随动控制系统

这类控制系统的特点是设定值不断变化，且事先是不知道的，并要求系统的输出（被控变量）随之而变化。例如雷达跟踪系统。各类测量仪表中的变送器本身亦可以看作是一个随动控制系统，它的输出（指示值）应迅速和正确地随着输入（被测量值）而变化。

图 1-8(a) 所示是自动平衡电子电位差计示意图。自动平衡电子电位差计实际上是一种电压转换器,将被测电压转换成角位移,通过传动机构显示出来。其动作原理是:被测电压与滑线电阻上的反馈电压相比较,其偏差经放大器放大,由可逆电机移动滑线电阻活动触点,改变反馈电压,使之与被测电压相平衡,同时通过传动机构使被测电压显示出来。只要被测电压发生变化,就有偏差进入放大器,系统就会动作,直到被测电压与反馈电压平衡为止。其方框图如图 1-8(b) 所示。显然,自动平衡电子电位差计是一个典型的随动系统,它的输出跟随输入变化,输出与输入之间存在着单值比例关系。

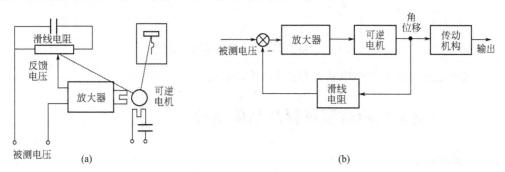

图 1-8　自动平衡电子电位差计示意图及方框图

图 1-9(a) 是工业生产中常用的比值控制系统。生产上要求将物料 F_2 与物料 F_1 配成一定比例送至下一工序。物料 F_1 代表生产负荷,经常发生变化。若 F_1 发生变化,F_2 也需随之发生变化,使 F_2/F_1 比值保持不变。为了满足这个要求,就组成了图 1-9(a) 的比值控制系统,其动作原理是:当 F_1 发生变化时,F_1 经测量变送,并乘以某一比例系数 K 后,作为物料 F_2 控制器 FC 的设定值。此时由于设定值变化而产生偏差,使 FC 动作,从而改变 F_2 使之与 F_1 的比值保持不变;若由于 F_2 本身变化时,由测量变化而产生偏差使 FC 动作,控制 F_2 使之恢复到原值,从而保持比值不变。图 1-9(b) 是该系统的方框图,从图中可以清楚地看出,该系统也是一个随动控制系统。

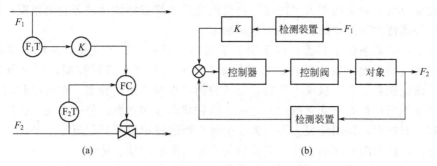

图 1-9　比值控制系统示意图及方框图

(3) 程序控制系统

这类控制系统的设定值也是变化的,但它是一个已知的时间函数,即根据需要按一定时间程序变化,例如程序控制机床、冶金工业中退火炉的温度控制等。

图 1-10 所示是某电炉炉温程序控制系统示意图。给定电压 U_0 由程序装置给出(根据需要按时间变化,由时钟机构和凸轮产生),并与热电偶所产生的热电动势 U_1 比较。若 $U_1 \neq U_0$,则放大器输入端有偏差电压 $U=U_0-U_1$ 产生,此电压经放大后送到电动机。电动机根据偏差大小和极性而动作,经减速器改变电炉电阻丝的电流,使电炉内温度发生变化,直至 $U_0=U_1$ 为止。此时放大器将无偏差电压输入,电动机不转动。当 U_0 按一定程序变化时,

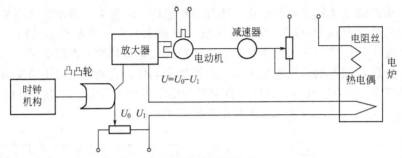

图 1-10　电炉炉温程序控制系统示意图

电炉温度也随之而变化，使热电动势 U_1 时时跟踪 U_0。

1.3　自动控制系统的过渡过程及品质指标

1.3.1　静态与动态

　　自动控制系统的输入有两种，一是设定值的变化或称设定作用，另一个是扰动的变化或称扰动作用。当输入恒定不变时，整个系统若能建立平衡，系统中各个环节将暂不动作，它们的输出都处于相对静止状态，这种状态称为静态或定态。例如前述锅炉汽包液位系统中，当给水量与蒸汽量相等时，液位保持不变，此时称系统达到了平衡，亦即处于静态。这里所说的静态，并非指系统内没有物料与能量的流动，而是指各个参数的变化率为零，即参数保持不变。此时输出与输入之间的关系称为系统的静态特性。

　　同样，对于任何一个环节来说，也存在静态。在保持平衡时的输出与输入关系称为环节的静态特性。

　　系统和环节的静态特性是很重要的。系统的静态特性是控制品质的重要一环；对象的静态特性是扰动分析、确定控制方案的基础；检测装置的静态特性反映了它的精度；控制装置和执行器的静态特性对控制品质有显著的影响。

　　假若一个系统原来处于静态，由于出现了扰动，即输入起了变化，系统的平衡受到破坏，被控变量（即输出）发生变化，自动控制装置就会动作，进行控制，以克服扰动的影响，力图使系统恢复平衡。从输入开始，经过控制，直到再建立静态，在这段时间中整个系统的各个环节和变量都处于变化的过程之中，这种状态称为动态。另一方面，在设定值变化时，也引起动态过程，控制装置力图使被控变量在新的设定值或其附近建立平衡。总之，由于输入的变化，输出随时间而变化，其间的关系称为系统的动态特性。

　　同样，对任何一个环节来说，当输入变化时，也引起输出的变化，其间的关系称为环节的动态特性。

　　在控制系统中，了解动态特性甚至比静态特性更为重要，也可以说，静态特性是动态特性的一种极限情况。在定值控制系统中，扰动不断产生，控制作用也就不断克服其影响，系统总是处于动态过程中。同样，在随动控制系统中，设定值不断变化，系统也总是处于动态过程中。因此，控制系统的分析重点要放在系统和环节的动态特性上，这样才能设计出良好的控制系统，以满足生产提出的各种要求。

1.3.2　自动控制系统的过渡过程

　　当自动控制系统的输入发生变化后，被控变量（即输出）随时间不断变化，它随时间而变化的过程称为系统的过渡过程。也就是系统从一个平衡状态过渡到另一个平衡状态的过程。

对于一个稳定的系统（所有正常工作的反馈系统都是稳定系统）要分析其稳定性、准确性和快速性，常以阶跃作用为输入时的被控变量的过渡过程为例，因为阶跃作用很典型，实际上也经常遇到，且这类输入变化对系统来讲是比较严重的情况。如果一个系统对这种输入有较好的响应，那么对其他形式的输入变化就更能适应。

定值控制系统的过渡过程几种形式如图 1-11 所示。图 1-11（a）是发散振荡，被控变量一直处于振荡状态，且振幅逐渐增加。图 1-11（b）是单调发散，被控变量虽不振荡，但偏离原来的静态点越来越远。以上两种形式都是不稳定的，而系统稳定是正常工作的前提。图 1-11（c）是等幅振荡，亦称中性，处于稳定与不稳定的边界，这种系统在一般情况下不采用。图 1-11（d）是衰减振荡，图 1-11（e）是单调衰减，这两种形式都是稳定的，即受到扰动作用后，经过一段时间，最终能趋于一个新的平衡状态，故这两种形式是可以采用的。

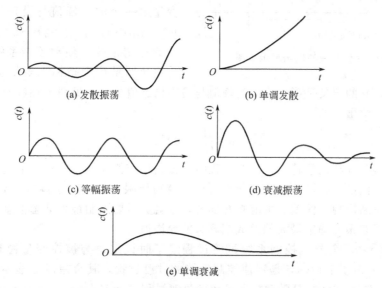

图 1-11　定值控制系统的过渡过程几种形式

稳定的随动系统过渡过程如图 1-12 所示。

1.3.3　自动控制系统的品质指标

图 1-13 是定值控制系统和随动控制系统在阶跃作用下的过渡过程响应曲线。一个控制系统在受到外作用时，要求被控变量要平稳、迅速和准确地趋近或恢复到设定值。因此，在稳定性、快速性和准确性三个方面提出各种单项控制指标和综合性控制指标。这些控制指标仅适用于衰减振荡过程。

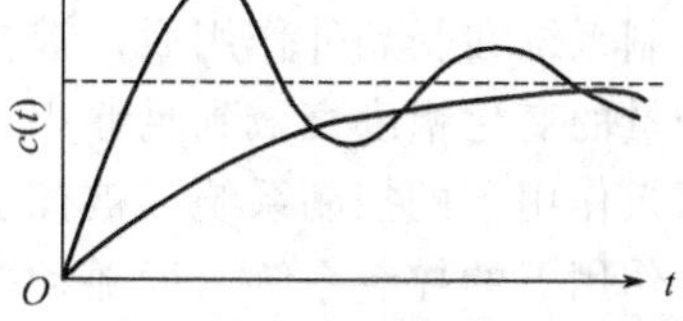

（1）单项控制指标

① 衰减比 n　衰减比是衡量过渡过程稳定性的动态指标，它的定义是第一个波的振幅与同方向第二个波的振幅之比。在图 1-13 中，若用 B 表示第一个波的振幅，B' 表示同方向第二个波的振幅，则衰减比 $n=B/B'$。显然，对衰减振荡而言，n 恒大于 1。n 越小，意味着控制系统的振荡过程越剧烈，稳定度也越低，n 接近于 1 时，控制系统的过渡过程接近于等幅振荡过程；反之，n 越大，则控制系统的稳定度也越高，当 n 趋于无穷大时，控制系统的过渡过程接近于非振荡

图 1-12　稳定的随动系统过渡过程

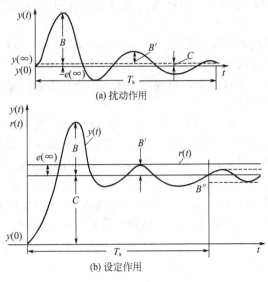

图 1-13　过渡过程控制指标示意图

过程，衰减比究竟以多大为合适，没有确切的定论，根据实际操作经验，为保持足够的稳定裕度，一般希望过渡过程有两个波左右，与此对应的衰减比在 4∶1 到 10∶1 的范围内。也有人用衰减率来反映衰减情况，$\eta = (B - B')/B$。$n = 4∶1$ 相当于 $\eta = 0.75$；$n = 10∶1$ 相当于 $\eta = 0.90$。

② 最大动态偏差 $e_{\max}$ 或超调量 σ　最大动态偏差或超调量是描述被控变量偏离设定值最大程度的物理量，也是衡量过渡过程稳定性的一个动态指标。对于定值控制系统，过渡过程的最大动态偏差是指被控变量第一个波的峰值与设定值之差，如图 1-13(a) 中的 $|e_{\max}| = |B + C|$。在设定作用下的控制系统（随动控制系统）中，通常采用超调量这个指标来表示被控变量偏离设定值的程度，它的定义是第一个波的峰值与最终稳态值之差，见图 1-13(b) 中的 B。一般超调量以百分数给出，即

$$\sigma = \frac{B}{C} \times 100\%$$

最大动态偏差或超调量越大，生产过程瞬时偏离设定值就越远。对于某些工艺要求比较高的生产过程，例如存在爆炸极限的化学反应，就需要限制最大动态偏差的允许值；同时，考虑到扰动会不断出现，偏差有可能是叠加的，这就更需要限制最大动态偏差的允许值。因此，必须根据工艺条件确定最大偏差或超调量的允许值。

③ 余差 $e(\infty)$　余差是控制系统过渡过程终了时设定值与被控变量稳态值之差，即 $e(\infty) = r - y(\infty)$。图 1-13(a) 是定值控制系统的过渡过程，其余差以 C 表示，即 $y(t)$ 的最终值 $y(\infty)$。图 1-13(b) 是随动控制系统的过渡过程，余差为 $r - y(\infty) = r - C$，C 是 $y(t)$ 的最终值。余差是反映控制准确性的一个重要稳态指标，一般希望其为零，或不超过预定的范围，但不是所有的控制系统对余差都有很高的要求，如一般储槽的液位控制，对余差的要求就不是很高，而往往允许液位在一定范围内变化。

④ 回复时间 T_{s} 和振荡频率 ω　回复时间表示控制系统过渡过程的长短，也就是控制系统在受到阶跃外作用后，被控变量从原有稳态值达到新的稳态值所需要的时间。严格地讲，控制系统在受到外作用后，被控变量完全达到最终稳态值需要无限长时间。但实际上当被控变量的变化幅度衰减到足够小，并保持在一个极小的范围内所需的时间还是有限的。对于输入作用下的控制系统，被控变量进入工艺允许的稳态值所需要的时间称回复时间。对于设定作用下的控制系统（即随动控制系统），被控变量进入稳态值附近 ±5% 或 ±3% 的范围内所需要的时间称为回复时间。回复时间短，表示控制系统的过渡过程快，即使扰动频繁出现，系统也能适应；反之，回复时间长，表示控制系统的过渡过程慢。显然，回复时间越短越好。它是反映控制快速性的一个指标。

在衰减比相同的条件下，振荡频率与回复时间成反比，振荡频率越高，回复时间越短。因此振荡频率也可作为衡量控制快速性的指标，定值控制系统常用振荡频率来衡量控制系统的快慢。

必须说明，这些控制指标在不同的控制系统中各有其重要性，而且相互之间又有着内在的联系。高标准地同时要求满足这几个控制指标是很困难的，因此，应根据工艺生产的具体要求分清主次，区别轻重，对于主要的控制指标应优先保证。

（2）综合控制指标

由于过渡过程中动态偏差越大，或是回复时间越长，则控制品质越差。所以综合控制指标采用积分鉴定的形式。

$$J = \int_0^\infty f(e,t)\mathrm{d}t \tag{1-1}$$

式中，J 为积分鉴定值；e 为动态偏差；t 为回复时间。

通常采用三种表达形式。

① 平方积分鉴定 ISE

$$f(e,t) = e^2，J = \int_0^\infty e^2 \mathrm{d}t \tag{1-2}$$

② 绝对值积分鉴定 IAE

$$f(e,t) = |e|，J = \int_0^\infty |e| \mathrm{d}t \tag{1-3}$$

若用动态偏差 e 作为 $f(e,t)$ 函数，正、负偏差将相互抵消。即使 e 值很大或剧烈波动，J 值仍然可以很小，所以用 e^2 或 $|e|$，一般用于评定定值控制系统质量指标。

③ 时间乘以绝对值的积分鉴定 ITAE

$$f(e,t) = |e|t，J = \int_0^\infty |e|t\mathrm{d}t \tag{1-4}$$

上式是为了突出快速性的要求，一般用于随动控制系统的质量指标评定。

对于有余差的系统，存在 $e(\infty)$，三种形式的积分鉴定值 J 都将趋于无穷大，无法鉴定系统的控制质量，为此采用 $e(t) - e(\infty)$ 作为动态偏差项代入。

自动控制系统控制质量的好坏，取决于组成控制系统的各个环节，特别是过程的特性。自动控制装置应按过程的特性加以适当的选择和调整，才能达到预期的控制质量。如果过程和自动控制装置两者配合不当，或在控制系统运行过程中自动控制装置的性能或过程的特性发生变化，都会影响到自动控制系统的控制质量，这些问题在控制系统的设计运行过程中都应该充分注意。

思考题与习题 1

1-1 闭环控制系统与开环控制系统有什么不同？

1-2 什么是负反馈，为什么自动控制系统要采用负反馈？

1-3 按设定值的不同，自动控制系统可分为哪几类？

1-4 自动控制系统主要由哪些部分组成？

1-5 自动控制系统的单项控制指标有哪些？

1-6 结合所学专业，画出一个自动控制系统的实际例子。

2. 过程特性

在工业生产过程中，最常见的被控过程是各类热交换器、塔器、反应器、加热炉、锅炉、窑炉、储液槽、泵、压缩机等。每个过程都各有其自身固有特性，而过程特性的差异对整个系统的运行控制有着重大影响。有的生产过程较易操作，工艺变量能够控制得比较平稳；有的生产过程很难操作，工艺变量容易产生大幅度的波动，只要稍不谨慎就会越出工艺允许的范围，轻则影响生产，重则造成事故。只有充分了解和熟悉生产过程，才能得心应手地操作，使工艺生产在最佳状态下进行。在自动控制系统中，若想采用过程控制装置来模拟操作人员的劳动，就必须充分了解过程的特性，掌握其内在规律，确定合适的被控变量和操纵变量。在此基础上才能选用合适的检测和控制仪表，选择合理的控制器参数，设计合乎工艺要求的控制系统。特别在设计新型的控制方案时，例如前馈控制、解耦控制、时滞补偿控制、预测控制、软测量技术及推断控制、自适应控制、计算机最优控制等，多数都要涉及到过程的数学模型，更需要考虑过程特性。

2.1 过程特性的类型

所谓过程特性，是指当被控过程的输入变量（操纵变量或扰动变量）发生变化时，其输出变量（被控变量）随时间的变化规律。过程各个输入变量对输出变量有着各自作用途径，将操纵变量 $q(t)$ 对被控变量 $c(t)$ 的作用途径称为控制通道，而将扰动 $f(t)$ 对被控变量 $c(t)$ 的作用途径称为扰动通道。在研究过程特性时对控制通道和扰动通道都要加以考虑。

广义对象特性可以通过控制作用 $u(t)$ 作阶跃变化（扰动 $f(t)$ 不变）时被控变量的时间特性 $c(t)$，以及扰动 $f(t)$ 作阶跃变化（控制作用 $u(t)$ 不变）时被控变量的时间特性 $c(t)$ 来获得。用图形表示时，前者称为控制通道的响应曲线，后者称为扰动通道的响应曲线。

响应曲线可分为四种类型。

（1）自衡的非振荡过程

在阶跃作用下，被控变量不经振荡，逐渐向新的稳态值靠拢，称自衡的非振荡过程。图2-1 所示的液体储槽中的液位高度 h 和图 2-2 所示的蒸汽加热器出口温度 θ 都具有这种特性，其响应曲线示于图 2-3(a)，图 2-3(b)。

在图 2-1 中，当进料阀开度增大、进料量增加时，破坏了储槽原有的物料平衡状态。由于进料多于出料，多余的液体在储槽内蓄积起来，使储槽液位升高。随着液位的上升，出料量也因静压头的增加而增大。这样进、出料量之差会逐渐减小，液位上升速度也逐渐变慢，最后当进、出料量相等时，液位也就稳定在一个新的位置上。显然这种过程会自发地趋于新

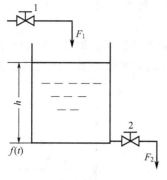

图 2-1 有自衡的液位过程

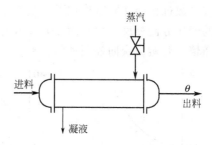

图 2-2 蒸汽加热器

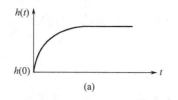
(a)

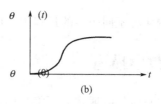
(b)

图 2-3 自衡的非振荡过程

的平衡状态。

图 2-2 所示蒸汽加热器也有类似的特性。当蒸汽阀门开大，流入蒸汽流量增大时，热平衡被破坏。由于输入热量大于输出热量，多余的热量加热管壁，继而使管内流体温度升高，出口温度也随之上升。这样，随着输出热量的增大，输入、输出热量之差会逐渐减小，流体出口温度的上升速度也逐渐变慢。这种过程最后也能在新的出口温度下自发地建立起新的热量平衡状态。

这种过程在化工自动控制系统中最为常见，而且也比较容易控制。

（2）无自衡的非振荡过程

这类过程在阶跃作用下，被控变量会一直上升或下降，直到极限值。图 2-4(a) 所示也是一个液体储槽，它与图 2-1 所示的液体储槽差别在于出料不是用阀门节流，而是用定量泵抽出，因此当进料量增加后，液位的上升不会影响出料量。当进料量作阶跃变化后，液位等速上升，不能建立起新的物料平衡状态，其响应曲线见图 2-4(b) 所示。

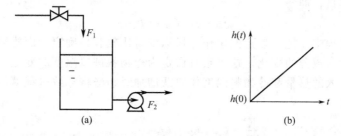

图 2-4 无自衡的非振荡液位过程

具有无自衡的非振荡过程，也可能出现如图 2-5 所示的响应曲线。通常无自衡过程要比自衡过程难控制一些。

（3）自衡的振荡过程

在阶跃作用下，被控变量出现衰减振荡过程，最后能趋向新的稳态值，称为自衡的振荡过程，见图 2-6。这类过程不多见。显然具有振荡的过程也较难控制。

（4）**具有反向特性的过程**

有少数过程会在阶跃作用下，被控变量先降后升，或先升后降，即起始时的变化方向与最终的变化方向相反，出现图 2-7 所示的反向特性，例如锅炉水位控制。处理这类过程必须十分谨慎，要避免误向控制动作。

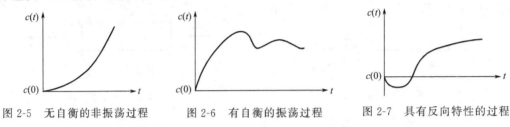

图 2-5　无自衡的非振荡过程　　　图 2-6　有自衡的振荡过程　　　图 2-7　具有反向特性的过程

在以上介绍的 4 种不同类型的过程中，以有自衡非振荡过程最为多见。

2.2　过程的数学描述

在研究被控过程特性时通常必须将具体过程的输入、输出关系用数学方程式表达出来，这种数学模型又称为参量模型。数学方程式有微分方程式、偏微分方程式、状态方程等形式。建立数学模型最基本的方法是根据被控过程的内部机理列写各种有关的平衡方程，如物料平衡方程、能量平衡方程、动量平衡方程、相平衡方程以及某些物性方程、设备特性方程、化学反应定律、电路基本定律等，从而获得被控过程的数学模型。这种建立数学模型的方法称为机理建模方法，所建立的数学模型又称为机理模型。

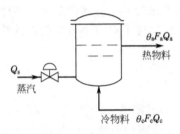

图 2-8　传热过程示意图

图 2-8 为直接蒸汽加热器的示意图。图中 θ_a 为热物料出口温度，F_a 为热物料流量，Q_a 为热物料在单位时间内带走的热量；θ_c 为冷物料进口温度，F_c 为冷物料流量，Q_c 为热物料在单位时间内带入的热量；Q_s 为加热蒸汽在单位时间内带入的热量。由于蒸汽相对于冷物料的耗用量较少，当过程处于原有稳定状态时，可近似认为 $F_{c0} = F_{a0} = F_0$。若物料的比热容为 c，近似作常数处理，且忽略热损，单位时间内输入过程的热量必等于单位时间内输出过程的热量，即

$$Q_{s0} + cF_0\theta_{c0} = cF_0\theta_{a0} \tag{2-1}$$

在这一传热过程中，把加热蒸汽量作为操纵变量比较容易确定，而扰动则可以是冷物料的进口温度、流量、成分的变化，这里暂且假定为冷物料进口温度的变化。

当加热蒸汽带入的热量和冷物料温度作阶跃增加时，必将导致过程蓄热量的变化，其热量平衡方程为

$$
\begin{aligned}
\frac{\mathrm{d}Q}{\mathrm{d}t} &= Q_s + Q_c - Q_a \\
&= Q_{s0} + \Delta Q_s + cF_0(\theta_{c0} + \Delta\theta_c) - cF_0(\theta_{a0} + \Delta\theta_a) \\
&= \Delta Q_s - cF_0\Delta\theta_a + cF_0\Delta\theta_c
\end{aligned} \tag{2-2}
$$

式中，$\mathrm{d}Q/\mathrm{d}t$ 为过程蓄热量的变化率；ΔQ_s 为加热蒸汽热量的增量；$\Delta\theta_a$ 为热物料出口温度的增量；$\Delta\theta_c$ 为冷物料进口温度的增量。

若过程总的热容量用 C 表示，则过程的蓄热量 Q 为

$$Q = C\theta_a = C(\theta_{a0} + \Delta\theta_a) \tag{2-3}$$

于是

$$C\frac{d\Delta\theta_a}{dt} + cF_0\Delta\theta_a = \Delta Q_s + cF_0\Delta\theta_c \tag{2-4}$$

将上式两边除以 cF_0，得

$$\frac{C}{cF_0}\frac{d\Delta\theta_a}{dt} + \Delta\theta_a = \frac{1}{cF_0}\Delta Q_s + \Delta\theta_c \tag{2-5}$$

令 $\dfrac{1}{cF_0} = R$，$RC = T$，则有

$$T\frac{d\Delta\theta_a}{dt} + \Delta\theta_a = R\Delta Q_s + \Delta\theta_c \tag{2-6}$$

若 $\Delta\theta_c = 0$，则得过程控制通道的动态方程

$$T\frac{d\Delta\theta_a}{dt} + \Delta\theta_a = R\Delta Q_s \tag{2-7}$$

若 $\Delta Q_s = 0$，则得过程扰动通道的动态方程

$$T\frac{d\Delta\theta_a}{dt} + \Delta\theta_a = \Delta\theta_c \tag{2-8}$$

式(2-7)或式(2-8)中，T 为传热过程控制通道或扰动通道的时间常数；R 为传热过程控制通道的放大系数。

由传热过程的分析可得：一阶被控过程控制通道的动态方程为

$$T_o\frac{d\Delta c(t)}{dt} + \Delta c(t) = K_o\Delta q(t) \tag{2-9}$$

一阶被控过程扰动通道的动态方程为

$$T_f\frac{d\Delta c(t)}{dt} + \Delta c(t) = K_f\Delta f(t) \tag{2-10}$$

式(2-9)、式(2-10)中，T_o，T_f，K_o 和 K_f 分别为控制通道、扰动通道的时间常数和放大系数；$\Delta c(t)$，$\Delta q(t)$，$\Delta f(t)$ 分别为被控变量增量、操纵变量增量和扰动变量增量。如果控制通道存在纯滞后时间 τ_o，则式(2-9)中的 $q(t)$ 改成 $q(t-\tau_o)$。

对时域信号进行拉氏变换(拉氏变换时将导数项变为 s，积分项变为 $1/s$)，这样式(2-9)、式(2-10)可写成

$$(T_o s + 1)C(s) = K_o Q(s) \tag{2-11}$$

$$(T_f + 1)C(s) = K_f F(s) \tag{2-12}$$

输出变量拉氏变换 $C(s)$ 与输入变量拉氏变换 $Q(s)$（或 $F(s)$）之比称为传递函数。因此一阶过程控制通道的传递函数为

$$G_p(s) = \frac{C(s)}{Q(s)} = \frac{K_o}{T_o s + 1} \tag{2-13}$$

扰动通道的传递函数为

$$G_f(s) = \frac{C(s)}{F(s)} = \frac{K_f}{T_f s + 1} \tag{2-14}$$

2.3 过程特性的一般分析

描述有自衡非振荡过程的特性参数有放大系数 K、时间常数 T 和时滞 τ。下面结合一些实例分别介绍 K，T，τ 的意义。

2.3.1 放大系数 K

以直接蒸汽加热器为例，冷物料从加热器底部流入，经蒸汽直接加热至一定温度后，由加热器上部流出送到下道工序。这里，热物料出口温度即为被控变量 $c(t)$ [或被控变量的测量值 $y(t)$]，加热蒸汽流量即为操纵变量 $q(t)$，而冷物料入口温度或冷物料流量的变化量即为扰动 $f(t)$，见图 2-9（考虑控制作用时，图中 $F(t)$ 即为 $q(t)$，而考虑扰动作用时，图中 $F(t)$ 为 $f(t)$）。

由于被控变量 $c(t)$ 受到控制作用（控制通道）和扰动作用（扰动通道）的影响，因而过程的放大系数乃至其他特性参数也将从这两个方面来分析介绍。

（1）控制通道放大系数 $K_{\circ}$。

设过程处于原有稳定状态时，被控变量为 $c(0)$，操纵变量为 $q(0)$。当操纵变量（本例中的蒸汽流量）作幅度为 Δq 的阶跃变化时，必将导致被控变量的变化 [如图 2-9（b）所示]，且有 $c(t)=c(0)+\Delta c(t)$ [其中 $\Delta c(t)$ 为被控变量的变化量]，则过程控制通道的放大系数 $K_{\circ}$ 即为被控变量的变化量 Δc 与操纵变量的变化量 Δq 在时间趋于无穷大时之比，即

$$K_{\circ}=\frac{\Delta c(\infty)}{\Delta q}=\frac{c(\infty)-c(0)}{\Delta q} \tag{2-15}$$

式中，$\Delta c(\infty)$ 为过程结束时被控变量的变化量。

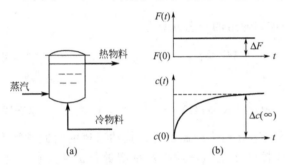

图 2-9 直接蒸汽加热器及其阶跃响应曲线

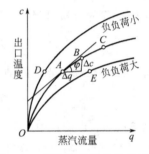

图 2-10 蒸汽加热器的稳态特性

式（2-15）表明，过程控制通道的放大系数 $K_{\circ}$ 反映了过程以初始工作点为基准的被控变量与操纵变量在过程结束时的变化量之间的关系，是一个稳态特性参数。所谓初始工作点，即过程原有的稳定状态。若把过程的生产能力或处理量称为负荷，则初始工作点将取决于过程的负荷以及操纵变量的大小。例如对蒸汽加热器而言，在某一处理量下，蒸汽量不同，达到平衡的出口温度也不同。反之，在蒸汽量相同，处理量不同的情况下，出口温度也不一样，其间的关系见图 2-10。实际生产中线性过程并不多见，如不同的负荷或工作点下，过程的放大系数 $K_{\circ}$ 并不相同，由图 2-10 可见，在相同的负荷下，$K_{\circ}$ 将随工作点的增大而减少，例如 A，B，C 三点（对随动控制系统而言）；在相同的工作点下，$K_{\circ}$ 也将随负荷的增大而减小，例如 D，A，E 三点（对定值控制控制系统而言）。

从自动控制系统的角度看，必须着重了解 $K_{\circ}$ 的数值和变化情况。

操纵变量 $q(t)$ 对应的放大系数 $K_{\circ}$ 的数值大，说明控制作用显著，因而，假定工艺上允许有几种控制手段可供选择，应该选择 $K_{\circ}$ 适当大一些的，并以有效的介质流量作为操纵变量。当然，比较不同的放大系数时应该有一个相同的基准，就是在相同的工作点下操纵变量都改变相同的百分数。

由于控制系统总的放大系数 K 是广义对象放大系数和控制器放大系数 K_c 的乘积，在系统运行过程中要求 K 恒定才能获得满意的控制过程。一般来说 K_o 较大时，取 K_c 小一些；而 K_o 较小时，取 K_c 大一些。

（2）扰动通道放大系数 K_f

在操纵变量 $q(t)$ 不变的情况下，过程受到幅度为 Δf 的阶跃扰动作用，过程从原有稳定状态达到新的稳定状态时被控变量的变化量 $\Delta c(\infty)$ 与扰动幅度 Δf 之比称为扰动通道的放大系数 K_f，即

$$K_f = \frac{\Delta c(\infty)}{\Delta f} = \frac{c(\infty) - c(0)}{\Delta f} \tag{2-16}$$

K_f 的大小对控制过程所产生的影响比较容易理解。设想如果没有控制作用，过程在受到扰动 Δf 作用后，被控变量的最大偏差值就是 $K_f \Delta f$。因此在相同的 Δf 作用下，K_f 越大，被控变量偏离设定值的程度也越大；在组成控制系统后，情况仍然如此，$K_f \Delta f$ 大时，定值控制系统的最大偏差亦大。

前面曾经提到一个控制系统存在着多种扰动。从静态角度看，应该着重注意的是出现次数频繁而 $K_f \Delta f$ 又较大的扰动，这是分析主要扰动的一大依据。如果 K_f 较小，即使扰动量很大，对被控变量仍然不会产生很大的影响；反之，倘若 K_f 很大，扰动很小，效应也不强烈。在工艺生产对系统控制指标的要求比较苛刻时，如果有可能排除一些 $K_f \Delta f$ 较大的严重扰动，可很大程度上提高系统的控制质量。例如，对图 2-9 所示的直接蒸汽加热器而言，加热蒸汽压力的波动对被控变量的影响极为严重，这时若在蒸汽管道上设置蒸汽压力定值控制系统，就将使这一扰动对被控变量的影响下降到很不明显的程度。

2.3.2　时间常数 T

控制过程是一个运动过程，用放大系数只能分析稳态特性，即分析变化的最终结果。然而，只有在同时了解动态特性参数之后，才能知道具体的变化过程。

时间常数 T 是表征被控变量变化快慢的动态参数。在电工学中阻容环节的充电过程快慢取决于电阻 R、电容 C 大小，R，C 的乘积就是时间常数 T，其定义为：在阶跃外作用下，一个阻容环节的输出变化量完成全部变化量的 63.2% 所需要的时间，就是这个环节的时间常数 T。或者另外定义为：在阶跃外作用下，一个阻容环节的输出变化量保持初始变化速度，达到新的稳态值所需要的时间就是这个环节的时间常数 T。这两种定义是一致的。

现将电工学中的时间常数概念应用到过程控制中。由于任何过程都具有储存物料或能量的能力，所以可以像用电容 C 来描述电容器储存电量的能力一样，用容量系数 C 来描述储存物料或能量的能力

$$C = \frac{\Delta M}{\Delta c} \tag{2-17}$$

式中，C 为容量系数；Δc 为被控变量的变化量；ΔM 为引起 Δc 变化时在过程中所增加或减少的物料或能量的数量。

过程的容量有热容、液容、气容等。

任何过程在物料或能量的传递过程中，总是存在着一定的阻力，如热阻、液阻、气阻等。

因而可以用过程的容量系数 C 与阻力系数 R 之积来表征过程的时间常数 T。如液位过程中若以进液量控制液位高度时，将液位储槽截面积与出口阀阻力的乘积看成时间常数 T。

显然，R 或 C 越大，则 T 越大。

时间常数对控制系统的影响可分两种情况进行叙述。

（1）控制通道时间常数 T 对控制系统的影响

由时间常数 T 的物理意义可知，在相同的控制作用下，过程的时间常数 T 大，则被控变量的变化比较和缓，一般而言，这种过程比较稳定，容易控制，但控制过程过于缓慢；过程的时间常数 T 小，则情况相反。过程的时间常数太大或太小，在控制上都将存在一定的困难，因此需根据实际情况适当考虑。

（2）扰动通道时间常数 T 对控制系统的影响

就扰动通道而言，时间常数 T 大些有一定的好处，相当于将扰动信号进行滤波，这时阶跃扰动对系统的作用显得比较和缓，因而这种过程比较容易控制。

2.3.3 纯滞后 τ

不少过程在输入变化后，输出不是随之立即变化，而是需要间隔一段时间才发生变化，这种现象称为纯滞后（时滞）现象。

输送物料的皮带运输机可作为典型的纯滞后过程实例，如图 2-11 所示。当加料斗出料量变化时，需要经过纯滞后时间 $\tau_0 = l/u$ 才进入反应器，其中 l 表示皮带长度，u 表示皮带移动的线速度。l 越长，u 越小，则纯滞后 τ_0 越大。

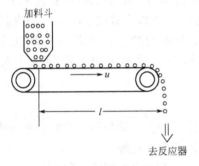

图 2-11　纯滞后实例

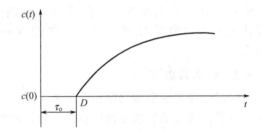

图 2-12　具有纯滞后时间的阶跃响应曲线

可见，纯滞后 τ_0 是由于传输信息需要时间引起的。它可能起因于被控变量 $c(t)$ 至测量值 $y(t)$ 的检测通道，也可能起因于控制信号 $u(t)$ 至操纵变量 $q(t)$ 的一侧。图 2-12 中坐标原点至点 D 所相应的时间即为纯滞后时间 τ_0。

过程的另一种滞后现象是容量滞后，它是多容量过程的固有属性，一般是因为物料或能量的传递需要通过一定的阻力而引起的。

多数过程都具有容量滞后。例如在列管式换热器中，管外、管内及管子本身就是三个容量；在精馏塔中，每一块塔板就是一个容量。容量数目越多，容量滞后越显著。

实际工业过程中纯滞后时间往往是纯滞后与容量滞后时间之和，即

$$\tau = \tau_0 + \tau_c$$

（1）纯滞后对控制通道的影响

纯滞后 τ 对系统控制过程的影响，需按其与过程的时间常数 T 的相对值 τ/T 来考虑。不论纯滞后存在于操纵变量方面或是被控变量方面，都将使控制作用落后于被控变量的变化。例如直接蒸汽加热器的温度检测点离物料出口有一段距离，因此容易使最大偏差或超调量增大，振荡加剧，对过渡过程是不利的。在 τ/T 较大时，为了确保系统的稳定性，需要在一定程度上降低控制系统的控制指标。一般认为 $\tau/T \leqslant 0.3$ 的过程较易控制，而 $\tau/T >$（$0.5 \sim 0.6$）的过程往往需用特殊控制规律。

（2）纯滞后对扰动通道的影响

对于扰动通道来说，如果存在纯滞后，相当于将扰动作用推延一段纯滞后时间 τ_0 后才进入系统，而扰动在什么时间出现，本来就是不能预知的。因此并不影响控制系统的品质，即对过渡过程曲线的形状没有影响。例如输送物料的皮带运输机，当加料量发生变化时，并不立刻影响被控变量，要间隔一段时间后才会影响被控变量。如果扰动通道存在容量滞后，则将使阶跃扰动的影响趋于缓和，被控变量的变化也缓和些，因而对系统是有利的。

一般而言，在不同变量的过程中，液位和压力过程的 τ 较小，流量过程的 τ 和 T 都较小，温度过程的 τ_c 较大，成分过程的 τ_0 和 τ_c 都较大。

2.4　过程特性参数的实验测定方法

过程特性参数可以在机理建模后得到。但是在生产中很多过程是很难通过机理分析得到数学方程式的。

工程上过程特性参数多数通过实验测定来得到。最简便的方法就是直接在原设备或机器中施加一定的扰动，并对该过程的输出变量进行测量和记录，而后进行分析整理，取得过程特性的数学表达式。下面是几种常见的方法。

（1）阶跃扰动法

阶跃扰动法又称反应曲线法。当过程处于稳定状态时，在过程的输入端施加一个幅度已知的阶跃扰动，测量和记录过程输出变量的数值，即可画出输出变量随时间变化的反应曲线。根据响应曲线，再经过处理，就能得到过程特性参数。

以图 2-11 所示输送物料的皮带运输机过程为例。将加料斗出料量看成过程输入变量，反应器进料量看成过程输出变量。在输入变量 F 作阶跃变化 A 时，过程输出响应曲线 $C(t)$ 在经过纯滞后 τ 之后再有变化响应，最终稳定在 B，如图 2-13。则放大系数即为 B/A，纯滞后即为 τ。过 $t=\tau$ 这一点作切线与输出响应曲线终态值 B 相交，该交点投影到时间轴上的值减去 τ 就得到了时间常数 T。

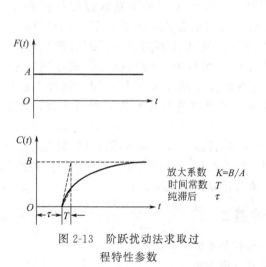

放大系数　$K=B/A$
时间常数　T
纯滞后　　τ

图 2-13　阶跃扰动法求取过
程特性参数

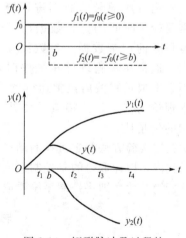

图 2-14　矩形脉冲及过程的
脉冲响应曲线

阶跃扰动法能形象、直观地描述过程的动态特性，简便易行。如果输入量是流量，那施加阶跃扰动时只要将阀门开度作突然变化（通常是 10% 左右）即可，不需要特殊的附属设备，被控变量可用原有的仪表进行测量记录，测试的工作量不大，数据的处理也很方便，所以得到了广泛的应用。但是许多过程较复杂，扰动因素较多，会影响测试精度；同时由于受工艺条件限制，阶跃扰动幅度不能太大，因此实施阶跃扰动法时，应在处于相对稳定的情况下输入阶跃信号，并且在相同测试条件下重复做几次，获得两次以上比较接近的响应曲线，以提高测试精度。

（2）矩形脉冲扰动法

用阶跃扰动可以获得完整的响应曲线，但是过程将在较长时间内处于相当大的扰动作用下，被控变量的偏差往往会超出生产所允许的数值，以致试验不能继续下去。在这种情况下，就应采用矩形脉冲扰动法。

所谓矩形脉冲扰动法，就是先在过程上加入一个阶跃扰动，待被控变量继续上升（或下降）到将要超过工艺允许变化范围时，立即撤除扰动。这时继续记录被控变量，直到其稳定为止，再根据记录曲线，求取过程特性参数。图 2-14 为矩形脉冲扰动法示意图，其脉冲扰动 $f(t)$ 可以看成是两个阶跃扰动 $f_1(t)$ 和 $f_2(t)$ 的叠加，故 $f(t)$ 作用下的响应曲线 $y(t)$ 也就是阶跃扰动 $f_1(t)$ 和 $f_2(t)$ 作用下的响应曲线代数和。

（3）周期扰动法

周期扰动法是在过程的输入端施加一系列频率不同的周期性扰动，一般以正弦波扰动居多。

由于正弦波扰动围绕在设定值上下波动，对工艺生产的影响较小，测试精度较高，而且可直接取得过程的频率特性，数据处理简单、直观，这是周期扰动法突出的优点。但是此法需要复杂的正弦波信号发生器，测试的工作量较大。

（4）统计相关法

上面介绍的测定过程动态特性方法在测定时需要进行专门的试验，其生产装置要从正常运行状态转为试验状态，然而测定时间越长，对生产的影响就越大，而且为了使生产过程不要偏离正常运行状态太远，以及避免超过线性范围，过程的输入信号幅度也不能太大。

采用统计相关法测定过程动态特性可以在生产正常运行状态下进行。该方法可以直接利用正常运行所记录的数据进行统计分析，建立数学模型，进而获取过程特性参数。但是先需要较长时间的记录数据，经过分析筛选出有用的数据，再进行复杂的计算，由于正常运行时的记录数据，参数波动不大，统计分析的精度不高。为了缩短测试时间，提高精度，通常在实施统计相关法时对过程施加一个特殊的、伪随机二位式序列信号，该信号不致造成过程偏离正常运行状态过大，而在数据分析上却又很方便。这种方法以随机过程理论为基础，其特点是要处理大量信息，因此需借助计算机的配合运算，才能显示出它的优越性。

通常在用实验方法测定过程的动态特性时，已经将检测元件、变送器乃至控制阀的动态特性包括在内，因此取得的是控制系统中除控制器以外的广义过程的动态特性，使得对控制系统的分析简单化，即将控制系统看成是广义对象与控制器的组合。

思考题与习题 2

2-1　什么是过程特性？研究过程特性对设计自动控制系统有何帮助？

2-2　为什么要建立过程的数学模型？主要有哪些建模方法？

2-3　一个自衡的非振荡过程的特性参数有哪些？各有何物理意义？

2-4　什么是控制通道和扰动通道？对不同通道的特性参数要求有什么不同？

2-5 常用的过程特性实验测试方法有哪些？各自有什么特点？

2-6 已知一个具有纯滞后的一阶过程的时间常数为 4min，放大系数为 10，纯滞后时间为 1min，试写出描述该过程特性的一阶微分方程式。

2-7 已知某换热器被控变量是出口温度 θ，操纵变量是蒸汽流量 Q。在蒸汽流量作阶跃变化时，出口温度响应曲线如图 2-15 所示。该过程通常可以近似作为一阶滞后环节来处理。试用作图方法估算该控制通道的特性参数 K，T，τ。

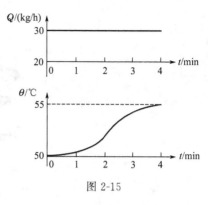

图 2-15

3 检测变送

3.1 概述

在过程自动化中要通过检测元件获取生产工艺变量，最常见的变量是温度、压力、流量、物位。检测元件又称为敏感元件、传感器，它直接响应工艺变量，并转化成一个与之成对应关系的输出信号。这些输出信号包括位移、电压、电流、电阻、频率、气压等。如热电偶测温时，将被测温度转化为热电势信号；热电阻测温时，将被测温度转化为电阻信号；节流装置测流量时，将被测流量的变化转化为压差信号。由于检测元件的输出信号种类繁多，且信号较弱不易察觉，一般都需要将其经过变送器处理，转换成标准统一的电气信号（如4～20mA 或 0～10mA 直流电流信号，20～100kPa 气压信号）送往显示仪表，指示或记录工艺变量，或同时送往控制器对被控变量进行控制。有时将检测元件、变送器及显示装置统称为检测仪表，或者将检测元件称为一次仪表，将变送器和显示装置称为二次仪表。

检测技术的发展是推动信息技术发展的基础，离开检测技术这一基本环节，就不能构成自动控制系统，再好的信息网络技术也无法用于生产过程。检测技术在理论和方法上与物理、化学、生物学、材料科学、光学、电子学以及信息科学密切相关。目前生产规模不断扩大，技术日趋复杂，需要采集的过程信息种类越来越多。除了需要检测常见的过程变量外，还要检测物料或产品的组分、物性、环境噪声、机械振动、火焰、颗粒尺寸及分布等。还有一些变量如转化率、催化剂活性等无法直接检测，但近年来出现了一种新型检测技术——软测量技术，专门用于解决一些难以检测的问题。

在检测技术发展的同时，各种传感器、变送器等也在不断发展，既有传统的模拟量检测，又有日渐流行的数字量检测。特别是在检测仪表中融入了微型计算机技术，丰富了检测仪表的功能，提高了检测的准确性和操作的方便性。

对于检测仪表来说，检测、变送与显示可以是三个独立部分，也可以只用到其中两个部分。例如热电偶测温所得毫伏信号可以不通过变送器，直接送到电子电位差计显示。当然检测、变送与显示可以有机地结合在一起成为一体，例如单圈弹簧管压力表。

过程控制对检测仪表有以下三条基本的要求：

① 测量值 $y(t)$ 要正确反映被控变量 $c(t)$ 的值，误差不超过规定的范围；

② 在环境条件下能长期工作，保证测量值 $y(t)$ 的可靠性；

③ 测量值 $y(t)$ 必须迅速反映被控变量 $c(t)$ 的变化，即动态响应比较迅速。

第一条基本要求与仪表的精确度等级和量程有关，并与使用、安装仪表正确与否有关；第二条基本要求与仪表的类型，元件材质以及防护措施等有关；第三条基本要求与检测元件的动态特性有关。

3.1.1 测量误差

在生产过程中对各种变量进行检测时，尽管检测技术和检测仪表有所不同，但从本质上看有共同之处，即可以将检测环节分成两个部分：一是能量形式的一次或多次转换过程；二是将被测变量与其相应的测量单位进行比较并输出检测结果。而检测仪表就是实施检测功能的工具。由于在检测过程中所使用的工具本身准确性有高低之分，或者检测环境发生变化，加之观测者的主观意志的差别，因此必然影响检测结果的准确性，使从检测仪表获得的被测值与实际被测变量真实值之间存在一定的差距，即测量误差。

测量误差有绝对误差和相对误差之分。

绝对误差是指仪表指示值 x 与被测量的真值 x_0 之间的差值，即

$$\Delta = |x - x_0| \tag{3-1}$$

但是被测量的真值是无法真正得到的。因此在一台仪表的标尺范围内，各点读数的绝对误差是指用标准表（精确度较高）和该表（精确度较低）对同一变量测量时得到的两个读数值之差，即把式(3-1)中的被测量真值用标准表的读数代替。

但是检测仪表都有各自测量标尺范围，即仪表的量程。同一台仪表量程若发生变化，也会影响测量的准确性。因此工业上定义了一个相对误差——仪表引用误差，它是绝对误差与测量标尺范围之比，即

$$\delta = \frac{\pm(X - X_0)}{\text{标尺上限} - \text{标尺下限}} \times 100\% \tag{3-2}$$

考虑整个测量标尺范围内的最大绝对误差，则可得到仪表最大引用误差为

$$\delta_{\max} = \frac{\pm(X - X_0)_{\max}}{\text{标尺上限} - \text{标尺下限}} \times 100\% \tag{3-3}$$

仪表最大引用误差又称为允许误差，它是仪表基本误差的主要形式。

各种测量过程都是在一定的环境条件下进行的，外界温度、湿度、电压的波动以及仪表的安装等都会造成附加的测量误差。因此考虑仪表测量误差时不仅要考虑其自身性能，还要注意使用条件，尽量减小附加误差。

3.1.2 仪表性能指标

评判一台仪表性能的优劣通常可用以下指标进行衡量。

（1）精确度

仪表的精确度简称精度，是用来表示仪表测量结果的可靠程度。任何测量过程都存在着测量误差。在使用仪表测量生产过程中的工艺变量时，不仅需要知道仪表的指示值，而且还应该了解仪表的精度。

仪表的精度等级是按国家统一规定的允许误差大小来划分成若干等级。仪表精度等级数值越小，说明仪表测量准确度越高。目前中国生产的仪表精度等级有 0.005，0.02，0.05，0.1，0.2，0.4，0.5，1.0，1.5，2.5，4.0 等。仪表的精度等级是将仪表允许误差的"±"号及"%"去掉后的数值，以一定的符号形式表示在仪表标尺板上，如 1.0 外加一个圆圈或三角形。精度等级 1.0，说明该仪表允许误差为 1.0%。

下面举两个实际例子来说明仪表的允许误差与精度等级的关系。

【例 1】 某台测温仪表的量程是 $600 \sim 1100℃$，仪表的最大绝对误差为 $\pm 4℃$，试确定该仪表的精度等级。

解 仪表的最大引用误差

$$\delta_{\max} = \pm \frac{4}{1100 - 600} \times 100\% = \pm 0.8\%$$

由于国家规定的精度等级中没有 0.8 级仪表，而该仪表的最大引用误差超过了 0.5 级仪表的允许误差，所以这台仪表的精度等级应定为 1.0 级。

【例 2】 仪表量程是 600～1100℃，工艺要求该仪表指示值的误差不得超过±4℃，应选精度等级为多少的仪表才能满足工艺要求？

解 根据工艺要求，仪表的最大引用误差为

$$\delta_{\max} = \pm\frac{4}{1100-600}\times100\% = \pm0.8\%$$

±0.8% 介于允许误差 ±0.5% 与 ±1.0% 之间，如果选择允许误差为 ±1.0%，则其精度等级应为 1.0 级。量程为 600～1100℃，精确度为 1.0 级的仪表，可能产生的最大绝对误差为 ±5℃，超过了工艺的要求。所以只能选择一台允许误差为 ±0.5%，即精确度等级为 0.5 级的仪表，才能满足工艺要求。

由这两个例子可以看出，校验仪表时确定仪表的精确度等级与根据工艺要求来选择仪表的精确度等级是不一样的。根据仪表校验数据确定仪表精度等级时，仪表的允许误差应比仪表校验所得的引用误差的最大值要大或相等；而根据工艺要求确定仪表精度等级时，仪表的允许误差应该小于或等于根据工艺要求计算出的引用误差的最大值。

仪表精度与量程有关，量程是根据所要测量的工艺变量来确定的。在仪表精度等级一定的前提下适当缩小量程，可以减小测量误差，提高测量准确性。一般而言，仪表的上限应为被测工艺变量的 4/3 倍或 3/2 倍，若工艺变量波动较大，例如测量泵的出口压力，则相应取为 3/2 倍或 2 倍。为了保证测量值的准确度，通常被测工艺变量的值以不低于仪表全量程的 1/3 为宜。

（2）变差

变差是指在外界条件不变的情况下使用同一仪表对某一变量进行正反行程（即在仪表全部测量值范围内逐渐从小到大和从大到小）测量时对应于同一测量值所得的仪表读数之间的差异。造成变差的原因很多，例如传动机构的间隙、运动部件的摩擦、弹性元件的弹性滞后

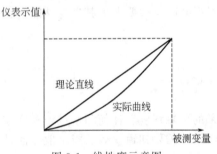

图 3-1　线性度示意图

等。在仪表使用过程中，要求仪表的变差不能超出仪表的允许误差。

（3）线性度

通常总是希望检测仪表的输入输出信号之间存在线性对应关系，并且将仪表的刻度制成线性刻度，但是实际测量过程中由于各种因素的影响，实际特性往往偏离线性，如图 3-1 所示。线性度就是衡量实际特性偏离线性程度的指标。

（4）灵敏度和分辨率

灵敏度是指仪表输出变化量 ΔY 与引起此变化的输入变化量 ΔX 之比，即

$$灵敏度 = \Delta Y/\Delta X \tag{3-4}$$

对于模拟式仪表而言，ΔY 是仪表指针的角位移或线位移。灵敏度反映了仪表对被测量变化的灵敏程度。

分辨率又称仪表灵敏限，是仪表输出能响应和分辨的最小输入变化量。分辨率是灵敏度的一种反映，一般说仪表的灵敏度越高，则分辨率越高。对于数字式仪表而言，分辨率就是数字显示器最末位数字间隔代表被测量的变化与量程的比值。

（5）动态误差

以上考虑的性能指标都是静态的，是指仪表在静止状态或者是在被测量变化非常缓慢时呈现的误差情况。但是仪表动作都有惯性延迟（时间常数）和测量传递滞后（纯滞后），当

被测量突然变化后必须经过一段时间才能准确显示出来，这样造成的误差就是动态误差。在被测量变化较快时不能忽视动态误差的影响。

除了上面介绍的几种性能指标外，还有仪表的重复性、再现性、可靠性等指标。

3.2　温度检测

温度是表征物体冷热程度的物理量。物体的许多物理现象和化学性质都与温度有关。大多数生产过程都是在一定温度范围内进行的。因此对温度的检测和控制是过程自动化的一项重要内容。

3.2.1　温度检测方法

温度检测方法按测温元件和被测介质接触与否可以分成接触式和非接触式两大类。

接触式测温时，测温元件与被测对象接触，依靠传热和对流进行热交换。接触式温度计结构简单、可靠，测温精度较高，但是由于测温元件与被测对象必须经过充分的热交换且达到平衡后才能测量，这样容易破坏被测对象的温度场，同时带来测温过程的延迟现象，不适于测量热容量小、极高温和处于运动中的对象温度，不适于直接对腐蚀性介质测量。

非接触式测温时，测温元件不与被测对象接触，而是通过热辐射进行热交换，或测温元件接收被测对象的部分热辐射能，由热辐射能大小推出被测对象的温度。从原理上讲测量范围从超低温到极高温，不破坏被测对象温度场。非接触式测温响应快，对被测对象扰动小，可用于测量运动的被测对象和有强电磁干扰、强腐蚀的场合。但缺点是容易受到外界因素的扰动，测量误差较大，且结构复杂，价格比较昂贵。

表 3-1 列出了几种主要的测温方法。

表 3-1　主要温度检测方法及特点

测温方式	类别和仪表		测温范围/℃	作　用　原　理	使　用　场　合
接触式	膨胀式	玻璃液体	−100~600	液体受热时产生热膨胀	轴承、定子等处的温度作现场指示
		双金属	−80~600	两种金属的热膨胀差	
	压力式	气体	−20~350	封闭在固定体积中的气体、液体或某种液体的饱和蒸汽受热后产生体积膨胀或压力变化	用于测量易爆、易燃、振动处的温度，传送距离不很远
		蒸汽	0~250		
		液体	−30~600		
	热电类	热电偶	0~1600	热电效应	液体、气体、蒸汽的中、高温，能远距离传送
	热电阻	铂电阻	−200~850	导体或半导体材料受热后电阻值变化	液体、气体、蒸汽的中、低温，能远距离传送
		铜电阻	−50~150		
		热敏电阻	−50~300		
	其他电学	集成温度传感器	−50~150	半导体器件的温度效应	
		石英晶体温度计	−50~120	晶体的固有频率随温度变化	
非接触式	光纤类	光纤温度传感器	−50~400	光纤的温度特性或作为传光介质	强烈电磁干扰、强辐射的恶劣环境
		光纤辐射温度计	200~4000		
	辐射式	辐射式	400~2000	物体辐射能随温度变化	用于测量火焰、钢水等不能接触测量的高温场合
		光学式	800~3200		
		比色式	500~3200		

3.2.2 热电偶

（1）热电偶介绍

热电偶的测温原理是基于热电偶的热电效应，如图 3-2 所示。将两种不同材料的导体或半导体 A 和 B 连在一起组成一个闭合回路，而且两个接点的温度 $\theta \neq \theta_0$，则回路内将有电流产生，电流大小正比于接点温度 θ 和 θ_0 的函数之差，而其极性则取决于 A 和 B 的材料。显然，回路内电流的出现，证实了当 $\theta \neq \theta_0$ 时内部有热电势存在，即热电效应。图 3-2(a) 中 A，B 称为热电极，A 为正极，B 为负极。放置于被测介质温度为 θ 的一端，称工作端或热端；另一端称参比端或冷端（通常处于室温或恒定的温度之中）。在此回路中产生的热电势可用下式表示

$$E_{AB}(\theta,\theta_0)=E_{AB}(\theta)-E_{AB}(\theta_0) \tag{3-5}$$

式中，$E_{AB}(\theta)$ 表示工作端（热端）温度为 θ 时在 A，B 接点处产生的热电势，$E_{AB}(\theta_0)$ 表示参比端（冷端）温度为 θ_0 时在 A，B 另一端接点处产生的热电势。为了达到正确测量温度的目的，必须使参比端温度维持恒定，这样对一定材料的热电偶总热电势 E_{AB} 便是被测温度的单值函数了。

$$E_{AB}(\theta,\theta_0)=f(\theta)-C=\varphi(\theta) \tag{3-6}$$

此时只要测出热电势的大小，就能判断被测介质温度。

在热电偶测量温度时，要想得到热电势数值，必定要在热电偶回路中引入第三种导体，接入测量仪表。根据热电偶的"中间导体定律"可知：热电偶回路中接入第三种导体后，只要该导体两端温度相同，热电偶回路中所产生的总热电势与没有接入第三种导体时热电偶所产生的总热电势相同；同理，如果回路中接入更多种导体时，只要同一导体两端温度相同，也不影响热电偶所产生的热电势值。因此热电偶回路可以接入各种显示仪表、变送器、连接导线等，见图 3-2(b)。

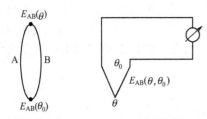

图 3-2　热电偶原理及测温回路示意图

(a) 热电偶热电效应　　(b) 热电偶测温回路

在参比端温度为 0℃ 条件下，常用热电偶热电势与温度一一对应的关系都可以从标准数据表中查到。这种表称为热电偶的分度表。与分度表所对应的该热电偶的代号则称为分度号。几种工业常用热电偶的测温范围和使用特点列于表 3-2 中。

表 3-2　工业常用热电偶的测温范围和使用特点

热电偶名称	分度号	测温范围/℃		特　　点
		长　期	短　期	
铂铑₃₀-铂铑₆	B	0～1600	1800	• 热电势小,测量温度高,精度高 • 适用于中性和氧化性介质 • 价格高
铂铑₁₀-铂	S	0～1300	1600	• 热电势小,精度高,线性差 • 适用于中性和氧化性介质 • 价格高
镍铬-镍硅 （镍铬-镍铝）	K	0～1000	1200	• 热电势大,线性好 • 适用于中性和氧化性介质 • 价格便宜,是工业上最常用的一种
镍铬-康铜	E	0～550	750	• 热电势大,线性差 • 适用于氧化及弱还原性介质 • 价格低

工业常用热电偶外形结构基本上有以下几种。

① 普通型热电偶　普通型热电偶主要由热电极、绝缘管、保护套管、接线盒、接线端子组成，见图3-3。

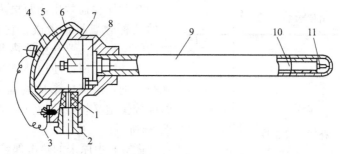

图 3-3　普通型热电偶基本结构图
1—出线孔密封圈；2—出线孔螺母；3—链条；4—面盖；5—接线柱；6—密封圈；
7—接线盒；8—接线座；9—保护套管；10—绝缘子；11—热电偶

在普通型热电偶中，绝缘管用于防止两根热电极短路，其材质取决于测温范围。保护套管的作用是保护热电极不受化学腐蚀和机械损伤，其材质要求耐高温、耐腐蚀、不透气和具有较高的导热系数等。不过，热电偶加上保护套管后，其动态响应变慢，因此要使用时间常数小的热电偶保护套管。接线盒主要供热电偶参比端与补偿导线连接用。

② 铠装热电偶　用金属套管、陶瓷绝缘材料和热电极组合加工而成，其结构如图3-4所示。铠装热电偶具有能弯曲、耐高压、热响应时间快和坚固耐用等优点，可适应复杂结构的安装要求。

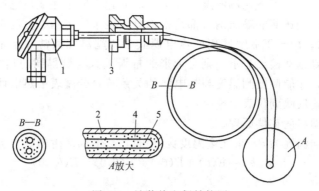

图 3-4　铠装热电偶结构图
1—接线盒；2—金属套管；3—固定装置；4—绝缘材料；5—热电极

③ 多点式热电偶　多支不同长度的热电偶感温元件，用多孔的绝缘管组装而成。适合于化工生产中反应器不同高度的几点温度测量，如测合成塔不同位置的温度。

④ 隔爆型热电偶　隔爆型热电偶基本参数与普通型热电偶一样，区别在于采用了防爆结构的接线盒。当生产现场存在易燃易爆气体的条件下必须使用隔爆型热电偶。

⑤ 表面型热电偶　利用真空镀膜法将两电极材料蒸镀在绝缘基底上的薄膜热电偶，专门用于测量各种形状的固体表面温度，反应速度极快，热惯性极小。它作为一种便携式测温计，在纺织、印染、橡胶、塑料等工业领域广泛应用。

（2）补偿导线

热电偶测温时要求参比端温度恒定。由于热电偶工作端与参比端靠得很近，热传导、辐射会影响参比端温度；此外，参比端温度还受到周围设备、管道、环境温度的影响，这些影响很不规则,因此参比端温度难以保持恒定。这就希望将热电偶做得很长,使参比端远离工作端且进入恒温环境,但这样做要消耗大量贵重的电极材料,很不经济。因此使用专用的导线,将热电偶的参比端延伸出来,以解决参比端温度的恒定问题。这种导线就是补偿导线。

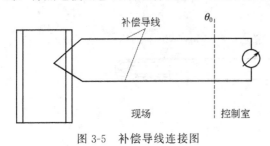

图 3-5　补偿导线连接图

补偿导线通常用比两根热电极材料便宜得多的两种金属材料做成,它在 $0 \sim 100 ℃$ 范围内的热电性质与要补偿的热电偶的热电性质几乎完全一样,所以使用补偿导线犹如将热电偶延长,把热电偶的参比端延伸到离热源较远、温度较恒定又较低的地方。补偿导线的连接如图3-5所示。

图 3-5 中原来的热电偶参比端温度很不稳定,使用补偿导线后,参比端可移到温度恒定的 θ_0 处。常用补偿导线见表 3-3。

表 3-3　常用热电偶的补偿导线

补偿导线型号	配用热电偶的分度号	补偿导线材料		绝缘层着色	
		正　极	负　极	正　极	负　极
SC	S(铂铑$_{10}$-铂)	铜	铜镍	红	绿
KC	K(镍铬-镍硅镍铬-镍铝)	铜	铜镍	红	蓝
EX	E(镍铬-康铜)	镍铬	康铜	红	棕

注:C—补偿型;X—延伸型。

(3) 热电偶参比端温度补偿

使用补偿导线只解决了参比端温度比较恒定的问题。但是在配热电偶的显示仪表上面的温度标尺分度或温度变送器的输出信号都是根据分度表来确定的。分度表是在参比端温度为 0℃ 的条件下得到的。由于工业上使用的热电偶其参比端温度通常并不是 0℃,因此测量得到的热电势如不经修正就输出显示,则会带来测量误差。测量得到的热电势必须通过修正,即参比端温度补偿,才能使被测温度与热电势的关系符合分度表中热电偶静态特性关系,以使被测温度能真实地反映到仪表上来。

下面介绍参比端温度补偿原理。

当热电偶工作端温度为 θ,参比端温度为 θ_0 时,热电偶产生的热电势

$$E(\theta,\theta_0)=E(\theta)-E(\theta_0)=E(\theta,0)-E(\theta_0,0) \tag{3-7}$$

也可写成

$$E(\theta,0)=E(\theta,\theta_0)+E(\theta_0,0) \tag{3-8}$$

这就是说,要使热电偶的热电势符合分度表,只要将热电偶测得的热电势加上 $E(\theta_0,0)$ 即可。各种补偿方法都是基于此原理得到的。

参比端温度补偿方法有以下几种。

① 计算法　根据补偿原理计算修正。由式(3-8),将热电偶测得的热电势 $E(\theta,\theta_0)$ 加上根据参比端温度查分度表所得电势 $E(\theta_0,0)$,得到工作端温度相对于参比端温度为 0℃ 对应的电势 $E(\theta,0)$,再查分度表得到工作端温度 θ。

例如用镍铬-镍硅 (K) 热电偶测温,热电偶参比端温度 $\theta_0=20℃$,测得的热电势 $E(\theta_1,\theta_0)=32.479\text{mV}$。由 K 分度表中查得 $E(20,0)=0.798\text{mV}$,则

$$E(\theta,0)=E(\theta,20)+E(20,0)=32.479+0.798=33.277\text{mV}$$

再反查 K 分度表,得实际温度是 800℃。

计算法由于要查表计算,使用时不太方便,因此仅在实验室或临时测温时采用。但是在

智能仪表和计算机控制系统中可以通过事先编写好的查分度表和计算的软件程序进行自动补偿。

② 冰浴法　将热电偶的参比端放入冰水混合物中，使参比端温度保持0℃。这种方法一般仅用于实验室。

③ 机械调零法　一般仪表在未工作时指针指在零位（机械零点）。在参比端温度不为0℃时，可以预先将仪表指针调到参比端温度处。如果参比端温度就是室温，那么就将仪表指针调到室温，但若室温不恒定，则也会带来测量误差。

④ 补偿电桥法　在温度变送器、电子电位差计中采用补偿电桥法进行自动补偿。补偿电桥法是利用参比端温度补偿器产生的不平衡电势去补偿热电偶因温度变化而引起的热电势变化值，其原理在温度变送器及电子电位差计章节中介绍。

3.2.3　热电阻

（1）金属热电阻

金属热电阻测温原理是基于导体的电阻会随温度的变化而变化的特性。因此只要测出感温元件热电阻的阻值变化，就可测得被测温度。工业上常用的热电阻是铜电阻和铂电阻两种，见表3-4。

表 3-4　工业常用热电阻

热电阻名称	0℃时阻值	分度号	测温范围	特　点
铂电阻	50Ω	Pt50	−200～500℃	・精度高，价格贵 ・适用于中性和氧化性介质
	100Ω	Pt100		
铜电阻	50Ω	Cu50	−50～150℃	・线性好，价格低 ・适用于无腐蚀性介质

工业用热电阻的结构型式有普通型、铠装型和专用型等。普通型热电阻一般包括电阻体、绝缘子、保护套管和接线盒等部分，见图3-6。

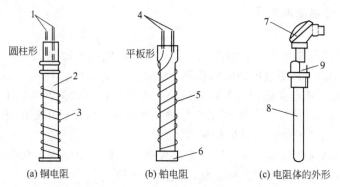

(a) 铜电阻　　　　(b) 铂电阻　　　　(c) 电阻体的外形

图 3-6　普通型热电阻结构

1—钢丝引出线；2—塑料骨架；3—铜电阻丝；4—银丝引出线；5—铂电阻丝；
6—云母片骨架；7—接线盒；8—保护套管；9—螺纹接口

铠装热电阻将电阻体预先拉制成型并与绝缘材料和保护套管连成一体，直径小，易弯曲，抗震性能好。

专用热电阻用于一些特殊的测温场合。如端面热电阻由特殊处理的线材绕制而成，与一般热电阻相比，能更紧地贴在被测物体的表面；轴承热电阻带有防震结构，能紧密地贴在被测轴承表面，用于测量带轴承设备上的轴承温度。

（2）半导体热敏电阻

除了上面介绍的金属材料制成的热电阻外，近年来用半导体材料制成的热敏电阻发展迅速，应用领域广泛，特别是大量用于家电和汽车用温度检测和控制。

半导体热敏电阻是利用某些半导体材料的电阻值随温度的升高而减小（或升高）的特性制成的。

具有负温度系数的热敏电阻称为 NTC 型热敏电阻，大多数热敏电阻属于此类。NTC 型热敏电阻主要由锰、镍、铁、钴、钛、钼、镁等复合氧化物高温烧结而成，通过不同的材料组合得到不同的温度特性。NTC 型热敏电阻在低温段比在高温段更灵敏。

具有正温度系数的热敏电阻称为 PTC 型热敏电阻，它是在由 $BaTiO_3$ 和 $SrTiO_3$ 为主的成分中加入少量 Y_2O_3 和 Mn_2O_3 烧结而成。PTC 型热敏电阻在某个温度段内电阻值急剧上升，可用作位式（开关型）温度检测元件。

半导体热敏电阻结构如图 3-7 所示。

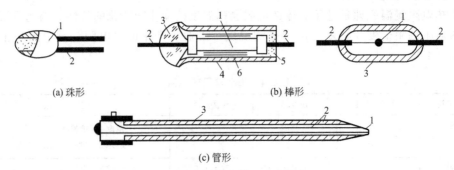

(a) 珠形　　　　　　　　　　　　　(b) 棒形

(c) 管形

图 3-7　半导体热敏电阻的结构

1—热电阻体；2—引出线；3—玻璃壳层；4—保护套管；5—密封填料；6—锡箔

半导体热敏电阻结构简单、电阻值大、灵敏度高、体积小、热惯性小。但是非线性严重、互换性差、测温范围较窄。

3.2.4　热电偶、热电阻的选用

（1）选择

热电偶和热电阻都是常用工业测温元件，一般热电偶用于较高温度的测量，在 500℃以下（特别是 300℃以下），用热电偶测温就不十分妥当。这是因为：

① 在中低温区，热电偶输出的热电势很小，对测量仪表放大器和抗干扰要求很高；

② 由于参比端温度变化不易得到完全补偿，在较低温度区内引起的相对误差就很突出。

所以，在中低温区采用热电阻进行测温。

另外，选用热电偶和热电阻时，应注意工作环境，如环境温度、介质性质（氧化性、还原性、腐蚀性）等，选择适当的保护套管、连接导线等。

（2）安装

① 选择有代表性的测温点位置，测温元件有足够的插入深度。测量管道流体介质温度时，应迎着流动方向插入，至少与被测介质正交。测温点应处在管道中心位置，且流速最大。图 3-8 是安装测温元件示意图。

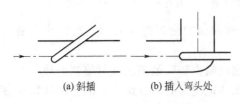

(a) 斜插　　　　(b) 插入弯头处

图 3-8　测温元件安装示意图

② 热电偶或热电阻的接线盒的出线孔应朝下，以免积水及灰尘等造成接触不良，防止引入扰动信号。

③ 检测元件应避开热辐射强烈影响处。要密封安装孔，避免被测介质逸出或冷空气吸入而引入误差。

（3）使用

热电偶测温时，一定要注意参比端温度补偿。除正确选择补偿导线、正、负极性不能接反外，热电偶的分度号应与配接的变送、显示仪表分度号一致。在与采用补偿电桥法进行参比端温度补偿的仪表（如电子电位差计、温度变送器等）配套测温时，热电偶的参比端要与补偿电阻感受相同温度。

金属热电阻在与自动平衡电桥、温度变送器等配套使用时，为了消除连接导线阻值变化对测量结果的影响，除要求固定每根导线的阻值外，还要采用三导线法（参见本章温度变送器部分）。此外热电阻分度号要与配接的温度变送器、显示仪表分度号一致。

3.3 流量检测

流量是指单位时间内流过管道某一截面的流体的数量，即瞬时流量。在某一时段内流过流体的总和，即瞬时流量在某一时段的累积量称为累积流量（总流量）。

流量通常有三种表示方法。

① 质量流量 q_m 单位时间内流过某截面的流体的质量，其单位为 kg/s。

② 工作状态下的体积流量 q_V 单位时间内流过某截面的流体的体积，其单位为 m^3/s。它与质量流量 q_m 的关系是

$$q_m = q_V \rho \quad \text{或} \quad q_V = q_m/\rho$$

式中，ρ 是流体密度。

③ 标准状态下的体积流量 q_{V_n} 气体是可压缩的，q_V 会随工作状态而变化，q_{V_n} 就是折算到标准的压力和温度状态下的体积流量。在仪表计量上多数以 20℃ 及 1 个物理大气压为标准状态。

q_{V_n} 与 q_m 和 q_V 的关系是

$$q_{V_n} = q_m/\rho_n \quad \text{或} \quad q_m = q_{V_n}\rho_n$$
$$q_{V_n} = q_V\rho/\rho_n \quad \text{或} \quad q_V = q_{V_n}\rho_n/\rho$$

式中，ρ_n 是气体在标准状态下的密度。

3.3.1 流量检测的主要方法

由于流量检测的复杂性和多样性，流量检测的方法非常多，据估计目前至少有上百种流量检测方法，其中有十多种常用于工业生产中。流量检测方法大致可以分成两大类。

（1）测体积流量

测体积流量的方法又可分为两类：容积法（又称直接法）和速度法（又称间接法）。

① 容积法 在单位时间内以标准固定体积对流动介质连续不断地进行度量，以排出流体的固定容积数来计算流量。容积法受流体流动状态影响较小，适用于测量高黏度、低雷诺数的流体。

基于容积法的流量检测仪表有椭圆齿轮流量计、腰轮流量计、皮膜式流量计等。

② 速度法 先测出管道内的平均流速，再乘以管道截面积求得流体的体积流量。速度法可用于各种工况下的流体的流量检测，但由于是利用平均流速计算流量，因此受管路条件影响较大，流动产生的涡流以及截面上流速分布不对称等都会影响测量精度。

用于测量管道内流速的方法或仪表主要有：

差压式 又称节流式，利用节流件前后的差压和流速关系，通过差压值获得流体的流速；

电磁式 导电流体在磁场中运动产生感应电势，感应电势大小与流体的平均流速成正比；

旋涡式 流体在流动中遇到一定形状的物体会在其周围产生有规则的旋涡，旋涡释放的频率与流速成正比；

涡轮式 流体作用在置于管道内部的涡轮上使涡轮转动，其转动速度在一定流速范围内与管道内流体的流速成正比；

声学式 根据声波在流体中传播速度的变化得到流体的流速；

热学式 利用加热体被流体的冷却程度与流速的关系来检测流速。

基于速度法的流量检测仪表有节流式流量计、靶式流量计、弯管流量计、转子流量计、电磁流量计、旋涡流量计、涡轮流量计、超声流量计等。

（2）测质量流量

尽管体积流量乘以密度可以得到质量流量，但测量结果却与密度有关。在化工生产过程中有时流体密度不恒定，不能得到质量流量，而许多场合又需要得到质量流量。如石化行业要对产品流量精确计量，希望得到不受外界条件影响的质量流量。若是采用先测得体积流量再乘以流体密度求取质量流量的方法，由于流体密度会随着温度、压力而变化，因此须在测量体积流量和密度的同时，测量流体介质温度值及压力值，进行补偿，再得到质量流量。当温度、压力变化频繁或组分波动时，增加了繁琐换算次数，无法提高计量精度。

质量流量计是以测量流体流过的质量为依据的流量检测仪表，具有精度不受流体的温度、压力、密度、黏度等变化影响的优点，在目前处于研究发展阶段，现场应用还不像测体积流量那么普及。质量流量的测量方法也分直接法和间接法两类。

① 直接法 直接测量质量流量，如科里奥利力式流量计、量热式流量计、角动量式流量计等。

② 间接法 又称推导法，测出流体的体积流量，以及密度（或温度和压力），经过运算求得质量流量。主要有压力温度补偿式质量流量计。

3.3.2 速度式流量计

工业生产过程中速度式流量计使用最多，品种也很多。

（1）节流装置

目前各工业部门最广泛应用的检测元件是节流装置。节流装置的结构简单，使用寿命长，适应性较广，能测量各种工况下的流体流量，且已标准化而不需要单独标定。但是量程比小，即范围狭窄，最大流量与最小流量之比为3∶1，压力损耗较大，刻度为非线性。

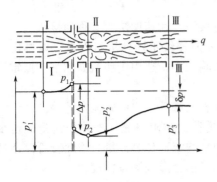

图 3-9 节流装置前后的压力分布情况

节流装置包括孔板、喷嘴和文丘里管，在此以孔板为例。流体在管内流动，经过节流孔时，通道截面积突然变小，流速加大，由于在总的能量中动能增大，势必导致静压力的下降。流量越大，压力降低得越多，再经过一段距离后，流速又回到原来的数值，压力也有所回升，但因有阻力损失，所以恢复不到原来的数值，压力分布大致如图3-9所示。

当节流装置形状一定，测压点位置也一定时，根据测得的差压就可以求出流量。孔板的测压点选取有两种标准方式：一种是紧邻着孔板，称为角接法；另一种是离开孔板上下游各 1in（英寸），称为一英寸法兰接法。

差压 $\Delta p = p_1 - p_2$ 与体积流量 q_V 或质量流量 q_m 有如下关系

$$q_V = \alpha \varepsilon m \frac{\pi}{4} D_t^2 \sqrt{\frac{2\Delta p}{\rho}} \qquad (3\text{-}9)$$

$$q_m = \alpha \varepsilon m \frac{\pi}{4} D_t^2 \sqrt{2\Delta p \rho} \qquad (3\text{-}10)$$

式中，D_t 为管道在工作温度下的内径；ρ 为流体密度；m 为孔口面积与管道内截面积之比；ε 为体积膨胀校正系数，取决于上游压力 p_1、差压 Δp 及流体性质，对不可压缩流体（液体），或虽为气体而 Δp 不大时，$\varepsilon = 1$；对于气体，当 Δp 较大时，$\varepsilon < 1$；α 为流量系数，取决于 D_t，m，流动状态等因素。

由式(3-9) 或式(3-10) 可以得出节流装置的输出差压 Δp 与输入流量 q_V 或 q_m 之间的关系

$$q_V = K_{qV} \sqrt{\Delta p} \qquad (3\text{-}11)$$

$$q_m = K_{qm} \sqrt{\Delta p} \qquad (3\text{-}12)$$

式中

$$K_{qV} = \alpha \varepsilon m \frac{\pi}{4} D_t^2 \sqrt{\frac{2}{\rho}}, \quad K_{qm} = \alpha \varepsilon m \frac{\pi}{4} D_t^2 \sqrt{2\rho}$$

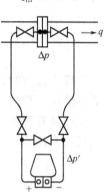

流量的检测是通过检测节流装置前后差压 Δp，其差压经导压管接到差压变送器，同时配有显示仪表将流量指示出来，如图 3-10 所示。

图 3-10　节流装置与差压变送器连接

要使仪表的指示值与通过管道的实际流量相符，必须做到以下几点。

① 差压变送器的差压和显示仪表的流量标尺有若干种规格，选择时应与节流装置孔径匹配。

② 在测量蒸汽和气体流量时，常遇到工作条件的密度 ρ 与设计时的密度 ρ_c 不相同，这时必须对示数进行修正，修正公式如下

$$q_V = C_{qV} q_V', \qquad q_m = C_{qm} q_m', \qquad q_{V_n} = C_{qV} q_{V_n}'$$

式中

$$C_{qV} = \sqrt{\frac{\rho_c}{\rho}}, \qquad C_{qm} = \sqrt{\frac{\rho}{\rho_c}}$$

q_V'，q_m'，q_{V_n}' 分别为设计条件下的体积流量、质量流量、标准体积流量；q_V，q_m，q_{V_n} 分别为工作条件下的体积流量、质量流量、标准体积流量；ρ_c 为设计条件下的介质密度；ρ 为工作条件下的介质密度。

③ 显示仪表刻度通常是线性的，测量值（差压信号）要经过开方运算进行线性化处理后再送显示仪表。

④ 节流装置应正确安装。例如节流装置前后应有一定长度的直管段；流向要正确；要装在充满流体的管道内；而且流体必须是单相的，等等。

⑤ 接至差压变送器的差压应该与节流装置前后差压一致，这就需要正确安装差压信号管路。介质为液体时，差压变送器应装在节流装置下面，取压点应在工艺管道的中心线以下引出（下倾 45°左右），导压管最好垂直安装，否则也应有一定斜度。当差压变送器放在节流装置之上时，要装置储气罐，见图 3-11。

介质为气体时，要防止导压管内积聚液滴，因此差压变送器应装在节流装置的上面，取压点应在工艺管道的上半部引出，见图 3-12。

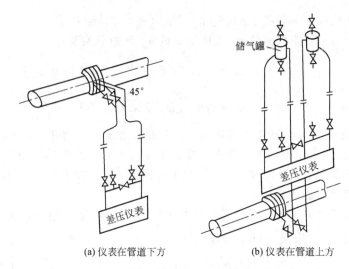

(a) 仪表在管道下方   (b) 仪表在管道上方

图 3-11   被测流体为液体时的信号管路安装示意图

介质为蒸汽时，应使导压管内充满冷凝液，因此在取压点的出口处要装设凝液罐，其他安装同液体，见图 3-13。

介质具有腐蚀性时，可在节流装置和差压变送器之间装设隔离罐，内放不与介质有互溶的隔离液来传递压力，或采用喷吹法等，见图 3-14。

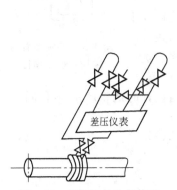

图 3-12   被测流体为气体时
信号管路安装示意图

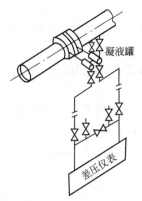

图 3-13   被测流体为水蒸气时
信号管路安装示意图

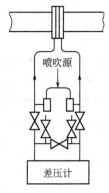

图 3-14   喷吹系统示意图

（2）靶式流量计

在流体通过的管道中，垂直于流动方向插上一块圆盘形的靶，见图 3-15。流体通过时对靶片产生推力，经杠杆系统产生力矩。力矩与流量的平方近似成正比。靶式流量计适用于测量黏稠性及含少量悬浮固体的液体。

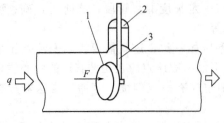

图 3-15   靶式流量计示意图

1—靶；2—输出轴密封片；3—靶的输出力杠杆

（3）转子流量计

根据转子在锥形管内的高度来测量流量，见图 3-16。利用流体通过转子和管壁之间的间隙时产生的差压来平衡转子的重量，流量越大，转子被托得越高，使其具有更大的环隙面积，也即环隙面积随流量变化，所以一般称为面积法。它较多地用于中、小流量的测量，有配以电远传或气远传发信器的类型。

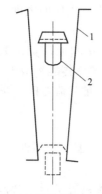

图 3-16 转子流量计示意图

1—锥形管；2—转子

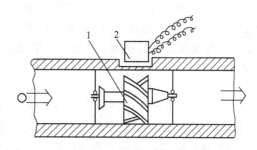

图 3-17 涡轮流量计示意图

1—涡轮；2—电磁感应转换装置

（4）涡轮流量计

根据涡轮的旋转速度随流量变化来测量流量，如图 3-17 所示。涡轮安装在非导磁材料制成的水平管段内，当涡轮受到流体冲击而旋转时，由导磁性材料制成的涡轮叶片通过电磁感应转换器中的永久磁钢时，由于磁路中的磁阻发生周期性变化，从而在感应线圈内产生脉动电势，经放大和整形后，获得与流量成正比的脉冲频率信号作为流量测量信息，再根据脉冲累计数可得知总量。这种检测元件的优点是精度高，动态响应好，压力损失较小，但是流体必须不含污物及固体杂质，以减少磨损和防止涡轮被卡。适宜于测量比较洁净而黏度又低的液体流量。

（5）电磁流量计

电磁流量计的工作原理是基于电磁感应定律。导电液体在磁场中作垂直方向流动切割磁力线时，会产生感应电势 E，如图 3-18 所示。感应电势与流速成正比。感应电势由管道两侧的两根电极引出。

这种检测元件的特点是测量管内无活动及节流部件，是一段光滑直管，因此阻力损失极小。合理选用衬里及电极材料，就可达到良好的耐腐蚀性和耐磨性，因此可测量强酸强碱溶液。此外测量值不受液体

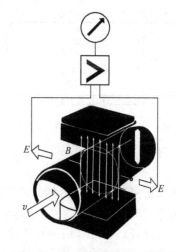

图 3-18 电磁流量计工作原理图

E—感应电势；B—磁感应强度；v—流速

密度、压力、温度及黏度的影响，动态响应快。但是被测介质必须是导电性液体，最低导电率大于 $20\mu s/cm$，而且被测介质中不应有较多的铁磁性物质及气泡。

（6）旋涡流量计

旋涡流量计又称涡街流量计，其测量方法基于流体力学中的卡门涡街原理。把一个旋涡发生体（如圆柱体、三角柱体等非流线型对称物体）垂直插在管道中，当流体绕过旋涡发生体时会在其左右两侧后方交替产生旋涡，形成涡列，且左右两侧旋涡的旋转方向相反。这种旋涡列就称为卡门涡街。如图 3-19 所示。

由于旋涡之间相互影响，旋涡列一般是不稳定的。而当两旋涡列之间的距离 h 和同列的两个旋涡之间的距离 L 满足公式 $h/L=0.281$ 时，非对称的旋涡列就能保

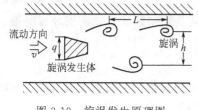

图 3-19 旋涡发生原理图

持稳定。此时旋涡的频率 f 与流体的平均流速 v 及旋涡发生体的宽度 d 有如下关系

$$f = Stv/d \qquad (3-13)$$

式中，St 为斯特劳哈尔系数，与旋涡发生体宽度 d 和流体雷诺数 Re 有关。在雷诺数 Re 为 $2 \times 10^4 \sim 7 \times 10^6$ 的范围内 St 为一常数，而旋涡发生体宽度 d 也是定值，因此旋涡产生的频率 f 与流体的平均流速 v 成正比。再根据体积流量与流速的关系，可推导出体积流量 q_V 与旋涡频率 f 的关系式

$$q_V = f/K \qquad (3-14)$$

式中，K 为流量计流量系数，其物理意义是每升流体的脉冲数。当流量计管道内径 D 和旋涡发生体宽度 d 为确定值时，K 值也随之确定。

从式(3-14)可知，在一定的雷诺数 Re 范围内，体积流量 q_V 与旋涡的频率 f 成线性关系。只要测出旋涡的频率 f 就能求得流过流量计管道流体的体积流量 q_V。

旋涡流量计的输出信号是与流量成正比的脉冲频率信号或标准电流信号，可以远距离传输，而且输出信号与流体的温度、压力、密度、成分、黏度等参数无关。该流量计量程比宽，结构简单，无运动件，具有测量精度高、应用范围广、使用寿命长等特点。

(7) 超声波流量计

超声波流量计是根据声波在静止流体中的传播速度与流动流体中的传播速度不同而工作

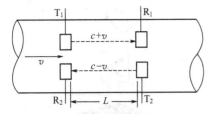

图 3-20　超声波测速原理图

的。设声波在静止流体中的传播速度为 c，流体的流速为 v，传播距离为 L。若在管道中安装两对声波传播方向相反的超声波换能器，如图 3-20 所示，当换能器 T_1，T_2 发出声波时，经过 t_1，t_2 时间后，接受器 R_1，R_2 分别接受到声波。t_1，t_2 与 L，c，v 的关系如下

$$t_1 = L/(c+v) \qquad (3-15)$$
$$t_2 = L/(c-v) \qquad (3-16)$$

两者的时差 Δt 为 $\Delta t = t_2 - t_1 = 2Lv/(c^2 - v^2)$，由于流速比声速小得多，因此

$$\Delta t \approx 2Lv/c^2 \qquad (3-17)$$

当声速和传播距离 L 已知时，测出时差就能测出流体流速，进而求出流量。

超声波流量计的换能器一般都斜置在管壁外侧，可以用两对换能器，此时超声波发射器和接受器分开；也可以用一对换能器，每个换能器兼有发射和接受功能。

超声波流量计的最大特点是不接触测量，由于其超声波换能器可以安装在管道外壁，不用破坏管道，不会对管道内流体的流动产生影响，特别适合于大口径管道的液体流量检测。但是流速沿管道的分布情况将影响测量结果，所测得的流速与管道实际平均流速之间有所差异，而且与雷诺数有关，因此测量结果还需要修正。

3.3.3　容积式流量计

椭圆齿轮流量计是容积式流量计中的一个品种。它是用容积法来测量流量的，见图 3-21。液体通过时利用进出口压差产生力矩使两个椭圆齿轮转动，每转一周排出一定量液体，测得旋转频率就可求出体积流量，其累计数即为总量。这种检测元件适用于测量高黏度液体介质，它对掺有机械物的杂质非常敏感，因为这些杂质易磨损齿轮，故需安装过滤器。

3.3.4　质量流量计

(1) 科里奥利质量流量计

简称科氏力流量计，其测量原理基于流体在振动管中流动时将产生与质量流量成正比的科里奥利力。图 3-22 是一种 U 形管式科氏力流量计的示意图。

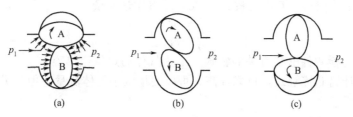

图 3-21 椭圆齿轮测量流量示意图

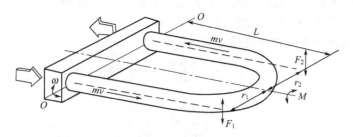

图 3-22 科氏力流量计测量原理

U形管的两个开口端固定，流体由此流入和流出。在 U 形管顶端装上电磁装置，激发 U 形管以 $O\text{-}O$ 为轴，按固有的自振频率振动，振动方向垂直于 U 形管所在平面。U 形管内的流体在沿管道流动的同时又随管道作垂直运动，此时流体就会产生一科里奥利加速度，并以科里奥利力反作用于 U 形管。由于流体在 U 形管的两侧的流动方向相反，因此作用于 U 形管两侧的科氏力大小相等方向相反，于是形成一个作用力矩。U 形管在该力矩的作用之下将发生扭曲，扭转的角度与通过流体的质量流量成正比。如果在 U 形管两侧中心平面处安装两个电磁传感器测出 U 形管扭转角度的大小，就可以得到所测质量流量，其关系式为

$$q_\mathrm{m}=\frac{K_\mathrm{s}\theta}{4\omega r} \tag{3-18}$$

式中，θ 为扭转角；K_s 为扭转弹性系数；ω 为振动角速度；r 为 U 形管跨度半径。

另外也可以由传感器测出 U 形管两侧中心平面的时间差 Δt，它与质量流量的关系式为

$$q_\mathrm{m}=\frac{K_\mathrm{s}\theta}{8r^2}\Delta t \tag{3-19}$$

此时所得测量结果与振动频率及角速度均无关。

科氏力流量计特点是直接测量质量流量，不受流体物性（密度、黏度等）影响，测量精度高；测量值不受管道内流场影响，无上、下游直管段长度的要求；可测量各种非牛顿流体以及黏滞的和含微粒的浆液。但是它的阻力损失较大，零点不稳定以及管路振动会影响测量精度。

（2）量热式质量流量计

其测量原理基于流体中热传递和热转移与流体质量流量的关系。如图 3-23 所示。两组作为加热及测温的线圈绕组对称地绕在测量管道外壁，通过管壁给流体传递热量。当流量为零时，测量管温度按中心线对称分布，测量电桥处于平衡状态。当气体流量流动时，气体将上游的部分热量带给下游，因而上游段温度下降，而下游段温度上升，最高温度点沿中心线移向下游，电桥

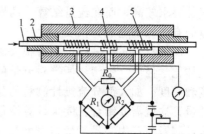

图 3-23 量热式质量流量计原理图
1—导管；2—黄铜套；3—钢盖；
4—加热器；5—感温元件

37

测得两组线圈的平均温差 ΔT 就可按式(3-20)求得质量流量

$$q_{\mathrm{m}} = \frac{K}{c_{\mathrm{p}}} \Delta T \tag{3-20}$$

式中，K 为与检测件形状有关的常数；c_{p} 为气体的定压比热容。

量热式流量计属非接触式，可靠性高，可以测量微小气体流量，但是灵敏度较低，被测气体介质必须干燥洁净。

（3）间接式质量流量计

在测量体积流量的同时测量被测流体密度，再将体积流量和密度结合起来求得质量流量。密度的测量还可以通过压力和温度的测量来得到。

图 3-24 是几种间接式质量流量计组合示意图。

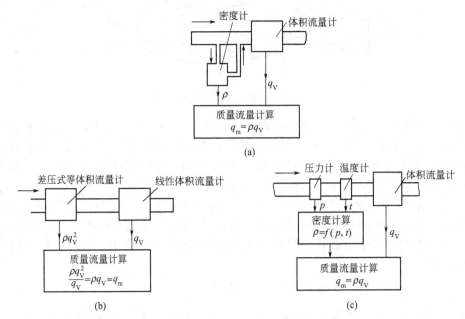

图 3-24　间接式质量流量计组合示意图

从图 3-24 中看到，间接式质量流量计结构复杂。目前多将微机技术用于间接式质量流量计中以实现有关计算功能。

3.3.5　流量仪表的选用

各种测量对象对测量的要求不同，有时要求在较宽的流量范围内保持测量的精确度，有时要求在某一特定范围内满足一定的精确度即可。一般过程控制中对流量的测量可靠性和重复性要求较高，而在流量结算、商贸储运中对测量的准确性要求较高。应该针对具体的测量目的有所侧重地选择仪表。

流体特性对仪表的选用有很大影响。流体物性参数与流动参数对测量精确度影响较大；流体化学性质、脏污结垢等对测量的可靠性影响较大。在众多物性参数中，影响最大的是密度和黏度。如大部分流量计测量的是体积流量，但在生产过程中经常要进行物料平衡或能源计量，这就需要结合密度来计算质量流量，若选用直接式质量流量计则价钱太贵。差压式流量计测量原理中测量流量本身就与密度有关，密度的变化直接影响测量的准确性。涡轮流量计适用于测低黏度介质，容积式流量计适用于测高黏度介质。另外，电磁流量计要考虑流体的电导率，超声流量计要考虑流体声速。有些流量计与介质直接接触，必须考虑是否会产生腐蚀，可动部件是否会被堵塞等。表 3-5 是按被测介质一部分特性选用流量计的参考表。

表 3-5　按被测介质特性选用流量计

适用性 / 流量仪表	介质		清洁液体	脏污液体	蒸汽或气体	高黏性液体	腐蚀性液体	腐蚀浆液	含纤维浆液	高温介质	低温介质	低流速流动	部分充满管道	非牛顿液体
节流装置	孔板		○	+	○	+	√	×	×	○	+	×	×	+
	文丘里管		○	+	○	+	+	×	×	+	+	+	×	×
	喷嘴		○	+	○	+	+	×	×	○	+	+	×	×
电磁流量计			○	○	×	○	○	○	○	+	×	√	+	√
涡街流量计			○	+	√	√	√	×	×	√	√	×	×	√
超声波流量计			○	○	√	+	+	√	√	√	√	√	×	√
转子流量计			○	+	√	√	√	×	×	√	√		×	√
容积式流量计			√	×	○	○	√	×	×	√	√	√	×	√
涡轮流量计			√	×	√	√	√	×	×	√	√	+	×	×
靶式流量计			○	√	√	√	√	+	×	√	+	×	×	+

注：标记√为适用；○为可用；+为一定条件下可用；×不适用。

　　各种流量计对安装要求差异很大，如差压式流量计、旋涡式流量计需要长的上游直管段以保证检测元件进口端为充分发展的管流，而容积式流量计就无此要求。间接式质量流量计中包括推导运算，上下游直管段长度的要求是保证测量准确性的必要条件。因此选用流量仪表时必须考虑安装条件。

　　流量仪表一般由检测元件、转换器及显示仪组成。而转换器及显示仪受环境条件影响较大，要注意测量环境温度、湿度、大气压、安全性、电气干扰等对测量结果的影响。

3.4　压力检测

　　压力是生产过程控制中的重要参数。许多生产过程（特别是化工、炼油等生产过程）都是在一定的压力条件下进行的。如连续催化重整反应器要求控制压力在 0.24MPa，高压聚乙烯要求将压力控制在 150MPa 以上，而减压蒸馏则要在比大气压低很多的真空下进行。因此测量和控制压力能够保证生产过程安全、正常运行，保证产品质量。另外，有些变量的测量，如流量和物位，也可以通过测量压力或差压而获得。

3.4.1　压力单位和压力检测方法

　　（1）压力的单位

　　在工程上，压力定义为垂直均匀地作用于单位面积上的力，用符号 p 表示。在国际单位制中定义 1N 垂直作用于 $1m^2$ 面积上所形成的压力为 1 帕斯卡（简称"帕"，符号 Pa）。目前虽然规定 Pa 为法定计量单位，但其他一些压力单位还在普遍使用。表 3-6 给出了各种压力单位之间的换算关系。

表 3-6　压力单位换算表

单　位	帕 /Pa	巴 /bar	工程大气压 /(kgf/cm²)	标准大气压 /atm	毫米水柱 /mmH₂O	毫米汞柱 /mmHg	磅力/平方英寸 /(lbf/in²)
帕/Pa	1	1×10^{-5}	$1.019\ 716 \times 10^{-5}$	$0.986\ 923\ 6 \times 10^{-5}$	$1.019\ 716 \times 10^{-1}$	$0.750\ 06 \times 10^{-2}$	$1.450\ 442 \times 10^{-4}$
巴/bar	1×10^{5}	1	$1.019\ 716$	$0.986\ 923\ 6$	$1.019\ 716 \times 10^{4}$	$0.750\ 06 \times 10^{3}$	$1.450\ 442 \times 10$

单　位	帕/Pa	巴/bar	工程大气压/(kgf/cm²)	标准大气压/atm	毫米水柱/mmH₂O	毫米汞柱/mmHg	磅力/平方英寸/(lbf/in²)
工程大气压/(kgf/cm²)	$0.980\,665\times10^5$	$0.980\,665$	1	$0.967\,84$	1×10^4	$0.735\,56\times10^3$	$1.422\,4\times10$
标准大气压/atm	$1.013\,25\times10^5$	$1.013\,25$	$1.033\,23$	1	$1.033\,23\times10^4$	0.76×10^3	$1.469\,6\times10$
毫米水柱/mmH₂O	$0.980\,665\times10$	$0.980\,665\times10^{-4}$	1×10^{-4}	$0.967\,84\times10^{-4}$	1	$0.735\,56\times10^{-1}$	$1.422\,4\times10^{-3}$
毫米汞柱/mmHg	$1.333\,224\times10^2$	$1.333\,224\times10^{-3}$	$1.359\,51\times10^{-3}$	$1.315\,8\times10^{-3}$	$1.359\,51\times10$	1	$1.933\,8\times10^{-2}$
磅力/平方英寸/(lbf/in²)	$0.689\,49\times10^4$	$0.689\,49\times10^{-1}$	$0.703\,07\times10^{-1}$	$0.680\,5\times10^{-1}$	$0.703\,07\times10^3$	$0.517\,15\times10^2$	1

（2）压力的表示方法

压力有三种表示方法，即绝对压力、表压力、负压或真空度，它们之间的关系见图3-25。

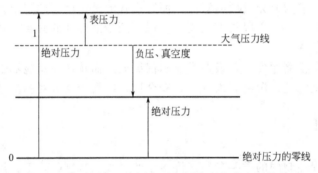

图 3-25　绝对压力、表压力、负压或真空度之间的关系

绝对压力是指物体所受的实际压力。

表压力是指一般压力仪表所测得的压力，它是高于大气压力的绝对压力与大气压力之差，即

$$p_{表压}＝p_{绝对压力}－p_{大气压力} \tag{3-21}$$

真空度是指大气压与低于大气压的绝对压力之差，是负的表压（负压），即

$$p_{真空度}＝p_{大气压力}－p_{绝对压力} \tag{3-22}$$

通常情况下，由于各种工艺设备和检测仪表本身就处于大气压力之下，因此工程上经常采用表压和真空度来表示压力的大小，一般压力仪表所指示的压力也是表压或真空度。

（3）压力的检测方法

压力检测方法主要有以下几种。

① 弹性力平衡方法　基于弹性元件的弹性变形特性进行测量。弹性元件受到被测压力作用而产生变形，而因弹性变形产生的弹性力与被测压力相平衡。测出弹性元件变形的位移就可测出弹性力。此类压力计有弹簧管压力计、波纹管压力计、膜式压力计等。

② 重力平衡方法　主要有活塞式和液柱式。活塞式压力计将被测压力转换成活塞上所加平衡砝码的质量来进行测量的，测量精度高，测量范围宽，性能稳定可靠，一般作为标准型压力检测仪表来校验其他类型的测压仪表。液柱式压力计是根据流体静力学原

理，将被测压力转换成液柱高度进行测量的，最典型的是 U 形管压力计，结构简单且读数直观。

③ 机械力平衡方法　其原理是将被测压力变换成一个集中力，用外力与之平衡，通过测量平衡时的外力来得到被测压力。机械力平衡方法较多用于压力或差压变送器中，精度较高，但结构复杂。

④ 物性测量方法　基于在压力作用下测压元件的某些物理特性发生变化的原理，如电气式压力计、振频式压力计、光纤压力计、集成式压力计等。

3.4.2　常用压力检测仪表

(1) 弹性式压力表

弹性式压力表是根据弹性元件受压后产生的变形与压力大小有确定关系的原理工作的。其结构简单，测压范围广（$0 \sim 10^3$ MPa），是目前生产过程中使用最广泛的压力表。常见的测压用弹性元件主要是膜片、波纹管和弹簧管。图 3-26 是常见弹性元件的示意图。

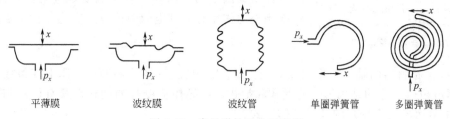

平薄膜　　　波纹膜　　　波纹管　　单圈弹簧管　　多圈弹簧管

图 3-26　常见弹性元件示意图

① 膜片　膜片是一种圆形薄板或薄膜，其周边固定在壳体或基座上。当膜片两边的压力不等时就会产生位移。将膜片成对地沿着周边密封焊接，就构成了膜盒。若将膜盒内部抽成真空，则当膜盒外压力变化时，膜盒中心就会产生位移。这种真空膜盒常用于测量大气的绝对压力。

膜片受到压力作用产生的位移量较小，虽然可以直接带动传动机构指示，但是灵敏度低，指示精度不高，一般为 2.5 级。在更多的情况下，都是将膜片和其他转换元件结合在一起使用。例如，在力平衡式压力变送器中，膜片受压后的位移，通过杠杆和电磁反馈机构的放大和信号转换等处理，输出标准电信号；在电容式压力变送器中，将膜片与固定极板构成平行板电容器，当膜片受压产生位移时，测出电容量的变化就间接测得压力的大小；在光纤式压力变送器中，入射光纤的光束照射到膜片上产生反射光，反射光被接收光纤接收，其强度是光纤至膜片的距离的函数，当膜片受压位移后，接收到的光强度信号相应会发生变化，通过光电转换元件和有关电路的处理，就可以得到与被测压力对应的电信号。

② 波纹管　波纹管是一种轴对称的波纹状薄壁金属筒体，当它受到轴向力作用时能产生较大的伸长或收缩位移。波纹管的位移相对较大，通常在其顶端安装传动机构，带动指针直接读数。波纹管灵敏度较高，适合检测低压信号，测压范围是 $1.0 \sim 10^6$ Pa，但波纹管时滞较大，测量精度一般只能达到 1.5 级。

③ 弹簧管　弹簧管是弯成圆弧形的空心管子，其横截面呈椭圆或扁圆形。弹簧管一端固定，一端可以自由移动。当被测压力从弹簧管的固定端输入时，随着压力的改变，弹簧管的自由端发生位移，中心角 θ 发生变化。弹簧管有单圈和多圈之分。单圈弹簧管的中心角变化量较小，而多圈弹簧管的中心角变化量较大。在弹簧管自由端装上指针，配上传动机构和压力刻度，就能构成就地指示式弹簧管压力表，如图 3-27 所示。也可以用适当的转换元件

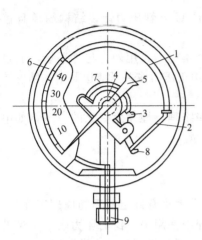

图 3-27　弹簧管压力表

1—弹簧管；2—拉杆；3—扇形齿轮；
4—中心齿轮；5—指针；6—面板；
7—游丝；8—调节螺钉；9—接头

将弹簧管自由端的位移变成电信号输出。

弹簧管压力表的结构简单，使用方便，价格便宜，使用范围广泛，测量范围宽，可以测量负压、微压、低压、中压和高压，因而是目前工业上用得最多的测压仪表，其测量精度最高可以达到 0.15 级。

（2）压力传感器

压力传感器是指能够检测压力并提供远传信号的装置，能够满足自动化系统集中检测显示和控制的要求。当压力传感器输出的电信号进一步变换成标准统一信号时，又将它称为压力变送器。以下简单介绍几种常见的压力传感器。

① 应变片式压力传感器　应变片是由金属导体或半导体材料制成的电阻体，基于应变效应工作。在电阻体受到外力作用时，其电阻阻值发生变化，相对变化量为

$$\frac{\Delta R}{R} = k\varepsilon \qquad (3\text{-}23)$$

式中，ε 是材料的轴向长度的相对变化量，称为应变；k 是材料的电阻应变系数。

金属电阻应变片的结构形式有丝式和箔式，半导体应变片的结构形式有体形和扩散形。图 3-28 是金属电阻应变片的几种结构形式。

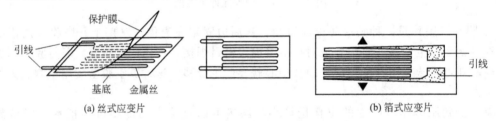

(a) 丝式应变片　　　　　　　　　　　　　　　　(b) 箔式应变片

图 3-28　金属电阻应变片结构形式

半导体材料应变片的灵敏度比金属应变片的灵敏度大，但受温度影响较大。

应变片一般要和弹性元件结合在一起使用，将应变片粘贴在弹性元件上，在弹性元件受压变形的同时应变片也发生应变，其电阻值发生变化，通过电桥输出测量信号。应变片式压力传感器测量精度较高，测量范围可达几百兆帕。

② 压电式压力传感器　当某些材料受到某一方向的压力作用而发生变形时，内部就产生极化现象，同时在它的两个表面上就产生符号相反的电荷；当压力去掉后，又重新恢复不带电状态。这种现象称为压电效应。具有压电效应的材料称为压电材料。压电材料种类较多，有石英晶体，人工制造的压电陶瓷，还有高分子压电薄膜等。

图 3-29 是一种压电式压力传感器的结构图。压电元件被夹在两块弹性膜片之间，压电元件一个侧面与膜片接触并接地，另一个侧面通过金属箔和引线将电量引出。压力作用于膜片时，压电元件受力而产生电荷，电荷量经放大可转换成电压或电流输出。

压电式压力传感器结构简单、体积小、线性度好、量程范围大。但是由于晶体上产生的电荷量很小，因此对电荷放大处理的要求较高。

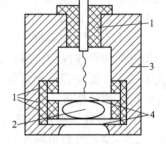

图 3-29　压电式压力传
感器结构示意图

1—绝缘体；2—压电元件；
3—壳体；4—膜片

③ 压阻式压力传感器 压阻元件是指在半导体材料的基片上用集成电路工艺制成的扩散电阻。它是基于压阻效应工作的，即当它受压时，其电阻值随电阻率的改变而变化。常用的压阻元件有单晶硅膜片以及在 N 型单晶硅膜片上扩散 P 型杂质的扩散硅等，也是依附于弹性元件而工作。图 3-30 是一种压阻式压力传感器结构示意图。在硅杯底部布置着四个应变电阻。硅杯将两个气腔隔开，一端通入被测压力，另一端通入参考压力。当存在压力差时，硅杯底部的膜片发生变形，使得两对应变电阻的阻值产生变化，电桥就失去平衡，其输出电压与膜片承受的差压成比例。

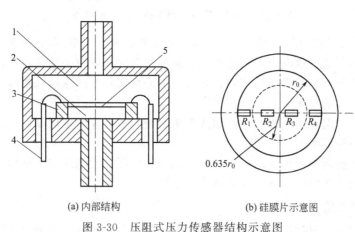

(a) 内部结构　　　　(b) 硅膜片示意图

图 3-30　压阻式压力传感器结构示意图

1—低压腔；2—高压腔；3—硅杯；4—引线；5—硅膜片

压阻式压力传感器主要优点是体积小、结构简单、性能稳定可靠、寿命长、精度高、无活动部件、能测出微小压力的变化、动态响应好、便于成批生产。主要缺点是测压元件容易受到温度的扰动影响而改变压电系数。为克服这一缺点，在加工制造硅片时利用集成电路的制造工艺，将温度补偿电路、放大电路甚至电源变换电路都集中在同一块硅片上，从而大大提高了传感器性能。这种传感器也称为固态压力传感器。

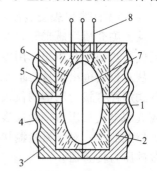

图 3-31　电容式压力
传感器示意图

1,4—隔离膜片；2,3—不锈钢基座；5—玻璃绝缘层；6—固定电极；7—弹性膜片；8—引线

④ 电容式压力传感器 其测量原理是将弹性元件的位移转换为电容量的变化。将测压膜片作为电容器的可动极板，它与固定极板组成可变电容器。当被测压力变化时，由于测压膜片的弹性变形产生位移改变了两块极板之间的距离，造成电容量发生变化。图 3-31 是一种电容式压力传感器的示意图。测压元件是一个全焊接的差动电容膜盒，以玻璃绝缘层内侧凹球面金属镀膜作为固定电极，以中间弹性膜片作为可动电极。整个膜盒用隔离膜片密封，在其内部充满硅油。隔离膜片感受两侧的压力，通过硅油将压力传到中间弹性膜片上，使它产生位移，引起两侧电容器电容量的变化。电容量的变化再经过适当的转换电路输出 4～20mA 标准信号，就构成目前常用的电容式差压变送器。

电容压力传感器结构紧凑、灵敏度高、过载能力大、测量精度可达 0.2 级、可以测量压力和差压。

⑤ 集成式压力传感器 它是将微机械加工技术和微电子集成工艺相结合的一类新型传感器，有压阻式、微电容式、微谐振式等形式。图 3-32 是压阻式集成传感器检测元件的示

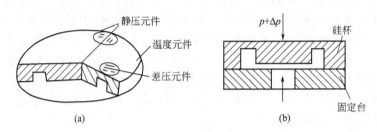

图 3-32 压阻式集成传感器检测元件示意图

意图。硅杯底部是 E 形断面，构成作为检测元件的硅膜片。在硅膜片断面减薄部分，沿应力灵敏度大的方向形成力敏电阻，感受差压引起的切向和径向应力变化；在硅膜片断面加厚部分也形成力敏电阻，感受静压的作用；在加厚部分切向和径向压阻系数接近零的方向形成温敏电阻，感受温度的变化。

将差压、静压和温度同时测出，再送入微机系统经过运算处理后就可以得到修正后的被测差压值、静压值和温度值。

集成式压力传感器测量精度高可以达到 0.1 级、功耗低、响应快、重量轻、稳定性和可靠性高。目前正处于开发和逐渐应用阶段。

3.4.3 压力表的选用

压力表的选用主要包括仪表型式、量程范围、精度和灵敏度、外形尺寸以及是否还需要远传和其他功能，如指示、记录、报警、控制等。选用的依据如下：

① 必须满足工艺生产过程的要求，包括量程和精度；

② 必须考虑被测介质的性质，如温度、压力、黏度、腐蚀性、易燃易爆程度等；

③ 必须注意仪表安装使用时所处的现场环境条件，如环境温度、电磁场、振动等。

从被测介质性质来看，对腐蚀性较强的介质应使用像不锈钢之类的弹性元件或传感器；对氧气、乙炔等介质应选用专用的压力仪表。

从对仪表输出信号要求来看，对于只需要观察压力变化的情况，可选用弹簧管或 U 形液柱式那样直接指示型的仪表；对于需要将压力信号远传到控制室或其他电动仪表的情况，则应选用电气式压力检测仪表或其他具有电信号输出的仪表，如应变片压力传感器、电容式压力传感器等；对于要检测快速变化的压力信号的情况，则应选用电气式压力检测仪表，如扩散硅压力传感器。

从仪表使用环境来看，对于温度特别高或特别低的环境，应选择温度系数小的敏感元件；对于爆炸性较强的环境，在使用电气式压力表时，应选择安全防爆型压力表。

各种压力表各有其特点和适用范围。在选择压力表后，还应该正确安装，避免因安装不当造成的测量误差。有关压力表的安装必须严格按照各种压力表的使用说明书规定进行。

3.5 物位检测

物位包括三个方面：①液位，指设备或容器中液体介质液面的高低；②料位，指设备或容器中块状、颗粒状或粉末状固体堆积高度；③界位，指两种液体（或液体与固体）分界面的高低。生产过程中经常需要对物位检测，主要目的是监控生产的正常和安全运行，保证物料平衡。

3.5.1 物位检测方法

物位检测面临的对象不同，检测条件和检测环境也不相同，因而检测方法很多。归纳起来大致有以下几种方法。

① 直读式　这种方法最简单也最常见。在生产现场经常可以发现在设备容器上开一些窗口或接旁通玻璃管液位计，用于直接观察液位的高低。该方法准确可靠，但只能就地指示，容器压力不能太高。

② 静压式　根据流体静力学原理，静止介质内某一点的静压力与介质上方自由空间压力之差同该点上方的介质高度成正比。因此通过压差来测量液体的液位高度。基于这种方法的液位计有差压式、吹气式等。

③ 浮力式　利用浮子高度随液位变化而改变，或液体对沉浸于液体中的沉筒的浮力随液位高度而变化的原理而工作。前者称恒浮力法，后者称变浮力法。基于这种方法的液位计有浮子式、浮筒式、磁翻转式等。

④ 机械接触式　通过测量物位探头与物料面接触时的机械力实现物位的测量。主要有重锤式、音叉式、旋翼式等。

⑤ 电气式　将敏感元件置于被测介质中，当物位变化时，其电气性质如电阻、电容、磁场等会相应改变。这种方法既适用于测量液位，又适用于测量料位。主要有电接点式、磁致伸缩式、电容式、射频导纳式等。

⑥ 声学式　利用超声波在介质中的传播速度及在不同相界面之间的反射特性来检测物位，可以检测液位和料位。

⑦ 射线式　放射线同位素所放出的射线（如 γ 射线等）穿过被测介质时会被介质吸收而减弱，吸收程度与物位有关。

⑧ 光学式　利用物位对光波的遮断和反射原理工作，光源有激光等。

⑨ 微波式　利用高频脉冲电磁波反射原理进行测量，相应有雷达液位计。

在物位检测中，有时需要对物位进行连续测量，时刻关注物位的变化；有时仅需要测量物位是否达到上限、下限或某个特定的位置，这种定点测量用的仪表被称为物位开关，常用来监视、报警及输出控制信号。物位开关有浮球式、电学式、超声波式、射线式、振动式等，其工作原理与相应的物位计工作原理相同。

3.5.2 常用物位检测仪表

（1）差压式液位计

利用静压原理来测量。差压式液位计测量液位时，液位 h 与压差 Δp 之间的关系可简述如下。

设容器底部的压力为 p_B，液面上压力为 p_A，两者的距离即为液位高度 h，见图 3-33。根据静力学原理，$\Delta p = p_B - p_A = h\rho g$，由于液体密度 ρ 一定，故压差与液位成一一对应关系，知道了压差就可以求出液位高度。对于敞口容器，p_A 为大气压力，只需将差压变送器的负压室通大气即可，如图 3-34(a) 所示。对于密闭容器，差压式液位计的正压侧与容器底部相通，负压侧连接容器上面部分的气空间，如图 3-34(b) 所示。如果不需要远传，可在容器底部或侧面液位零位处引出压力信号到压力表上，仪表指示的表压力直接反映对应的液柱静压，可根据压力与液位的关系直接在压力表上按液位进行刻度。

在使用差压式液位计实际测量时，要注意零液位与检测仪表取压口（差压式液位计的正压室）保持同一水平高度，否则会产生附加的静压误差。但是现场往往由于客观条件的限制不能做到这一点，因此必须进行量程迁移和零点迁移。现以气动差压式液位计为例予以说明。

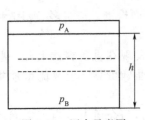

图 3-33　压力示意图

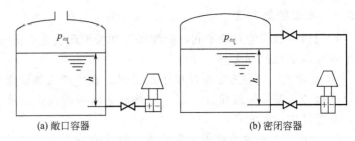

(a) 敞口容器　　　　　　　(b) 密闭容器

图 3-34　静压式液位测量原理

用气动差压式液位计测量液位时，其输出信号为 20～100kPa 气压信号，如果按照图 3-34(b) 的安装方法，即当液位高度 $h=0$ 时，输出为 20kPa，h 为最高液位时，输出为 100kPa，而当 h 在零与最高液位之间时，则对应在 20～100kPa 之间有一输出气压信号，这是液位测量中最简单的情况。为了区别于图 3-35 和图 3-36 所示情况，称它为"无迁移"。令正压室压力为 p_1，负压室压力为 p_2，则

$$p_1 = p_A + h\rho g$$
$$p_2 = p_A$$
$$\Delta p = p_1 - p_2 = h\rho g$$

当 $h=0$ 时，$\Delta p=0$，此时差压式液位计输出信号为 20kPa。

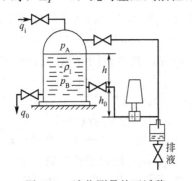

图 3-35　液位测量的正迁移

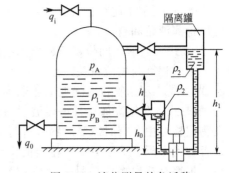

图 3-36　液位测量的负迁移

但如图 3-35 所示，差压式液位计的取压口不是与容器底部安装在同一水平面上，而是低于储槽底部。在实际应用中，则在液位为零时，液位计并不对应输出为 20kPa，其输出信号中包含了静液柱的影响。为了提高测量精度，必须对差压式液位计进行量程迁移，缩小量程，消除静液柱的影响。

由图 3-35 可知

$$p_1 = p_B + h_0\rho g = p_A + h\rho g + h_0\rho g$$
$$p_2 = p_A$$
$$\Delta p = p_1 - p_2 = h\rho g + h_0\rho g$$

在无迁移情况下，实际测量范围是 $0\sim(h_0\rho g + h_{max}\rho g)$，原因是这种安装方法时 Δp 多出一项 $h_0\rho g$。当 $h=0$ 时，$\Delta p=h_0\rho g$，因此 $p_0>20$kPa。为了迁移掉 $h_0\rho g$，即在 $h=0$ 时仍然使 $p_0=20$kPa，可以调整仪表的迁移弹簧张力。由于 $h_0\rho g$ 作用在正压室上，称之为正迁移量。迁移弹簧张力抵消了 $h_0\rho g$ 在正压室内产生的力，达到正迁移的目的。量程迁移后，测量范围为 $0\sim h_{max}\rho g$，再通过零点迁移，使差压式液位计的测量范围调整为 $h_0\rho g\sim(h_0\rho g + h_{max}\rho g)$。

如图 3-36 所示的情况为负迁移。

对于腐蚀性流体，在差压式液位计正、负压室与取压点之间应分别装有隔离罐，并充以

隔离液，以防止具有腐蚀作用的液体或气体进入液位计造成对仪表的腐蚀。若此时被测介质密度为 ρ_1，隔离液密度为 $\rho_2(\rho_2 > \rho_1)$，则

$$p_1 = p_A + h\rho_1 g + h_0\rho_2 g$$

$$p_2 = p_A + h_1\rho_2 g$$

$$\Delta p = p_1 - p_2 = h\rho_1 g - (h_1 - h_0)\rho_2 g$$

对比无迁移情况，Δp 多了一项压力 $(h_1 - h_0)\rho_2 g$，它作用在负压室上，称之为负迁移量。当 $h = 0$ 时，$\Delta p = -(h_1 - h_0)\rho_2 g$，因此 $p_0 < 20\text{kPa}$。为了迁移掉 $-(h_1 - h_0)\rho_2 g$ 的影响，可以调整负迁移弹簧的张力来进行负迁移以抵消掉 $-(h_1 - h_0)\rho_2 g$ 在负压室内产生的力，以达到负迁移的目的。迁移调整后，差压式液位计的测量范围调整为

$$-(h_1 - h_0)\rho_2 g \sim [h_{\max}\rho_1 g - (h_1 - h_0)\rho_2 g]$$

利用差压式液位计还可以测量液体的分界面，如图 3-37 所示。

液位计正、负压室受力情况如下

$$p_1 = h_0\rho_2 g + (h_1 + h_2)\rho_1 g$$

$$p_2 = (h_2 + h_1 + h_0)\rho_1 g$$

$$\Delta p = p_1 - p_2 = h_0 g(\rho_2 - \rho_1)$$

由于 $(\rho_2 - \rho_1)$ 是已知的，所以压差 Δp 与分界面高度 h_0 成一一对应关系。

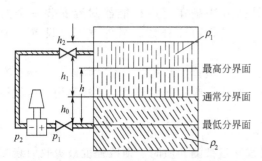

图 3-37　用差压式液位计测分界面原理图

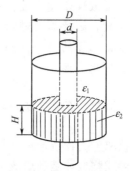

图 3-38　电容式物位计原理

（2）电容式物位计

电容式物位计是基于圆筒电容器工作的，其结构如图 3-38 所示，电容量为

$$C_0 = \frac{2\pi\varepsilon L}{\ln D/d} \tag{3-24}$$

式中，L 为极板长度；D，d 为外电极和内电极外径；ε 为极板间介质的介电常数。

当圆筒型电极间的一部分被物料浸没时，极板间存在的两种介质的介电常数将引起电容量的变化。令原有中间介质的介电常数是 ε_1，被测物料介电常数 ε_2，被浸没电极长度为 H，则可以推导出电容变化量 ΔC 是

$$\Delta C = k\frac{\varepsilon_2 - \varepsilon_1}{\ln D/d}H \tag{3-25}$$

当电容器几何尺寸 D，d 以及介电常数 ε_1，ε_2 保持不变时，电容变化量 ΔC 就与物位高度 H 成正比。因此只要测出电容变化量就可测得物位。

电容式物位计可以检测液位、料位和界位。但是电容变化量较小，准确测量电容量就成为物位检测的关键。常见的电容检测方法有交流电桥法、充放电法和谐振电路法等。

电容式物位计适用范围广泛，但要求介质介电常数保持稳定，介质中没有气泡。

（3）超声波物位计

超声波在气体、液体和固体介质中以一定速度传播时因被吸收而衰减，但衰减程度不同，在气体中衰减最大，而在固体中衰减最小；当超声波穿越两种不同介质构成的分界面时会产生反射和折射，且当这两种介质的声阻抗差别较大时几乎为全反射。利用这些特性可以测量物位，如回波反射式超声波物位计通过测量从发射超声波至接收到被物位界面反射的回波的时间间隔来确定物位的高低。

图 3-39 是超声波测量物位的原理图。在容器底部放置一个超声波探头，探头上装有超声波发射器和接收器。当发射器向液面发射短促的超声波时，在液面处产生反射，反射的回波被接收器接收。若超声波探头至液面的高度为 H，超声波在液体中传播的速度为 v，从发射超声波至接收到反射回波间隔时间为 t，则有如下关系

$$H = \frac{1}{2}ct \tag{3-26}$$

式(3-26) 中，只要 v 已知，测出 t，就可得到物位高度 H。

超声波物位计主要包括超声换能器和电子装置两部分。超声换能器由压电材料制成，实现电能和机械能的相互转换，其发射器和接收器可以装在同一个探头上，也可分开装在两个探头上，探头可以装在容器的上方或者下方。电子装置用于产生电信号激励超声换能器发射超声波，并接收和处理经过超声换能器转换的电信号。由于超声波物位计检测的精度主要取决于超声波传播速度和传播时间，而传播速度容易受到介质温度、成分等变化的影响，因此需要进行补偿。通常的补偿方法是在超声换能器附近安装一个温度传感器，根据已知的声速与温度之间的关系自动进行声速补偿。另外也可以设置一个校正器具定期校正声速。

超声波物位计采用的是非接触测量，因此适用于液体、颗粒状、粉状物以及黏稠、有毒介质的物位测量，能够实现防爆，但有些介质对超声波吸收能力很强，无法采用超声波检测方法。

（4）核辐射式物位计

核辐射式物位计是利用放射源产生的 γ 射线穿过被测介质时，射线强度被吸收而衰减的现象来测量物位。当射线射入一定厚度的介质时，射线强度随着所通过的介质厚度的增加而衰减，其变化规律如式(3-27)。

$$I = I_0 e^{-\mu H} \tag{3-27}$$

式中，I_0，I 是射入介质前和通过介质后的射线强度，μ 是介质对射线的吸收系数，H 是射线通过的介质厚度。介质对射线的吸收能力不同，一般固体吸收能力最强，液体其次，气体最弱。当射线源和被测介质确定后，I_0 和 μ 就是常数，测出 I 就可以得到 H（即物位）。图 3-40 是用射线方法检测物位的示意图。

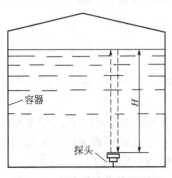

图 3-39 超声波液位检测原理

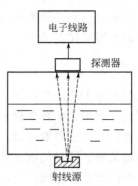

图 3-40 射线方法检测物位示意图

核辐射式物位计属于非接触式测量，适用于操作条件苛刻的场合，如高温、高压、强腐蚀、易结晶等工艺过程，几乎不受温度、压力、电磁场等环境因素的影响。但由于放射线对人体有害，必须加强安全防护措施。

（5）磁翻转式液位计

其结构原理如图 3-41 所示。用非导磁的不锈钢制成的浮子室内装有带磁铁的浮子，浮子室与容器相连，紧贴浮子室壁装有带磁铁的红白两面分明的翻板或翻球的标尺。当浮子随管内液位升降时，利用磁性吸引，使翻板或翻球产生翻转，有液体的位置红色向外，无液体的位置白色向外，红白分界之处就是液位高度。

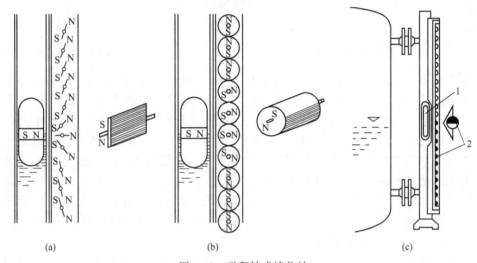

图 3-41　磁翻转式液位计
1—内装磁铁的浮子；2—翻球

磁翻转式液位计指示直观，结构简单，测量范围大，不受容器高度的限制，可以取代玻璃管液位计，用来测量有压容器或敞口容器内的液位。指示机构不与液体介质直接接触，特别适用于高温、高压、高黏度、有毒、有害、强腐蚀性介质，且安全防爆。除就地指示外，还可以配备报警开关和信号远传装置，实现远距离的液位报警和监控。

（6）雷达液位计

雷达液位计如图 3-42（a），是利用超高频电磁波经天线向被测容器的液面发射，当电磁波碰到液面后反射回来。检测出发射波及回波的时差，可计算出液面高度。

雷达液位计检测部分由电子部件、波导连接器、安装法兰及喇叭形天线组成，如图 3-42（b）所示，安装在设备顶部。

雷达液位计不受气体、真空、高温、变化的压力、变化的密度、气泡等因素影响，可用于易燃、易爆、强腐蚀性等介质的液位测量，特别适用于大型立罐和球罐等测量。

例如长期以来，在原油外浮顶罐的液位测量中，一直采用人工投尺的方法，但这种方法受人为因素影响较大，而且费时费力。现采用雷达液位计测量，可以精确到 1mm。

（7）音叉式物位开关

音叉式物位开关只能作为开关量控制装置，由一只振荡式或谐振式叉头组成，工作时叉头在大气中与被测物料形成接触，共振频率降低，甚至出现停振现象。测出上述频率的变化量，转换为相应的电信号传递给后级电路装置。具体的音叉类型及其共振频率取决于被测物料之特性，谐振式音叉用于粉状或细粒状物料，振荡式音叉应用于液体或浆体。

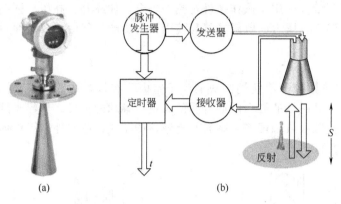

图 3-42 雷达液位计

图 3-43 音叉式液位开关

恩德斯-豪斯（Endress+Hauser，简称 E+H）公司音叉式液位开关 Liquiphant 由一只长 100mm 的对称音叉组成，如图 3-43 所示。工作时由压电晶体驱动音叉基座上的膜片，通过膜片的传递，音叉以 400Hz 的共振频率振动。当音叉浸没在液体物料中时，共振频率偏移降低约 80Hz。在音叉开关中，其常态共振频率由一只晶体式振动敏感元件接收，而共振频率偏移则由参考电路测出。Liquiphant 中设有低位/高位报警模式选择开关，开关延迟量被设定，对下降中的液料，延迟量为 1s，对上升中的液料，延迟量 0.5s，以免在存在气泡或湍流等工况下产生误触发。Liquiphant 出厂前已被标定于位于空气与水之间某共振频率点，用户也可根据实际情况通过加接电位器的方法调整开关点位置。Liquiphant 是一种食品液体限位开关，适用于储罐、过程罐及管道。它结构小巧，可以应用于其他测量原理无法使用的场合，如堆积、扰动、液体流动、气泡及温度变化快的场合。

3.5.3　物位检测仪表的选用

各种物位检测仪表都有其特点和适用范围，有些可以检测液位，有些可以检测料位。选择物位计时必须考虑测量范围、测量精度、被测介质的物理化学性质、环境操作条件、容器结构形状等因素。在液位检测中最为常用的就是静压式和浮力式测量方法，但必须在容器上开孔安装引压管或在介质中插入浮筒，因此在介质为高黏度或者易燃易爆场合不能使用这些方法。在料位检测中可以采用电容式、超声波式、射线式等测量方法。各种物位测量方法的特点都是检测元件与被测介质的某一个特性参数有关，如静压式和浮力式液位计与介质的密度有关，电容式物位计与介质的介电常数有关，超声波物位计与超声波在介质中传播速度有关，核辐射物位计与介质对射线的吸收系数有关。这些特性参数有时会随着温度、组分等变化而发生变化，直接关系到测量精度，因此必须注意对它们进行补偿或修正。

3.6　成分和物性参数检测

在工业生产过程中，成分是最直接的控制指标。对于化学反应过程，要求产量多，收率高；对于分离过程，要求得到更多的纯度合格产品。为此，一方面要对温度、压力、液位、流量等变量进行观察、控制，使工艺条件平稳；另一方面又要取样分析、检验成分。例如在氨的合成中，合成气中一氧化碳（CO）和二氧化碳（CO_2）含量高时，合成塔催化剂要中毒；氢氮比不适当，转化率要低。像这些成分都需要进行分析。又如在石油蒸馏中，塔顶及侧线产品的质量不仅取决于沸点温度，也与密度等许多物性参数有关。大气环境监测分析，需要对有关气体成分参数进行测量。因此，成分、物性的测量和控制是非常重要的。

下面介绍几种常用成分和物性的检测方法，从中了解影响成分和物性检测元件静态特性的误差因素及如何排除这些误差。

3.6.1 成分和物性参数检测方法

（1）热导式气体成分检测

热导式气体成分检测是利用各种气体的导热系数不同来测出气体的成分。从图 3-44 可以看出氢气（H_2）的导热系数最大，是空气的 7 倍多。在测量中必须满足两个条件：第一，待测组分的导热系数与混合气体中其余组分的导热系数相差要大，越大越灵敏；第二，其余各组分的导热系数要相等或十分接近。这样混合气体的导热系数随待测组分的体积含量而变化，因此只要测出混合气体的导热系数便可得知待测组分

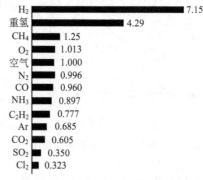

图 3-44 各种气体的相对导热系数

气体	相对导热系数
H_2	7.15
重氢	4.29
CH_4	1.25
O_2	1.013
空气	1.000
N_2	0.996
CO	0.960
NH_3	0.897
C_2H_2	0.777
Ar	0.685
CO_2	0.605
SO_2	0.350
Cl_2	0.323

的含量。然而，直接测量导热系数很困难，故要设法将导热系数的差异转化为电阻的变化。为此，将混合气体送入热导池，通过在热导池内用恒定电流加热的铂丝，铂丝的平衡温度将取决于混合气体的导热系数，即待测组分的含量。例如，待测组分是氢气，则当氢气的百分含量增加后，铂丝周围的气体导热系数升高，铂丝的平衡温度将降低，电阻值则减少。电阻值可利用不平衡电桥来测得，如图 3-45 所示。

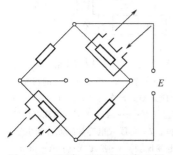

图 3-45 双臂-差比不平衡电桥

这是一个双臂-差比的不平衡电桥，以补偿电源电压及环境温度变化时对铂丝平衡温度的影响，并提高测量灵敏度。与待测气体成分成比例的桥路输出电压可转换成相应的标准直流电流信号。热导式气体成分检测装置可用于氢气（H_2）、二氧化碳（CO_2）、氨（NH_3）、二氧化硫（SO_2）等成分分析。

（2）磁导式含氧量检测

磁导式含氧量检测是通过测定混合气体的磁化率来推知氧气浓度，从表 3-7 可以看出，氧的体积磁化率最高而且是正值，故它在磁场中会受到吸引力。

表 3-7 气体的体积磁化率

气体名称	O_2	NO	空气	NO_2	C_2H_4	C_2H_2	CH_4	H_2	N_2	CO_2	水蒸气
体积磁化率 $k\times10^{-9}$ (C.G.S.M)	+146	+50	+30.8	+9	+3	+1	+1	-0.164	-0.58	-0.84	-0.58

图 3-46 是热磁式含氧量分析的工作原理图，混合气体通过环室，在无氧组分时，水平通道中将无气体流动，铂丝 r_1 和 r_2 的温度及阻值相等，桥路输出为零；当混合气体中含有氧组分时，由于恒定的不均匀磁场的作用，则有气流通过水平通道，这股气流称为磁风，磁风将铂加热丝冷却，使它的电阻值降低，含氧量越高，气流速度越大，磁风也越大，铂丝的温度就越低，阻值也越低，完成成分-电阻的转换，电阻的变化使不平衡电桥输出相应的电压，经转换后获得标准直流电流信号。

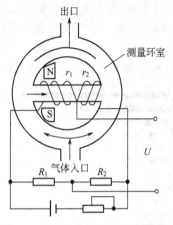

图 3-46　热磁式含氧量分析原理图

（3）红外线气体成分检测

凡是不对称结构的双原子和多原子气体分子，都能在某些波长范围内吸收红外线，并且都具有各自的特征吸收波长。因此，测量气体的浓度就是要测量被气体吸收掉的红外线能量 ΔE。但是直接测量 ΔE 是很麻烦的，所以红外线气体成分检测也是采用间接测量方法。例如光声式检测器（又称薄膜电容器或微音器），它将一恒定的红外线能量与被气体吸收后的红外线能量进行比较，得出能量差 ΔE，继而把 ΔE 变为电容的变化，最后把电容调制成低频电信号，再经过放大、整流，用电流显示出待测气体浓度。见图 3-47。

红外线气体成分检测可以用来测量 CO，CO_2，CH_4，NH_3，C_2H_5OH 及水蒸气的含量，有常量和微量两种分析。例如可分析 0～100% CO，CO_2 及 0～50cm³/m³(ppm) 的 CO，CO_2。

（4）电导式浓度检测

电导式浓度检测是利用测量电解质溶液的电导率来推知待测组分的浓度。待分析的介质可以是液体，也可以是气体。例如合成氨中微量 CO，CO_2 的测量就是气体介质，当 CO_2 通过 NaOH 电解质溶液时，反应生成 Na_2CO_3，因此溶液的电导率降低。CO_2 含量越高，电导率降低也越多。这样就可以根据溶液的电导率或电阻值来确定 CO_2 的含量。同样，通过电桥和转换装置将电阻转换成标准统一电信号。对于 CO 必须先氧化成 CO_2 后再进行测量。另外，H_2SO_4 浓度和水中含盐量等液体介质的测定也可采用电导分析法。

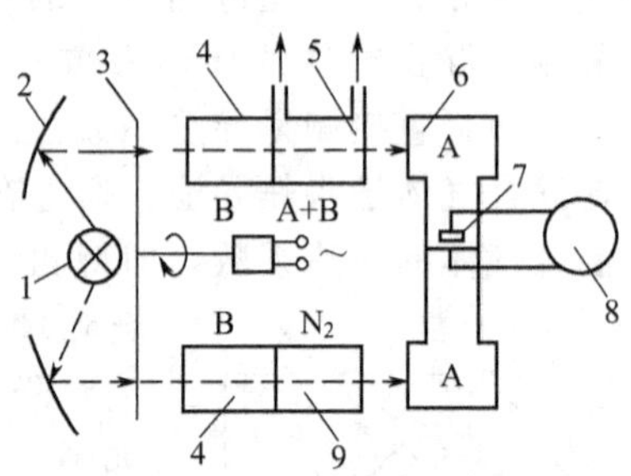

（5）色谱分析

上述的各种成分分析，每种只能分析一种组分，而色谱分析是基于各种组分吸附和脱附情况的差异，可得出一系列色谱峰，分别反映混合气体中各组分的含量，它是一种高效、快速的分析方法。其分析过程可以分为三步：首先，被分析样品在流动相带动下通过色谱柱，进行多组分混合物的逐一分离；然后由热导或氢火焰检测器逐一测定通过的各组分物质含量，并将其转换成电信号送到记录装置，得到反映各组分含量的色谱峰谱图，如图 3-48 所示，最后对谱图或检测器输出的电信号进行人工或自动的数据处理。

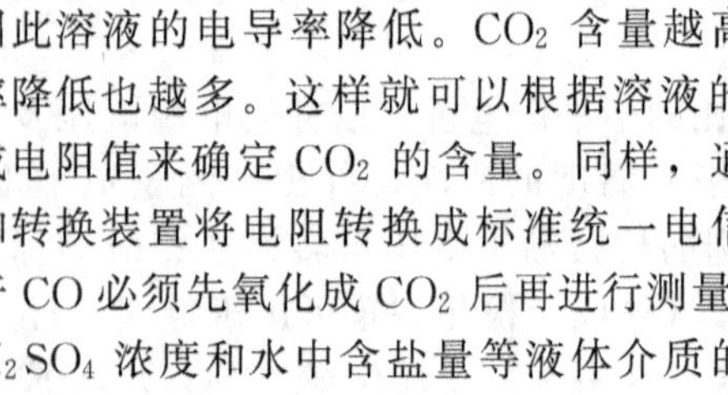

色谱分析能分析的组分极广，例如可分析 H_2，CH_4，NH_3，N_2，CO_2 以及烷烃等各种无机及有机化合物的多组分混合物样品。

在采用色谱分析时，一种形式是在现场采样后将样品送到实验室进行色谱分析，时间间隔较长；另一种形式是采用在线仪表，现场直接采样分析，输出分析结果，时间间隔短，对生产监控

图 3-47　红外线气体成分检测原理图
1—红外光源；2—反射镜；3—由马达带动的切光片，将红外光先调制成脉冲光，作为红外工作光；4—过滤气室；5—测量气室；6—吸收气室，内充有纯的被分析组分气体；7—薄膜式电容敏感元件的电量检测室；8—电测仪表；9—参比气室；A—待分析组分；B—干扰组分；N_2—氮气，它不吸收 1～25μm 范围内的红外辐射能

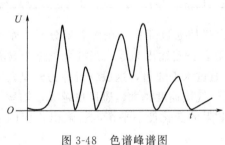

图 3-48　色谱峰谱图

有利。

（6）酸度（pH）检测

酸度（pH）检测用来测定水溶液的酸碱度（指水溶液中氢离子的浓度 $[H^+]$，用 pH 表示）。当 pH<7 时溶液呈酸性；pH>7 时溶液呈碱性；pH=7 时溶液呈中性。因而它是通过测量水溶液中 $[H^+]$ 浓度来推知酸碱度。然而，直接测量 $[H^+]$ 浓度是困难的，故通常采用由 $[H^+]$ 浓度不同所引起的电极电位变化的方法来实现酸碱度的测量，如图 3-49 所示。其测量方法是用一个恒定电位的参比电极（如甘汞电极）和测量电极（如玻璃电极）组成一原电池，原电池电动势

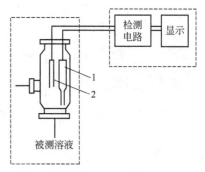

图 3-49　pH 检测示意图
1—甘汞电极；2—玻璃电极

大小取决于 $[H^+]$ 浓度，也就是取决于溶液的酸碱度，电动势也可转换成相应的标准电信号。pH 检测应用极广，染料、制药、肥皂、食品等行业都需要用它，在废水处理过程中 pH 检测起着很重要的作用。

（7）湿度检测

检测湿度的湿度计有干湿球湿度计、露点式湿度计、电解式湿度计、电容式湿度计等。这里介绍利用电容量变化来检测湿度的方法。对于一定几何形状的电容器，其电容量与两极板间介质的介电常数 ε 成正比。一般介质的介电常数 ε 在 2～5 之间，而水的介电常数 ε 特别大，为 81。电容法检测湿度就是基于这点。当介质中含有水分时，会引起电容量变化，从而使其振荡器的输出频率发生变化，频率高低与湿度成正比，因此检测频率信号就可得知湿度。

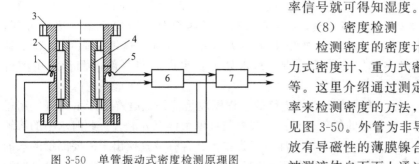

图 3-50　单管振动式密度检测原理图
1—驱动线；2—外管；3—法兰孔；4—振动管；
5—检测线圈；6—驱动放大器；7—输出放大器

（8）密度检测

检测密度的密度计有浮力式密度计、压力式密度计、重力式密度计、振动式密度计等。这里介绍通过测定振荡管的自由振荡频率来检测密度的方法，单管型结构工作原理见图 3-50。外管为非导磁性的不锈钢管，内放有导磁性的薄膜镍合金管作为振动管，当被测液体自下而上通过振动管内外时，由于电磁感应，振动管振动，且振动频率随被测液体的密度而变化。液体密度增大，则振动频率下降；反之，液体密度减小，则振动频率上升。经对振动频率检测放大、反馈等处理，输出相应的 4～20mA 直流电流。

振动式密度计测量精度高，广泛应用于石油化工过程控制中。

（9）水质浊度计

在一定条件下，表面散射光的强度与单位体积内微粒的数量成正比，浊度计就是利用这一原理制成的，如图 3-51 所示。

自光源 1 发出的光经聚光镜 2 以后，以一定的角度射向水面。经水面反射和折射的两路光线均被水箱的黑色侧壁吸收，只有从水表面杂质微粒向上散射的光线才能进入物镜 3。物镜把这些散射光聚到测量光电池 4 上，经光电转换成电压后输出。当水中无微粒时，光电池的输出为零，随着水中微粒的增加，散射光增强，光电池的输出电压与水的浊度成线性关系，因此由光电池的输出电压便可求得水的浊度。分光镜 5 使部分照明光在它表面反射，经

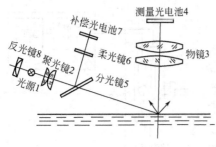

图 3-51　浊度计工作原理图

柔光镜 6 后射到补偿光电池 7 上，其输出电压作为控制亮度补偿回路的信号。水质浊度计采取局部恒温措施来克服温度对光电池的影响。反光镜 8 用以提高光源的利用率。此外还可采用双光束比较法对深色液体进行色补偿以及采用逆散反射原理进行测量。

浊度计主要特点是：光学系统设计时充分利用表面散射光的能量，杂光干扰小；为提高仪器性能设有亮度补偿和恒温装置；可直接指示浊度并输出标准信号；水样进测量系统前，先经过稳流和脱泡装置，以减少干扰，并有快速落水阀，便于水箱内沉积物的排出，清洗方便；仪器配有零浊度水过滤器和标准散射板，检查校正方便；进水量每分钟 2～5L。

（10）溶解氧分析仪

溶解氧分析仪是一种电化学分析仪，目前国内产品有两种，极谱式溶解氧分析仪和溶解氧分析仪。

① 极谱式溶解氧分析仪　测量元件是一隔膜式极谱池，由浸在电解液中的铂阴极、银阳极和外包聚四氟乙烯的渗透隔膜组成。当两极间加上一定的极化电压时，溶解氧经过极谱池透过薄膜到达阴极时，两极上发生氧化还原反应，产生与氧含量大小成正比的扩散电流，测出此电流并加以放大，就可得出溶解氧的多少。同时气体透过薄膜的扩散速度随温度的上升而增加，电流也随之增大而造成误差，因此在电极体内封装了一个热敏电阻，利用热敏电阻随温度变化的关系曲线和氧扩散电流随温度变化的关系曲线相似这一特点进行补偿。极谱式溶解氧分析仪有传感和显示两部分，结构简单，使用方便，反应快，被测水温允许范围5～35℃，被测水压力为常压，有两个热敏电阻用作温度补偿。极谱式溶解氧分析仪主要用于水质分析、污水处理及水产养殖等部门测量水中溶解氧的浓度。

② 溶解氧分析仪　电化学式溶解氧分析仪的工作原理是首先把电解池产生的氢气用燃烧法除去所含的微量氧，净化后的氢气通过一个装置与被测水样充分混合。此时水中的溶解氧气被氢气转换，经水气分离后，成为以纯净氢气为主体并含有被置换出来需要测量的氧的混合气体。此混合气被引入由黄金丝和镀铂黑的铂丝所组成的电极，此分析电极对氧量的变化极为敏感，氢和氧在电极表面产生电化学反应，在正常情况下，电极反应电流的大小与溶解氧的含量有关，如图 3-52 所示。

电化学式溶解氧分析仪的主要特点是：不受水样电导度、pH 值、温度和机械杂质的影响；采用溢流和氢气恒压管使水样流量和氢气压力稳定，使仪器工作稳定；如水样温度超过35℃，需要用水样冷却器，并通入 5～30℃的冷却水。

电化学式溶解氧分析仪主要用于电站、锅炉房等锅炉供水中溶解氧的测定，以延长设备使用寿命及保证运行安全。

（11）微量氧分析仪

微量氧分析仪的测量元件是一只对氧敏感的银-铅碱性原电池，当含有微量氧的样气通过原电池时进行如下反应。

阴极（Ag）：$\qquad O_2 + 2H_2O + 4e \longrightarrow 4(OH)^-$

阳极（Pb）：$\qquad 2Pb + 2KOH + 4(OH)^- - 4e \longrightarrow 2KHPbO_2 + 2H_2O$

氧在阴极上还原氢氧根离子（OH）⁻，并从外电路取得电子，铅阳极为氢氧化钾，同时

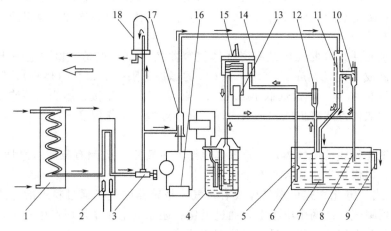

图 3-52 气态电化学式溶解氧分析仪工作原理图

1—水样冷却器；2—水样加热器；3—流量调节阀；4—氢气发生器；5—集水箱；
6—水气分离管；7—水气分离器；8—氢气恒压管；9—排水管；10—净化炉；
11—置换管；12—零检炉；13—放大器；14—检测室；15—电极；
16—恒流源；17—校正电池；18—溢流器

向外电路输出电子，当接通外电路后便有电流通过，电流的大小随氧含量而变化，并有一定的对应关系，故测得原电池电路中的电流便可求得被测气体中的氧含量。

微量氧分析仪的主要特点是：灵敏度高，其最小检测量可达满刻度值的 0.3%；有校零和加氧装置及自动加水装置，校验、维护方便；发送器保持恒温，可减少环境温度变化的影响。

微量氧分析仪主要用于"空分"流程、高纯度气体生产、高级合金钢冶炼及半导体生产中使用保护气体和非酸性气体中微量氧的测定。

（12）可燃气体及有毒气体报警器

可燃气体及有毒气体报警器用于监测可燃或有毒气体的浓度，对防止爆炸和人身中毒起到重要的作用，因此在冶金厂得到广泛应用。这类仪器分为接触燃烧式、半导体气敏元件式和电化学式三类，下面分别叙述。

① 接触燃烧式　接触燃烧式可燃气体及有毒气体报警器的检测器由检测元件、补偿元件、固定电阻组成不平衡电桥，检测元件和补偿元件是对称的，均为涂有催化剂的热敏电阻，前者接触周围空气，后者不接触。电桥加上一定电压后，如周围空气中无可燃气体，由于桥臂电阻相等，电桥无信号输出；当空气中有可燃气体并扩散到检测元件时，在催化剂作用下产生无焰燃烧，使检测元件的温度升高，电阻值增大，电桥失去平衡而输出电压信号，此信号与可燃气体的浓度成正比并送到二次仪表显示和报警。

接触燃烧式可燃气体及有毒气体报警器的主要特点为：仪器结构紧凑，体积小，安装使用方便，检测器为隔爆型，防爆标志 B_3d；基本误差小于 ±0.5% L.E.L（爆炸浓度低限）；二次仪表为非防爆结构，有显示和报警功能。

接触燃烧式可燃气体及有毒气体报警器主要应用在烷、苯、烯、醇、酮类和氢、氨等单种或多种混合可燃气的泄漏检测。当可燃气体的浓度超过设定值时发出报警（声、光与接点开闭信号），防止发生爆炸事故。

② 半导体气敏元件式　半导体气敏元件式可燃气体及有毒气体报警器的半导体气敏元件大多是以金属氧化物半导体为基础材料（如 SnO_2，ZnO 等），在被电加热器加热到 200～

400℃的条件下，当被测气体中可燃或有毒气体在半导体表面吸附后，使半导体自由电子的移动发生变化；吸附氧化气体时电阻减少，吸附还原气体时电阻增加，电阻的变化程度与被测气体的浓度有关。

半导体气敏元件式可燃气体及有毒气体报警器的主要特点是：检测范围比接触燃烧式广，其量程可做成 L. E. L％或 10^{-6} 级，如 CO 的爆炸下限是 12.5％（体积），但人身安全要求的最高浓度为 50×10^{-6}，远远低于 L. E. L（爆炸下限），用接触燃烧式不能测到这样小的含量；检测器的取样方式有扩散和泵吸两种，有隔爆型，工作温度 $-20 \sim 50$℃，可输出标准信号。

半导体气敏元件式可燃气体及有毒气体报警器主要用于监测有毒或可燃性气体的浓度，及时发现泄漏，以保证生产和人身安全。

③ 电化学式　电化学式可燃气体及有毒气体报警器中气样通过粉末冶金的隔爆片和薄膜扩散到传感器集气区的两个电极上，通过氧化、还原的电化学反应产生一个与气体浓度成正比的电流，将此电流放大就可显示气体的浓度值。

电化学可燃气体及有毒气体报警器可测微小的气体含量，适合于有毒气体的检测，常用气体为：CO，H_2S，NO_2，SO_2 和 Cl_2。主要用于有毒气体的检测，以保护人身安全。

3.6.2　成分、物性检测的静态特性

从以上简单介绍可知，大多数成分、物性的检测部分（称发送器）都是采用非电量电测的方法，即根据各成分物理性质或化学性质的差异，将成分或物性变化转换为某种电量变化，然后用相应的电气仪表来测量和变送。输入成分或物性与输出电信号的关系即为成分、物性检测元件的静态特性，成分、物性测量的关键也就在于信息的正确转换。因此，要使输出信号与成分或物性之间保持预定关系，排除误差因素就十分重要。下面提出有共性的若干种误差因素及排除措施。

① 进发送器的气体试样必须符合洁净、干燥、常温和无腐蚀要求，所以气体试样要经过预处理，除去机械杂质、有害物质、腐蚀性物质、水分等。例如试样含有水滴，往往是产生误差的原因之一。对于高温介质还可以达到冷却作用。

② 背景气体（指待分析气体以外的其余气体）中如有干扰组分存在，将会影响分析结果的准确性，所以干扰组分应除去。例如用热导式方法分析烟道气中 CO_2 含量，烟道气中的 H_2 成分是干扰气体，因为它与其余气体如 CO，N_2，O_2 等的导热系数不接近，相差很大，所以必须预先除去。

③ 发送器的供电电压要稳定，供电电流要恒定。例如要使热导池中的铂丝平衡温度仅取决于气体成分，则加热电流必须恒定。在红外线气体成分分析中，镍铬丝发出的特定波长红外线与镍铬丝的加热电流有关。

④ 发送器所处的周围环境温度变化会引起分析结果变化，所以周界温度必须保持恒定。以热导式气体分析为例，铂丝的散热条件除与成分有关外，与热导池的室壁温度即周界温度也有关系。可以采用装设恒温控制器的方法使室壁温度恒定。

⑤ 进入发送器的气体流量要求稳定，例如热磁式氧分析中气体流量的变化将影响磁风的大小，从而影响测量结果。所以进发送器的气体要经过稳压和流量控制。

⑥ 流体温度的影响。例如用电导法测 H_2SO_4 浓度时，温度变化会引起电导率有较大的改变。为此，应设有温度补偿装置。

此外，取样点的选择也是影响测量结果的一个重要因素，取样点要具有代表性，能正确反映待分析组分的浓度。对于混有杂质、油污或水分的气体，取样点宜选在管道上部。若是带有气泡的液体，则取样点选在管道下部为宜。

总之，要使成分、物性的测量结果能很好地作为一个成分、物性控制系统的被控变量，根本问题在于发送器的可靠性和快速性。此外，从上面分析可以看到影响成分、物性测量结果的因素很多，不像温度、压力等变量的测量，因此测量精度较低。

3.6.3 成分、物性检测的动态特性

采用成分、物性作为被控变量是最令人满意的。然而在实施上，无论其静态特性或动态特性都有许多问题需要切实加以解决；静态特性已在上面给予了介绍，而动态特性是要解决测量中的纯滞后问题。

成分、物性系统的检测元件不像温度和流量那样直接装在设备内或管道上。成分、物性的测量是通过取样管，把一部分流体送往发送器，例如在热导式分析中送往热导池，在色谱分析中送往色谱柱等。这些发送器往往有恒温等要求，并须有较好的环境条件，所以一般是设在离现场较远的分析室内。如果流体取样管内的流速不高，纯滞后将是很显著的，如不采取措施，纯滞后时间可能要在 10min 以上。这就是说，如构成控制系统，是根据 10min 以前的情况来控制，显然很不及时，且容易振荡，最大偏差也很大。

常用的解决方法有以下几种。

① 加大取样管内流体的流速。进发送器的流体流量一般很小，因此采用大部分流体通过旁路放空的办法来增加流速，如图 3-53 所示。

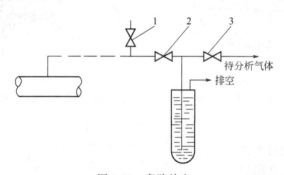

图 3-53　旁路放空
1—放大阀；2—减压阀；3—针阀

② 将发送器尽可能地靠近取样口，以缩短距离。当然，安装位置的环境条件仍必须满足要求且便于维护检修。

③ 考虑改进控制回路的构成方式。例如用成分控制器的输出作为另一个控制器（副控制器）的设定值，前者进行细调，而让大多数（包括较大的）扰动由副控制器来控制，这就是所谓串级控制系统。

④ 考虑改变控制规律。在人工操作时，遇到纯滞后很大的过程，可以采取"看一步，调一步，停一停"的方式，在控制效果还没有显露出来之前，先等一小段时间，这样可避免被控变量大起大落，有利于控制过程的稳定。

3.7 其他变量检测

在生产过程自动控制系统中除了对温度、压力、流量、液位和成分进行检测外，还要对其他一些比较重要的变量进行检测，以确保生产安全和正常运行。如大型机械转动设备的转动速度、轴振动、轴位移；塑料薄膜、加工件的厚度；高温加热炉膛火焰；原料和产品的重量等。对这些变量的检测方法仍采用接触式和非接触式方法，检测仪表的工作原理仍为机械

式、电磁式、超声波式、射线式、光电式等。下面对其中部分变量的检测予以简单介绍。

3.7.1　位移量检测

这里讨论的是过程控制中大型转动设备（如汽轮机、压缩机等）轴的位移。

（1）电感式位移检测方法

其工作原理是将位移的变化转换成线圈自感的变化，一般是用一根可滑动的铁心，位移改变铁心在线圈里的位置，使得线圈里的自感发生变化，线圈作为检测桥臂的一部分，与LC振荡器相连，其结果是由于电感的变化引起振荡频率的变化。在电感式位移检测方法中最常见的是涡流式电感位移检测器，如图3-54所示。检测探头端部装有高度密封的、发射高频信号的线圈。由于被测物体的端部（一般为转机的轴）距离线圈很近，仅有几毫米，线圈通电后产生一个高频磁场，轴的表面在磁场的作用下产生涡流电流。同样，涡流电流也会产生磁场，其场强大小与距离有关，该场强抵消由线圈产生的磁场强度，影响检测线圈的等效阻抗，而等效阻抗与线圈电感量有关，因此就测得位移量。

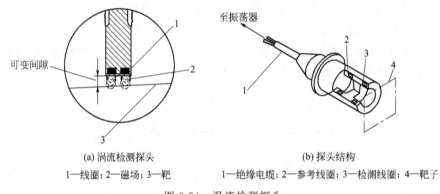

(a) 涡流检测探头　　　　　　　　　　(b) 探头结构

1—线圈；2—磁场；3—靶　　1—绝缘电缆；2—参考线圈；3—检测线圈；4—靶子

图 3-54　涡流检测探头

（2）电容式位移检测方法

平行极板电容器的电容为

$$C = \varepsilon \frac{S}{d} \tag{3-28}$$

式中，C 为电容量；ε 为极板介质的介电常数；S 为极板面积；d 为极板间距离。在介电常数 ε 和 S 一定的情况下，极板距离与电容量成反比。因此可将一块极板固定，另一块极板与被测物体相连，那么被测物体的位移使得极板距离变化，从而使电容量变化。如图3-55(a) 所示。为了提高检测元件的灵敏度，常采用差动电容式位移检测结构，如图 3-55(b)

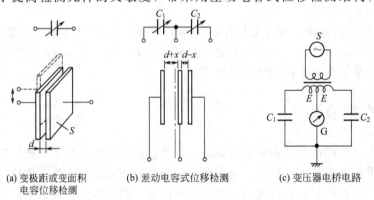

(a) 变极距或变面积　　　　(b) 差动电容式位移检测　　　　(c) 变压器电桥电路
　电容位移检测

图 3-55　电容式位移检测结构

所示。在两个固定极板之间设置可动极板，使固定极板对中间可动极板成对称结构，构成两个大小相同的电容。可动极板装在被测物体上。当被测物体位移 x 后，一个电容量增加，另一个电容量减小，将差动电容接入一个变压器电桥电路，如图 3-55(c) 所示，就可以得到与被测位移成比例的电压输出信号。

3.7.2 转速检测

在发动机、压缩机、透平机和泵等转动设备中，转速是表征设备运行好坏的重要变量，特别是转动设备的临界速度，它是系统的振动频率与转动设备固有频率发生共振的速度。检测转速的方法通常是将转速转换为位移，或者将转速转换为脉冲信号。

（1）离心式转速表

其工作原理基于与回转轴偏置的重锤在回转时产生的离心力 Q 与回转轴的角速度 ω 的平方成正比，即

$$Q = mr\omega^2 \qquad (3\text{-}29)$$

式中，m 为重锤的质量；r 为重锤至被测轴的垂直距离。图 3-56 是其测量原理图。

当转动轴以 ω 的角速度转动时，重锤产生离心力 Q，转速越大离心力越大，压迫弹簧使它缩短，因而弹簧被压缩的位移与转速成正比。测出弹簧位移就得知转速。离心式转速表是机械式的，惯性较

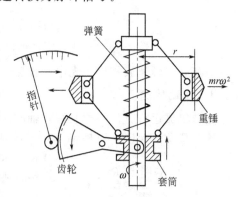

图 3-56 离心式转速表原理图

大，测量精度受到一定限制，但体积小且携带方便，不需要能源，因此应用比较广泛。

（2）光电式转速传感器

光电式转速传感器工作在脉冲状态下，它将轴的转速变换成相应频率的脉冲，然后测出脉冲频率就测得转速。图 3-57 所示的是一种直射式光电转速传感器的结构原理。从光源发出的光通过开孔盘和缝隙照射到光敏元件上，使光敏元件感光。开孔盘装在转动轴上随转轴一起转动，盘上有一定数量的小孔。当开孔盘转动一周，光敏元件感光的次数与盘的开孔数相等，因此产生相应数量的电脉冲信号。但是因受到开孔盘尺寸的限制，开孔数不能太大，所以对传感器的结构进行改进，如图 3-58 所示。指示盘与旋转盘具有相同间距的缝隙，当旋转盘转动时，转过一条缝隙，光线就产生一次明暗变化，使光敏元件感光一次。用这种结构可以大大增加转盘上的缝隙数，因此每转的脉冲数相应增加。将脉冲数通过测量电路处理，最终输出与转速对应的电信号。

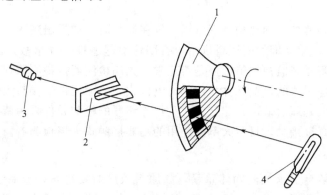

图 3-57 直射式光电转速传感器原理

1—开孔盘；2—缝隙板；3—光敏元件；4—光源

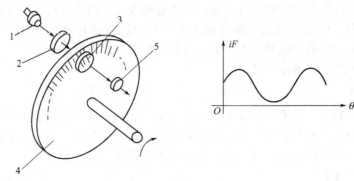

图 3-58　光电转速传感器的结构
1—光源；2—透镜；3—指示盘；4—旋转盘；5—光电元件

与离心式转速表相比，光电式转速传感器测量精度高，其输出信号可供计算机使用。

3.7.3　振动检测

旋转机械运行时，必须监视转轴的振幅、轴的不平衡引起的径向移动，这些都与振动有关。检测位移、速度的原理都可用于检测振动。目前振动检测仪表有机械式、电阻应变片式、压电式、磁电式、电容式、涡流式等。其中涡流式测振方法应用最普遍。在测振动时经常在轴的径向按水平和垂直位置装有多个涡流检测探头组成一个测振系统，其结构如图3-59所示。检测各自部位、方向的位移量。将各个探头测得的信息综合处理后，就可得到所需的振动信息，如振幅、振动方向、振动频率等，从而判断出旋转机械运行是否正常。

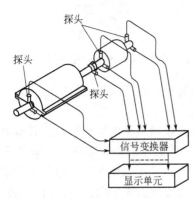

图 3-59　测振系统示意图

3.7.4　厚度检测

在冶金、轻工和化工等领域经常需要检测厚度，如板材、带材、管材、涂层等。由于被测物体的厚度一般都是不均匀的，所以检测的厚度通常为物体某一面积、某一时间的平均值。实际上厚度检测和位移检测、物位检测有许多相似之处，可以用位移传感器来测厚度，也可以用波的反射、射线的透射等来检测物体厚度。目前使用的厚度计主要有电感式、电容式、涡流式、超声波式、微波式、射线式等。

3.7.5　火焰检测

石油化工中的裂解炉、加热炉、蒸汽锅炉等在运行时，如果出现灭火事故（尤其是工况不稳定、初试阶段），应立即切断燃料供给，否则将引起恶性爆炸事故。因此必须在炉膛周围设置多个火焰检测器来监视炉膛燃烧是否正常。火焰检测器按检测原理分为接触式和非接触式。接触式火焰检测器的检测元件采用电离电极式，检测元件直接与火焰接触取得火焰信号，经过变换和放大处理后输出；非接触式火焰检测器的检测元件采用紫外光敏管作为传感器件，不需与火焰直接接触。目前大部分使用的是非接触式火焰检测器。

3.7.6　重量检测

生产过程中经常会要求检测物体重量，如原料入库时要称重，成品装车发货时也要称重。称重仪表按工作原理可以分为机械式、液动式、气动式、电子式，而电子式中又有电阻应变式、电容式、电感式、电压式、压电式、磁弹性式、振弦式等，但电子式中用得最多的是电阻应变式和压电式。

（1）机械式重量检测

利用杠杆原理对物体称量。如果需要检测较重的物体，需要增加辅助杠杆进行力的传递。图 3-60 是一个料斗称重系统，一般物料可重达几吨，作用到四角的支撑杆上，支撑与转动轴相连，经延伸臂传到转矩杠杆上，然后在磅秤刻度盘上显示重量。

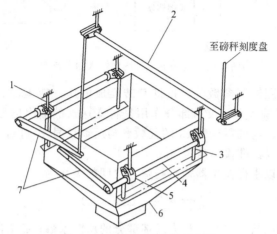

图 3-60　转矩杠杆磅秤示意图

1—杠杆支点；2—转矩延伸杠杆；3—料斗支撑点；4—转动轴；5—铰链；6—料斗；7—延伸臂

（2）液压式、气压式重量检测

液压式原理是在膜盒室里充满油并与压力表连接，当液压系统受到物体重量作用时对膜盒产生压力，通过压力表可以获得物体重量。

气压式检测原理与液压式相同，只是将介质由液体换成气体。

（3）电阻应变式重量检测

图 3-61 是电阻应变仪称重传感器的工作原理图，它是由四个电阻应变片组成的一个电桥。电阻应变片装在钢制圆筒上，其中两片垂直安装在圆筒上，当圆筒受压时，电阻应变片缩短；另外两片横向安装，当圆筒受压时，电阻应变片伸长。由于四个电阻应变片在静态平衡时阻值完全相同，电桥处于平衡状态，当圆筒受压时，四个电阻应变片两两变化相同，使得电桥失去平衡，输出电压信号。该电压大小反映了所测重量大小。

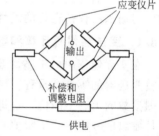

图 3-61　称重传感器线路图

3.8　变送器

变送器是单元组合仪表中不可缺少的基本单元，其作用是将检测元件的输出信号转换成标准统一信号（如 4~20mA 直流电流）送往显示仪表或控制仪表进行显示、记录或控制。由于生产过程变量种类繁多，因此相应地有许多变送器。如温度变送器、差压变送器、压力变送器、液位变送器、流量变送器等。有的变送器将测量单元和变送单元做在一起（如压力变送器），有的则仅有变送功能（如温度变送器）。工业生产过程中最常见的是温度变送器和差压变送器。变送器按其驱动能源形式（电力或压缩空气）可以分为电动变送器和气动变送器。

变送器是基于负反馈原理工作的，包括测量（输入转换）、放大和反馈三个部分。其构成方框图见图 3-62。

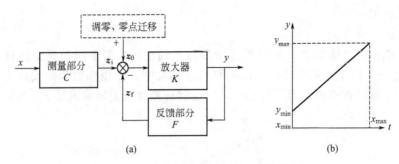

图 3-62　变送器原理图和输入输出特性

测量部分作用是检测被测参数 x，并将其转换成电压（或电流、位移、力矩、作用力等）信号 z_i 送到放大器输入端。反馈部分作用是将变送器的输出信号 y 转换成反馈信号 z_f 再送回放大器输入端。z_i 与调零信号 z_0 的代数和与反馈信号 z_f 进行比较，其差值 ε 送入放大器进行放大，并转换成标准输出信号 y。

根据图 3-62(a) 可以求得变送器输出与输入之间的关系为

$$y = \frac{K}{1+KF}(Cx+z_0) \tag{3-30}$$

式中，K 为放大器的放大系数；F 为反馈部分的反馈系数；C 为测量部分的转换系数。当 $KF \gg 1$ 时，上式可写为

$$y = \frac{1}{F}(Cx+z_0) \tag{3-31}$$

式(3-31) 表明，在 $KF \gg 1$ 条件下，变送器输出与输入的关系取决于测量部分和反馈部分的特性，而与放大器特性几乎无关。如果转换系数 C 和反馈系数 F 是常数，则变送器的输出与输入将保持良好的线性关系。

3.8.1　变送器量程迁移和零点迁移

在实际使用中由于测量要求或测量条件发生变化，需要根据输入信号的下限值和上限值调整变送器的零点和量程。图 3-62(b) 是变送器输入与输出关系示意图。x_{max}，x_{min} 分别是被测参数的上、下限值，也即变送器测量范围的上、下限值（图中 $x_{min}=0$）；y_{max}，y_{min} 分别是输出信号的上、下限值，与标准统一信号的上、下限值相对应。但是当变送器测量范围的上限值或下限值发生变化时就要进行量程迁移或零点迁移。

（1）量程迁移

量程迁移目的是使变送器输出信号的上限值 y_{max}（即标准统一信号上限值，输出满度值）与测量范围的上限值 x_{max} 相对应。图 3-63 为变送器量程迁移前后的输入输出特性。

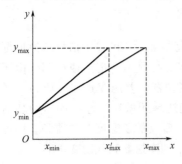

图 3-63　变送器量程迁移前后的输入输出特性

由图 3-63 可见，量程迁移就是改变变送器输入输出特性的斜率，也就是改变变送器输出信号 y 与被测参数 x 之间的比例系数。

由式(3-31) 知，变送器量程调整可通过调整反馈系数 F 或转换系数 C 来实现。通常是改变反馈系数 F 大小实现量程调整。F 大，量程就大；F 小，量程就小。

（2）零点迁移

零点迁移的目的是使变送器输出信号的下限值 y_{min}（即标准统一信号下限值）与测量范围的下限值 x_{min} 相对应。在 $x_{min}=0$ 时又称为零点调整；在 $x_{min} \neq 0$ 时为零点迁移。也

就是说，零点调整使变送器的测量起始点为零，而零点迁移则是将测量起始点由零迁移到某一数值（正值或负值）。当测量起始点由零变为某一正值，称为正迁移；反之，当测量起始点由零变为某一负值时称为负迁移。图 3-64 为变送器零点迁移前后的输入输出特性。

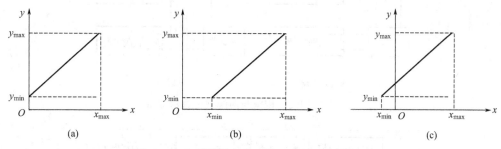

图 3-64　变送器零点迁移前后的输入输出特性

由图 3-64 可见，零点迁移以后，变送器的输入输出特性沿 x 坐标向右或向左平移一段距离，其斜率并不变化，即变送器量程不变。如果进行零点迁移，再辅以量程迁移，可以提高仪表的测量精度和灵敏度。图 3-65 是在某一差压法液位测量中变送器量程缩小和零点迁移示意图。由于气、液两相接口相距 500mm，被测液位经常在（250±50）mm 范围内波动，如把量程由 0～500mm 改为 150～350mm，则变送器量程缩小，提高了测量精度，同时变送器输出将加大一倍半，提高了灵敏度。调整方法是：先缩小量程，将量程调整为 0～200mm，再零点迁移，使零点移到 150mm 处，同时测量范围也被改成了 150～350mm。

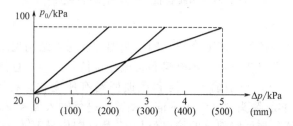

图 3-65　变送器量程缩小和零点迁移示意图

由式(3-31) 可知，变送器零点调整和零点迁移可通过改变调零信号 z_0 的大小来实现。当 z_0 为负时实现正迁移；而当 z_0 为正时实现负迁移。

仪表的量程迁移和零点迁移扩大了使用范围，增加了通用性和灵活性。但是在何种条件下可以进行迁移，以及能够有多大的迁移量，还要结合具体仪表的结构和性能而定。

3.8.2　温度变送器

温度变送器是电动单元组合仪表的一个主要单元。其作用是将热电偶、热电阻的检测信号转换成标准统一信号，如 0～10mA 直流电流，4～20mA 直流电流，1～5V 直流电压，输出给显示仪表或控制器实现对温度的显示、记录或自动控制。温度变送器还可以作为直流毫伏转换器来使用，以将其他能够转换成直流毫伏信号的工艺参数也变成标准统一信号输出。因此温度变送器被广泛使用。

温度变送器有四线制和两线制之分，它们各有三个品种：直流毫伏变送器、热电偶温度变送器和热电阻温度变送器。所谓四线制是指供电电源和输出信号分别用两根导线传输，目前使用的大多数变送器均是这种形式。由于电源与信号分别传送，因此对电流信号的零点及元器件的功耗无严格要求。所谓两线制是指变送器与控制室之间仅用两根导线传输。这两根导线既是电源线又是信号线，既节省了大量电缆线等费用，又有利于安全防爆。图 3-66 为

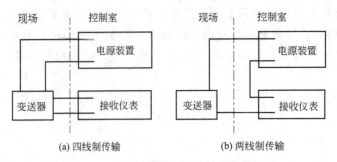

(a) 四线制传输　　　　　　(b) 两线制传输

图 3-66　四线制传输与两线制传输示意图

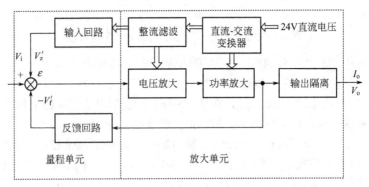

图 3-67　四线制温度变送器结构示意图

四线制传输与两线制传输示意图。

下面对四线制温度变送器作简要介绍。四线制温度变送器结构见图 3-67。

温度变送器输入信号有热电势、热电阻和直流毫伏信号三种，总体结构相同，都分为量程单元和放大单元两部分，只是输入回路和反馈回路有所变化。在图 3-67 中，空心箭头"⇨"表示供电回路，实心箭头"→"表示信号回路。毫伏输入信号 V_i 或由测温元件送来的反映温度大小的输入信号与桥路部分的输出信号 V_z' 及反馈信号 V_f' 相叠加，送入集成运算放大器，放大后的电压信号再由功率放大器和隔离输出电路转换成 $4 \sim 20 \text{mA}$ 直流电流 I_o 和 $1 \sim 5\text{V}$ 直流电压 V_o 输出。由于输入和输出之间具有隔离变压器，并且采取安全火花防爆措施，因此具有良好的抗干扰性能，且能测量来自危险场所的直流毫伏或温度信号。在热电偶和热电阻温度变送器中采用了线性化电路，从而使温度变送器的输出信号和被测温度呈线性关系，以便显示记录。

温度变送器使用前都需要根据测量范围进行量程迁移和零点迁移。这些工作都是在量程单元完成的。

（1）热电偶温度变送器量程单元

图 3-68 为热电偶温度变送器量程单元原理图。

① 具有热电偶参比端温度补偿功能　温度变送器中采用两个铜电阻 R_{cu1} 和 R_{cu2} 作为补偿电阻，它们感受热电偶参比端温度。由图 3-68 可知，运算放大器 IC_1 同相输入端的电压 V_T 由输入信号 E_t 和参比端温度补偿电势 V_z' 两部分组成。

$$V_T = E(\theta, \theta_0) + V_z'$$

$$= E(\theta, \theta_0) + \frac{R_{100} + \dfrac{R_{cu1} R_{cu2}}{R_{103} + R_{cu1} + R_{cu2}}}{R_{100} + (R_{103} + R_{cu1}) /\!/ R_{cu2} + R_{105}} V_z \qquad (3\text{-}32)$$

在电路设计时使 $R_{105} \gg R_{100} + (R_{103} + R_{cu1}) /\!/ R_{cu2}$，则上式改写为

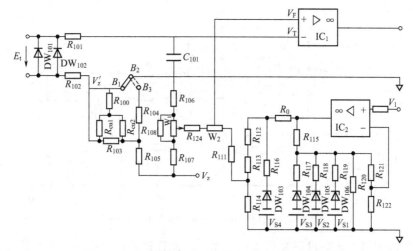

图 3-68　热电偶温度变送器量程单元电路原理图

$$V_T = E(\theta, \theta_0) + \cfrac{R_{100} + \cfrac{R_{cu1} R_{cu2}}{R_{103} + R_{cu1} + R_{cu2}}}{R_{105}} V_z \qquad (3\text{-}33)$$

式中，V_z 为电路提供的基准电压。

如果参比端温度升高，则热电偶测量电势 $E(\theta, \theta_0)$ 减小，而与此同时 R_{cu1}，R_{cu2} 也变大，使式(3-33)中的第二项电压升高。只要恰当地选择有关电阻，就可以使电压升高变化量与热电偶电势减小量相等，两者对 V_T 作用抵消，保证 V_T 不受参比端温度变化的影响。

补偿电阻 R_{cu1}，R_{cu2} 在 0℃时都固定为 50Ω。由于热电偶的热电势与分度号有关，故在选用不同分度号的热电偶时，要相应调整 R_{100}，R_{103}，R_{105}，这些电阻为锰铜电阻或精密金属膜电阻，以使式(3-33)中第二项能起到补偿作用。

图 3-68 中当 B 端子板上的 B_1 与 B_2 端子相连时接入参比端温度补偿电路，当 B_2 与 B_3 相连时 V_z' 等于 R_{104} 两端的电压，它是一个定值，因此可以 0℃为基准点，用毫伏信号来检查变送器的零点，作定性检查。

② 具有零点调整、零点迁移及量程调整功能　改变 R_{106} 可进行大幅度零点迁移，改变 R_{108} 和调整电位器 W_1 可获得满量程±5％的零点调整范围。

改变 R_{111} 可大幅度改变变送器量程范围，改变 W_2 可获得满量程±5％的量程调整范围。

③ 具有线性化作用　热电偶输出电势信号与所对应的温度之间是非线性的。为此，在量程单元的反馈回路中加入了非线性校正环节。该非线性校正环节由稳压管（DW_{103}～DW_{106}）、基准电压（V_{S1}～V_{S4}）及电阻等组成，其非线性特性与所用热电偶非线性特性一致。这样就使整机输出（I_o，V_o）与被测温度 θ 成线性关系。

（2）热电阻温度变送器量程单元

图 3-69 是热电阻温度变送器量程单元原理图。

图中稳压管 DW_{101}～DW_{104} 是安全火花防爆元件，起到限制电能量作用。r_1，r_2，r_3 是热电阻 R_t 从现场引回的三根导线的电阻，即采用三线制接法，要求 $r_1 = r_2 = r_3 = 1Ω$。调整 R_{24}，使热电阻及 r_3 上流过的电流 I_t 与流过 r_2，r_3 的电流 I_r 相等。这样，r_3 上不产生压降，r_1 上的压降 $I_t r_1$ 与 r_2 上的压降 $I_r r_2$ 分别通过电阻 R_{30}，R_{31} 和 R_{29} 引至 IC_1 的反向端，由于这两个压降大小相等而极性相反，并且设计时使 $R_{29} = R_{30} + R_{31}$，因此引线 r_1 上的压降与引线 r_2 上的压降相抵消，避免了热电阻引线电阻由于随环境温度变化而引起测量误差。

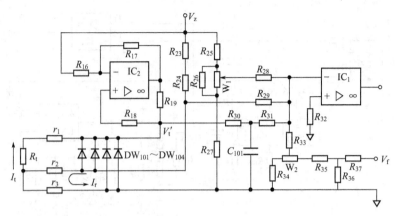

图 3-69　热电阻温度变送器量程单元原理图

热电阻和被测温度之间也存在非线性关系，因此在输入回路中加进了线性化电路。

零点调整、零点迁移及量程调整工作情况与热电偶温度变送器中相似。

（3）直流毫伏变送器量程单元

与热电偶温度变送器量程单元相比，除了输入信号为直流毫伏，不需要参比端温度补偿电路，调零电位器 W_1 不在反馈回路上，以及反馈回路中不需要线性化电路外，其余情况大致相仿。

（4）温度变送器的正确使用

要选用与输入信号类型相符的温度变送器，并注意分度号匹配、接线等问题。

直流毫伏变送器输入直流毫伏信号。热电偶温度变送器输入热电势毫伏信号，输入回路即是参比端温度自动补偿桥路，其产生的补偿电势与热电势相加后作为测量电势，因此补偿桥路上的补偿电阻阻值与各种分度号的热电偶电势有关，热电偶温度变送器都标明应配接热电偶的分度号，因此热电偶温度变送器使用时，热电偶分度号要与热电偶温度变送器上所标的分度号一致。此外，热电偶的参比端要与变送器上补偿电阻感受相同温度，通常的做法是将热电偶补偿导线直接接到处于温度较为恒定环境中的变送器的接线端子上。

热电阻温度变送器输入热电阻信号给输入回路。输入回路是一个不平衡电桥，热电阻即为桥路的一个桥臂。

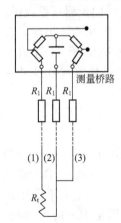

图 3-70　热电阻
三线制接法

如果是金属热电阻，由于连接热电阻的导线存在电阻，且导线电阻值随环境温度的变化而变化，从而造成测量误差，因此实际测量时采用三线制接法。所谓三线制接法，就是从现场的金属热电阻两端引出三根材质、长短、粗细均相同的连接导线，其中两根导线被接入相邻两对抗桥臂中，另一根与测量桥路电源负极相连，如图 3-70 所示。由于流过两桥臂的电流相等，因此当环境温度变化时，两根连接导线因阻值变化而引起的压降变化相互抵消，不影响测量桥路输出电压的大小。

但是对于半导体热敏电阻而言，由于在常温下阻值很大，通常在几千欧姆以上，这时连接导线电阻（一般不超过 10Ω）几乎对测温没有影响，也就不必采用三线制接法。

3.8.3　差压变送器

差压变送器通用性强，可用于连续测量差压、正压、负压、液位、密度等变量，与节流装置配合，还可以连续测量液体（或气体）流量。差压变送器将测量信号转换成标准统一信号，作为显示仪表、控制器或运算器的输入信号，以实现对上述参数的显示、记录或自动控制。

差压变送器主要有力矩平衡式差压变送器、电容式差压变送器和扩散硅式差压变送器。

（1）力矩平衡式差压变送器

力矩平衡式差压变送器基于力矩平衡原理工作，包括测量部分、杠杆系统、位移检测放大器、电磁反馈机构（电动差压变送器）或波纹管反馈机构（气动差压变送器）。测量部分将被测差压 Δp_i（正、负压室压力之差）转换成相应的作用力 F_i，该力与反馈机构输出的作用力 F_f 一起作用于杠杆系统，引起杠杆发生微小偏移，再经过位移检测放大器转换成统一的电流（或气压）输出信号。构成方框图见图 3-71。

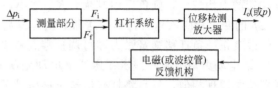

力矩平衡式差压变送器量程范围宽，测量精度高，被测差压 Δp_i 和输出电流 I_o（或气压 p）之间呈线性关系。

图 3-71　力矩平衡式差压变送器构成方框图

① 气动力矩平衡式差压变送器　气动力矩平衡式差压变送器根据力矩平衡原理进行工作，见图 3-72。

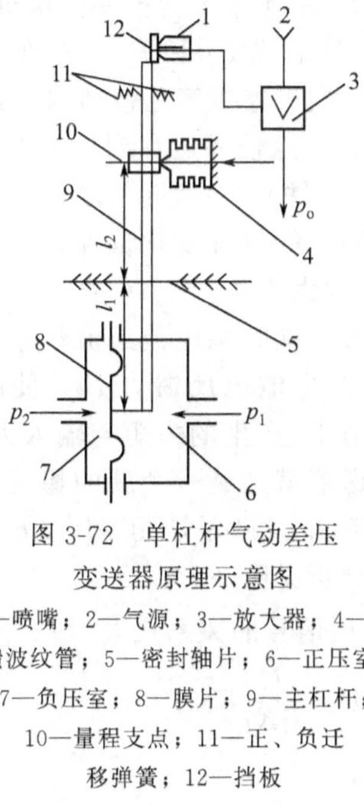

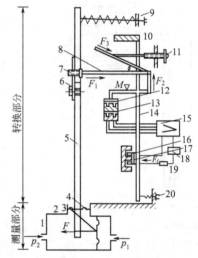

图 3-72　单杠杆气动差压
变送器原理示意图

1—喷嘴；2—气源；3—放大器；4—反
馈波纹管；5—密封轴片；6—正压室；
7—负压室；8—膜片；9—主杠杆；
10—量程支点；11—正、负迁
移弹簧；12—挡板

图 3-73　电动差压变送器结构示意图

1—低压室；2—高压室；3—测量元件（膜盒、膜片）；
4—密封轴片；5—主杠杆；6—过载保护簧片；7—静
压调整螺钉；8—矢量机构；9—零点迁移弹簧；
10—平衡锤；11—量程调整螺钉；12—检测片
（衔铁）；13—差动变压器；14—副杠杆；
15—放大器；16—反馈动圈；17—永久
磁钢；18—电源；19—负载；
20—调零弹簧

由图 3-72 可以看出，差压作用在膜片两侧产生一个向左的力 F_1

$$F_1 = A_1(p_1 - p_2) = A_1 \Delta p \tag{3-34}$$

式中，A_1 为膜片的有效面积。F_1 作用在杠杆上产生一个测量力矩 M_1

$$M_1 = F_1 l_1 = A_1 l_1 \Delta p \tag{3-35}$$

它使杠杆以密封轴片 5 为支点作顺时针方向偏转，从而使挡板靠近喷嘴，使喷嘴背压上升，经放大后输出的气压 p_o 也随之上升，同时 p_o 进入负反馈波纹管产生一反馈力 $F_2 = A_2 p_o$，A_2 为波纹管有效面积。F_2 作用于杠杆上产生一反馈力矩 M_2，使杠杆作逆时针方

向偏转

$$M_2 = F_2 l_2 = A_2 l_2 p_o \qquad (3-36)$$

当 $M_1 = M_2$ 时，杠杆平衡，有一与 Δp 相应的输出 p_o。

$$p_o = \frac{A_1 l_1}{A_2 l_2} \Delta p = K_m \Delta p \qquad (3-37)$$

可见 p_o 与 Δp 成比例关系。

当改变上式中 K_m 时，就可以调整量程或满度，反馈力 F_2 到支点的距离 l_2 越长或反馈波纹管的面积越大，则负反馈越大，K_m 越小，对应同样的输出范围 20～100kPa 内输入信号 Δp 的变化量应该越大，即变送器的量程越宽。反之亦然。

改变正、负迁移弹簧张力即可调整零点和实现零点迁移。

② 电动力矩平衡式差压变送器　电动差压变送器也根据杠杆原理工作，与气动差压变送器检测原理相似，只是将杠杆偏转位移信号感应放大成电流信号并反馈。电动差压变送器工作原理见图 3-73。

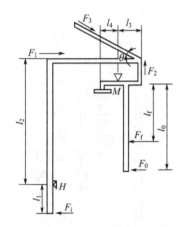

图 3-74　杠杆系统受力分析图

F_0—调零弹簧张力；l_1, l_2—F_i，F_1 到主杠杆支点 H 的力臂；l_3, l_0, l_f—F_2，F_0，F_f 到副杠杆支点 M 的力臂；l_4—检测片 12 到副杠杆支点 M 的距离；θ—矢量角

被测差压信号 p_1，p_2 分别引入测量元件 3 的两侧时，膜盒就将两者之差（Δp_i）转换为输入力 F_i。此力作用于主杠杆下端，使主杠杆以密封轴片 4 为支点而偏转，并以力 F_1 沿水平方向推动矢量机构 8。矢量机构 8 将推力 F_1 分解成 F_2 和 F_3，F_2 使矢量机构的推板向上移动，并通过连接簧片带动副杠杆 14，以 M 为支点逆时针偏转。这使固定在副杠杆上的差动变压器 13 的检测片（衔铁）12 靠近差动变压器，使两者的气隙减小。检测片的位移变化量通过低频位移检测放大器 15 转换并放大为 4～20mA 直流电流 I_o，作为变送器的输出信号。同时该电流又流过电磁反馈机构的反馈动圈 16，产生电磁反馈力 F_f，使副杠杆顺时针偏转。当反馈力 F_f 产生的力矩与输入力 F_i 产生的力矩平衡时，变送器就达到一个新的稳定状态。此时放大器的输出电流 I_o 反映了被测差压 Δp_i 的大小。

杠杆系统受力分析见图 3-74。

根据分析原理，可以推导出变送器输出电流与输入差压信号的关系式

$$I_o = \frac{l_1 l_3 A \tan\theta}{l_2 l_f K_f} \Delta p_i + \frac{l_0}{l_f K_f} F_0 = K_p \Delta p_i + \frac{l_0}{l_f K_f} F_0 \qquad (3-38)$$

式中，K_p 为比例系数

$$K_p = \frac{l_1 l_3 A \tan\theta}{l_2 l_f K_f}$$

式中，A 为膜片有效面积，K_f 为电磁反馈机构的电磁结构常数。改变调零弹簧张力可以调整零点，改变矢量角 θ 与电磁结构常数可以调整变送器量程。

另外，改变零点迁移弹簧张力可以迁移零点。

（2）电容式差压变送器

电容式差压变送器采用差动电容作为检测元件，无杠杆机构。整个变送器无机械传动、调整装置，结构简单，具有高精度、高稳定性、高可靠性和高抗振性。

变送器包括测量部件和转换放大电路两部分，见图 3-75。

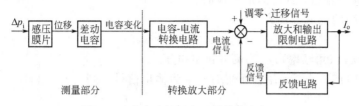

图 3-75　电容式差压变送器构成方框图

输入差压作用于感压膜片，使其产生位移，从而使感压膜片（即可动电极）与固定电极所组成的差动电容器的电容量发生变化，此电容变化量再经电容-电流转换电路转换成直流电流信号，电流信号与调零信号的代数和同反馈信号进行比较，其差值送入放大电路，经放大得到 4～20mA 直流电流输出。

图 3-76 是测压部件结构图，测压部件主要由正、负压容室基座和差动电容膜盒组成。

正、负压力由正、负压力容室侧导压口导入，作用在差动电容膜盒的隔离膜片上。差动电容膜盒的结构见图 3-77。中心感压膜片和其两边弧形电容极板形成电容 C_1 和 C_2，当差压加在膜盒的隔离膜片上时，通过腔内硅油的液压传递到中心感压膜片上，中心感压膜片产生位移。因而使中心感压膜片与两边弧型电容极板的间距不再相等，从而使 C_1 和 C_2 不再相等，通过电路检测和转换放大，输出 4～20mA 直流电流信号。

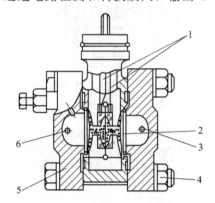

图 3-76　测压部件结构图

1—电极引线；2—差动电容膜盒；3—正压侧导
压口；4—正压容室基座；5—负压容室
基座；6—负压侧导压口

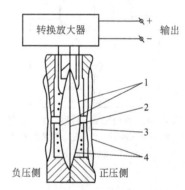

图 3-77　差动电容膜盒结构图

1—固定电极；2—中心感压膜片；
3—填充液；4—隔膜片

差动电容测量回路由高频供电，其简化电路见图 3-78。当差压 $\Delta p=0$ 时其中心感压膜片与两边弧形电极之间的间距相等，设其间距为 D_0，当加上压差 Δp 后，则

$$D_1 = D_0 + W \tag{3-39}$$

$$D_2 = D_0 - W \tag{3-40}$$

式中，W 为加压差后中心膜片的位移。

若 C_1 为中心感压膜片和正压侧弧形电极形成的电容，C_2 为中心感压膜片和负压侧弧形电极形成的电容，则

$$C_1 = \frac{\varepsilon S}{D_1} = \frac{\varepsilon S}{D_0 + W} \tag{3-41}$$

$$C_2 = \frac{\varepsilon S}{D_0 - W} \tag{3-42}$$

式中，ε 为介电常数；S 为弧形极板的面积。

两侧电容回路的电流分别为

$$i_1 = \omega e C_1, \quad i_2 = \omega e C_2$$

式中，$\omega = 2\pi f$（角频率）；e 为高频供电电压。

在电路设计时使 $i_1 + i_2 = I_C$，而使 $i_2 - i_1$ 为输出信号，则

$$i_2 - i_1 = \omega e (C_2 - C_1) = I_C \frac{C_2 - C_1}{C_2 + C_1} \tag{3-43}$$

将 C_2 及 C_1 值代入上式，又因中心感压膜片的位移与压差 Δp 成正比，即 $W = K\Delta p$，则

$$i_2 - i_1 = I_C \frac{W}{D_0} = \frac{KI_C}{D_0}\Delta p = K_1 \Delta p \tag{3-44}$$

式中 $K_1 = KI_C/D_0$。

可见输出信号 $i_2 - i_1$ 与差压 Δp 成正比。采用差动电容后，可消去硅油的介电常数 ε 的影响。而采用 $i_1 + i_2 = I_C$ 后，输出信号仅与中心感压膜片的位移有关，与高频供电频率、电压幅值无关。

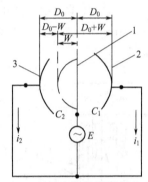

图 3-78　差动电容的测量简化电路
1—中心感压膜片；2—正压侧弧形电极；
3—负压侧弧形电极

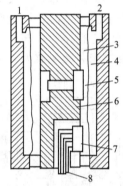

图 3-79　测量部件结构
1—负压导压口；2—正压导压口；3—硅油；
4—隔离膜片；5—硅杯；6—支座；
7—玻璃密封；8—引线

（3）扩散硅式差压变送器

扩散硅式差压变送器采用硅杯压阻传感器为敏感元件，同样具有体积小、重量轻、结构简单和稳定性好的优点，精度也较高。测量部件如图 3-79 所示。

敏感元件由两片研磨后胶合成杯状的硅片组成，即图中的硅杯。当硅杯受压时，压阻效应使其上的应变电阻阻值发生变化，从而使由这些电阻组成的电桥产生不平衡电压。硅杯两面浸在硅油中，硅油和被测介质之间用金属隔离膜片分开。当被测差压输入到测量室内作用于隔离膜片上时，膜片将驱使硅油移动，并把压力传递给硅杯压阻传感器。于是传感器上的不平衡电桥就有电压信号输出给放大器，经放大处理输出 4～20mA 直流电流信号。

3.8.4　智能变送器

为适应现场总线控制系统的要求，近年来出现了采用微处理器和先进传感器技术的智能变送器，有智能温度变送器、智能压力变送器、智能差压变送器等。智能变送器可以输出数字和模拟两种信号，其精度、稳定性和可靠性均比模拟式变送器优越，并且可以通过现场总线网络与上位计算机相连。智能变送器具有以下特点：

① 测量精度高，基本误差仅为 $\pm 0.1\%$，而且性能稳定、可靠；

② 具有较宽的零点迁移范围和较大的量程比；

③ 具有温度、静压补偿功能（差压变送器）和非线性校正能力（温度变送器），以保证仪表精度；

④ 具有数字、模拟两种输出方式，能够实现双向数据通讯；

⑤ 通过现场通讯器能对变送器进行远程组态调零、调量程和自诊断，维护和使用十分方便。

从整体上看，智能变送器由硬件和软件两大部分组成。硬件部分包括微处理器电路、输入输出电路、人-机联系部件等；软件部分包括系统程序和用户程序。不同厂家或不同品种的智能变送器的组成基本相似，只是在器件类型、电路形式、程序编码和软件功能上有所差异。

从电路结构看，智能变送器包括传感器部件和电子部件两部分。传感器部件视变送器的设计原理或功能而异，例如有的采用半导体单晶硅制成差压敏感元件，有的采用电容式传感器。变送器电子部件均由微处理器、A/D 转换器、D/A 转换器等组成。各种产品在电路结构上也各具特色。

（1）STT3000 智能温度变送器

STT3000 是两线制变送器，它将输入温度信号线性地转换成 4～20mA 直流电流，同时可输出数字信号。该变送器可以配接多种标准热电偶或热电阻，也可以输入毫伏或电阻信号。

① 工作原理　STT3000 温度变送器原理见图 3-80。来自热电偶的毫伏信号（或热电阻的电阻信号）经输入处理、放大和 A/D 转换后，送入输入、输出微处理器，分别进行线性化运算和量程变换，然后通过 D/A 转换和放大后输出 4～20mA 直流电流或数字信号。

图 3-80 中 CJC 为热电偶冷端补偿电路，PSU 为电源部件，端子⑤、⑥的作用是：当两端子连接时，故障情况下输出至上限值（21.8mA）；端子断开时故障情况下输出至下限值。

由于变送器内存储了测温元件的特性曲线，可通过微处理器对元件的非线性进行校正；而且电路的输入、输出部分用光电耦合器隔离，因而保证了仪表的精度和运行可靠性。

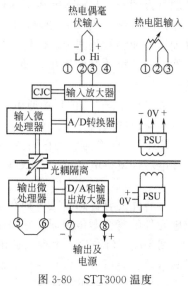

图 3-80　STT3000 温度变送器原理框图

② 通讯和组态　将现场通讯器（数据设定器）SFC 接到变送器的输出信号线上，就可以进行人/机通讯，通过 SFC 对变送器进行组态、诊断和校验。

组态内容包括变送器编号、测温元件输入类型、输出形式、测量范围的上限值和下限值、工程单位的选择等。

在 SFC 上可以显示被测温度值和其他参数，校验变送器的零点和量程。若变送器或通讯过程出现故障，则会给出关于故障情况的详细信息。

（2）ST3000 差压变送器

ST3000 差压变送器是国内有关工厂引进霍尼韦尔公司技术生产的二线制变送器。它将输入的差压信号转换成 4～20mA 直流电流或数字信号输出。有标准型、单法兰型、远传双法兰型和高静压型等几类。

① 工作原理　ST3000 工作原理见图 3-81。在受压部分，被测差压通过隔离膜片由填充液传递到复合传感器，使传感器的阻值发生变化，这一变化由不平衡电桥检测，经 A/D 转

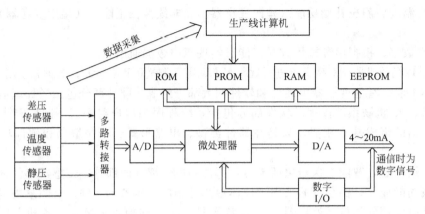

图 3-81　ST3000 差压变送器原理框图

换送入变送部分。与此同时，复合传感器上的两种辅助传感器（温度传感器和静压传感器）检测出环境温度和静压参数，也经 A/D 转换送入变送部分。三种数字信号经微处理器运算处理后得到一个与输入差压对应的 4～20mA 直流电流或数字信号，作为变送器的输出。

PROM 中存有每台变送器的差压、温度和静压特性参数，存有变送器的输入输出特性、机种型号和测量范围等。微处理器利用 PROM 中的信息，可使变送部分产生精度高、温度特性和静压特性好的输出，使变送器实现温度、静压补偿，提高了测量精度，拓宽了量程范围。

RAM 用来存储由现场通讯器 SFC 设定的变送器各个参数，如编号、测量范围、线性/平方根输出的选定、零点和量程校准、阻尼时间常数等。

EEPROM 作为后备存储器。它在仪表工作时存储着与 RAM 中同样的数据。当仪表因故停电后恢复供电时，EEPROM 中的数据会自动传递到 RAM。因此该变送器不需要后备电池。

半导体复合传感器是一种在单个芯片上形成差压测量用、温度测量用和静压测量用三种敏感元件的复合型传感器。它采用近于理想弹性体的单晶硅，故性能稳定，重现性好。

② 组态（设定）　由现场通讯器对变送器进行组态，输入变送器编号、输出形式、阻尼时间常数、差压（压力）单位、测量范围等。

（3）3051C 差压变送器

3051C 差压变送器是国内引进费希尔-罗斯蒙特公司技术而生产的另一种二线制变送器，它将输入的差压信号转换成 4～20mA 直流电流或数字信号输出。

① 工作原理　图 3-82 是差压变送器原理框图。该变送器采用高精度电容式传感器，电容式传感器的输出信号与被测差压的大小成比例关系，它经过 A/D 转换和微机处理后得到一个与输入差压对应的 4～20mA 直流电流或数字信号作为变送器的输出。

② 结构和配线　传感器组件中的电容室采用激光焊封。机械部件和电子组件同外界隔离，既消除了静压的影响，也保证了电子线路的绝缘性能。同时检测温度值，以补偿热效应，提高测量精度。

变送器的电子部件安装在一块电路板上，使用专用集成电路（ASIC）和表面封装技术。微处理器完成传感器的线性化、温度补偿、数字通信、自诊断等功能，它输出的数字信号叠加在由 D/A 输出的 4～20mA 直流电流信号线上。通过数据设定器或任何支持 HART 通讯协议的上位设备可读出此数字信号。

3051C 变送器的配线如图 3-83 所示。数据设定器可以接在信号回路的任一端点，读取

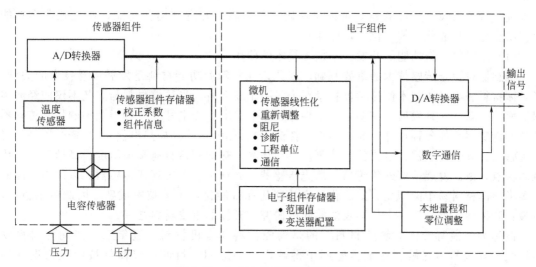

图 3-82　3051C 差压变送器原理框图

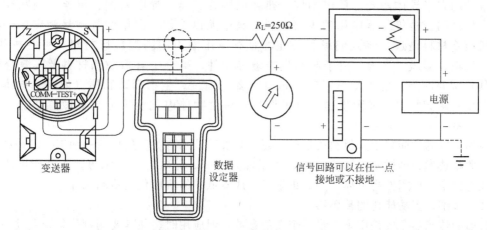

图 3-83　3051C 变送器配线原理图

变送器输出数字信号，并对变送器进行组态。

③ 组态　对 3051C 变送器的组态可以通过数据设定器或任何支持 HART 通讯协议的上位设备来完成。组态包括两部分：第一部分为变送器操作参数的设定，例如线性或平方根输出、阻尼时间、工程单位的选择；第二部分为变送器的物理和初始信息，例如日期、描述符、标签、法兰材质、隔离膜片材质等。

3.9　现代传感器技术的发展

随着工业技术的发展，对检测技术的核心环节——传感器提出了越来越高的要求。现代传感器要具有极高的精度、极宽的测量范围、极高的可靠性等。

虽然传感器一般较小，但是它的涉及面却非常广。传感器利用的原理包括了各种物理效应、化学反应、生物功能等。它们采用的材料包括了黑色金属、有色金属、稀土金属、工程塑料、半导体材料、陶瓷材料、高分子材料以及各种特殊材料（如压电材料、热电材料、恒弹性材料、高磁导率材料等）。传感器工艺也包括了机械加工、电加工、化学加工、光学加工以及各种特殊工艺。

现代传感器技术发展的显著特征是：研究新材料，开发利用新功能，使传感器多功能化、微型化、集成化、数字化、智能化。

（1）新材料、新功能的开发，新加工技术的使用

传感器材料是传感技术的重要基础。因此，开发新型功能材料是发展传感技术的关键。半导体材料和半导体技术使传感器技术跃上了一个新台阶。半导体材料与工艺不仅使经典传感器焕然一新，而且发展了许多基于半导体材料的热电、光电特性及种类众多的化学传感器等新型传感器。如各种红外、光电器件（探测器）、热电器件（如热电偶）、热释电器件、气体传感器、离子传感器、生物传感器等。半导体光、热探测器具有高灵敏度、高精度、非接触的特点，由此发展了红外传感器、激光传感器、光纤传感器等现代传感器。以硅为基体的许多半导体材料易于微型化、集成化、多功能化和智能化，工艺技术成熟，因此应用最广，也最具开拓性，是今后一个相当长的时间内研究和开发的重要材料之一。

被称为"最有希望的敏感材料"的是陶瓷材料和有机材料。近年来功能陶瓷材料发展很快，在气敏、热敏、光敏传感器中得到广泛的应用。目前已经能够按照人为设计的配方，制造出所要求性能的功能材料。陶瓷敏感材料种类繁多，应用广泛，极有发展潜力，常用的有半导体陶瓷、压电陶瓷、热释电陶瓷、离子导电陶瓷、超导陶瓷和铁氧体等。半导体陶瓷是传感器应用的主要材料，其中尤以热敏、湿敏和气敏最为突出。高分子有机敏感材料是近几年人们极为关注的具有应用潜力的新型敏感材料，可制成热敏、光敏、气敏、湿敏、力敏、离子敏和生物敏等元件。高分子有机敏感材料及其复合材料将以其独特的性能在各类敏感材料中占有重要的地位。生物活性物质（如酶、抗体、激素）和生物敏感材料（如微生物、组织切片）对生物体内化学成分具有敏感功能，且噪声低、选择性好，灵敏度高。

检测元件的性能除由其材料决定外，还与其加工技术有关，采用新的加工技术，如集成技术、薄膜技术、硅微机械加工技术、离子注入技术、静电封接技术等，能制作出质地均匀、性能稳定、可靠性高、体积小、重量轻、成本低、易集成化的检测元件。

（2）多维、多功能化的传感器

目前的传感器主要是用来测量一个点的参数，但应用时往往需要测量一条线上或一个面上的参数，因此需要相应地研究二维乃至三维的传感器。将检测元件和放大电路、运算电路等利用 IC 技术制作在同一芯片或制成混合式的传感器，实现从点到一维、二维、三维空间图像的检出。在某些场合，希望能在某一点同时测得两个参数，甚至更多的参数，因此要求能有测量多参数的传感器。气体传感器在多功能方面的进步最具有代表性。例如，一种能够同时测量四种气体的多功能传感器，共有六个不同材料制成的敏感部分，它们对被测的四种气体虽均有响应，但其响应的灵敏度却有很大差别，根据其从不同敏感部分的输出差异即可测出被测气体的浓度。

（3）微型化、集成化、数字化和智能化

微电子技术的迅速发展使得传感器的微型化和集成化成为可能，而与微处理器的结合，形成新一代的智能传感器，是传感器发展的一种新的趋势。智能传感器是一种带有微处理器兼有检测信息和信息处理功能的传感器。智能传感器通常具有自校零、自标定、自校正、自补偿功能；能够自动采集数据，并对数据进行预处理；能够自动进行检验。自选量程、自寻故障；具有数据存储、记忆与信息处理功能；具有双向通讯、标准化数字输出或者符号输出功能；具有判断、决策处理功能。其主要特点是：高精度，高可靠性和高稳定性，高信噪比与高分辨力，强自适应性以及低的价格性能比。可见，智能化是现代化新型传感器的一个必然发展趋势。

思考题与习题 3

3-1 如何根据待测工艺变量的要求来选择仪表的量程和精度？现欲测往复泵出口压力（约 1.2MPa），工艺要求 ±0.05MPa，就地指示。可供选择的弹簧管压力表的精度为：1.0，1.5，2.5，4.0 级，量程为 0～1.6，0～2.5，0～4.0MPa。试选择压力表的量程和精度。

3-2 某一标尺为 0～500℃ 的温度计出厂前经过校验，其刻度标尺各点的测量结果值为

被校表读数/℃	0	100	200	300	400	500
标准表读数/℃	0	103	198	303	406	495

① 求出仪表最大绝对误差值；

② 确定仪表的允许误差及精度等级；

③ 经过一段时间使用后重新校验时，仪表最大绝对误差为 ±8℃，问该仪表是否还符合出厂时的精度等级？

3-3 什么是检测仪表的零点调整、零点迁移和量程调整？

3-4 温度检测主要有哪些方法？叙述它们的作用原理和使用场合。

3-5 热电偶测温时，为什么要参比端温度补偿？参比端温度补偿方法有哪几种？为什么热电偶不适用于测量低温？

3-6 热电阻测温时，为什么要采用三线制接法？

3-7 用分度号 Pt50 的热电阻测温，却错查了 Cu50 的分度表，得到的温度是 150℃。问：实际温度是多少？

3-8 流量检测的方法主要有哪两大类？它们又各自包含哪些检测方法？

3-9 用节流装置测气体流量时，若气体组成、温度及压力发生变化，则示值该如何修正？

3-10 叙述各种流量计在应用上的特点和适用场合。

3-11 常用压力检测仪表有哪些？叙述各自特点。

3-12 如何选用压力表？

3-13 物位检测方法有哪些？如何选用物位检测仪表？

3-14 成分、物性检测元件分别在静态、动态特性方面有何共同之处？

3-15 温度变送器有何作用？

3-16 常用的差压变送器有哪几种？

3-17 智能变送器有什么特点？

4 显示仪表

显示仪表用于各种检测变量显示、记录，在自动化仪表中占有重要地位。按仪表的显示方式，可以分为三类。

(1) 模拟式显示仪表

检测元件和变送器将被测变量（物理量或化学量）变换成另一物理量，此物理量随被测变量作相应变化，这种变化是对被测变量的模拟，与此相配套的显示仪表称模拟式显示仪表，用标尺、指针、曲线等方法显示、记录被测变量测量值。模拟式显示仪表一般由信号变换和放大环节、磁电偏转机构（或伺服电机）及指示记录机构组成，工作可靠，价格低廉，能够满足一定的精确度要求，能够反映和记录测量值变化趋势。但是，模拟式显示仪表结构较复杂，读数不够直观，测量速度不够迅速，测量重现性不够好。

(2) 数字式显示仪表

随着脉冲数字电路的发展以及微处理技术在显示记录仪表中的应用，显示仪表产品全面由模拟式向数字式方向发展。数字式显示仪表（简称数显仪表）是直接用数字量显示或以数字形式记录打印被测变量值的仪表。它具有模/数转换器，可将被测变量转换成十进制数码，显示清晰直观，无读数视差。由于其内部没有模拟式显示仪表中所必需的机械运动结构，因此测量和显示速度、测量准确性及重现性等都有很大提高。数显仪表在数字显示的同时还可以直接输出代码，与计算机接口通讯，可直接用于生产过程计算机控制系统中。若在数显仪表内部配以数/模转换电路，则可输出模拟信号供生产过程控制器用。如再配置某种调节或控制电路就成为集测量显示与控制于一身的数字显示控制仪；配以微处理器可组成带有自诊断、自校正、非线性补偿等功能的智能化数显仪表。

数显仪表能与多种传感器配合测量显示各种工艺参数，并可进行巡回检测、越限报警及实现生产过程自动控制。由于数显仪表结构紧凑，功能齐全，可靠性强，且其价格正不断下降，因而在当今现代化生产过程中得到越来越广泛的应用。数显仪表正逐步取代模拟式显示仪表，在自动控制中起着重要作用。

(3) 屏幕显示装置

屏幕显示装置是计算机控制系统的一个组成部分。它利用计算机的快速存取能力和巨大的存储容量，几乎是同一瞬间在屏幕上显示出逐个的或成组的数据，还可以在屏幕上显示出一连串数据信息构成的曲线或图像，如炉膛内的温度分布图等。由于功能强大，使得控制室的面貌发生根本变化，过去庞大的仪表盘将大为缩小，甚至可以取消。目前屏幕显示装置主要用于集散控制系统（DCS）中。

如上所述，显示仪表种类繁多，而且发展迅速。本节主要介绍模拟式和数字式显示仪表以及当前显示仪表的发展动态。

4.1 模拟式显示仪表

工业上常用的模拟式显示仪表是自动平衡式指示记录仪表，有电子电位差计和电子自动平衡电桥两类，它们通过自动调节电位差或电阻的方法，使电位差计或电桥达到平衡，从标尺上指针的位置读得测量结果。

4.1.1 电子电位差计

电子电位差计是用来测量直流电压信号的，凡是能转换成毫伏级直流电压信号的工艺变量都能用它来测量。在以电动单元组合仪表构成的控制系统中，与温度、流量、压力、差压、成分等变送器配套后，可以显示这些被控变量。也可以与热电偶组成温度检测系统来显示温度，或与其他成分发送器组成成分检测系统显示成分。

（1）工作原理

电子电位差计是根据"电压补偿原理"工作的。下面以图 4-1 的电压测量系统说明电压补偿原理。图中 U_X 为被测电压，滑线电阻 W 与稳压电源 E 组成一闭合回路，因此流过 W 上的电流 I 是恒定的，这样就可将 W 的标尺刻成电压数值。G 为检流计。被测电压的测量方法是移动滑动触点 C，使通过检流计 G 的电流为零，这时触点 C 所指的电压值即是被测电压 U_X。因为要使检流计无电流通过，只有在已知电压 U_{CB} 等于未知电压 U_X（即被测电压）时才有可能。这种用已知电压来补偿未知电压，使测量线路的电流等于零的测量电压的方法称之为"电压补偿法"。用这种方法测量电压比较精确，因为没有电流通过测量线路，也就不存在线路电阻影响问题。

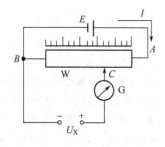

图 4-1　电压测量系统

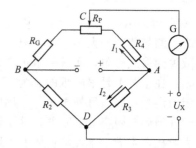

图 4-2　测量桥路原理图

在电子电位差计中，已知电压是由不平衡电桥产生，如图 4-2 所示。在此测量桥路中，是利用不平衡电桥的输出电压 U_{CD} 来补偿被测电压 U_X 的。随着被测电压的变化，滑动触点 C 的位置也相应地作向左或向右移动。当检流计 G 指示为零时滑动触点 C 不再移动，固定在某一位置上，此时 $U_{CD}=U_X$，测量桥路呈现平衡状态。C 点的位置越往右，表示被测电压值越大。

如果用电子放大器代替检流计，将直流信号 U_{CE} 变成交流信号后作为放大器的输入信号，再由放大器驱动可逆电机，通过一套机械传动机构来带动滑动触点 C，那么测量过程就可自动完成了，如图 4-3 所示。

放大器的输入电压

$$U_{CE}=U_{CD}-U_X=U_{CF}+U_{FB}-U_{DB}-U_X$$

如果测量桥路处于平衡状态，$U_{CE}=0$，则

$$U_{CF}+U_{FB}-U_{DB}-U_X=0$$

当被测电压有了增高，即 $U_X+\Delta U_X$，测量桥路就不再平衡，U_{CE} 就不等于零。放大器

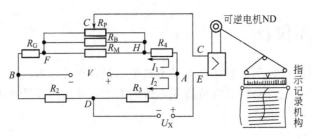

图 4-3　电子电位差计的工作情况

有了正输入电压，可逆电机 ND 做顺时针方向转动，带动滑动触点 C 向右移到适当位置，即

$$U_{CE}=(U_{CF}+\Delta U_{CF})+U_{FB}-U_{DB}-(U_X+\Delta U_X)=0$$

可逆电机带动滑动触点移动的同时，也带动指针和记录笔，指示和记录出增高后的电压值。

反之，当被测电压降低了，出现了 $U_X-\Delta U_X$，放大器有了负输入电压，可逆电机逆转，滑动触点向左移动，平衡时指示出降低后的电压值。

（2）测量桥路中各电阻的作用

测量桥路的电源电压为 1V，上支路电流 I_1 为 4mA，下支路电流 I_2 为 2mA，因此上支路总电阻值为 250Ω，下支路则为 500Ω。

① 起始电阻 R_G　当仪表指示下限值时，C 点应滑到最左端。由于仪表的下限值不一定为零，因此 R_G 大小对应着测量电压下限值。下限值增大，则需使 R_G 增大，反之，下限值减小，则需使 R_G 减小。若仪表的检测元件为热电偶，则测量下限电压不仅与起始电阻 R_G 有关，而且与热电偶种类有关。

② 量程电阻 R_M　仪表指示上限值时，C 点移到最右端。可见滑线电阻 R_P 两端电压的大小代表了测量范围的大小。如果只有一个滑线电阻 R_P，那么对于量程不同的仪表就要制造不同数值的滑线电阻，而且要求很准确，阻值又很小（几欧姆或几十欧姆），结构尺寸也要一样，这在工艺上是很困难的。为了有利于成批生产，只绕制一种规格的滑线电阻，并允许有一定的误差，因而另外再用一个固定电阻 R_B，通过选配和调整使 R_P 与 R_B 并联后得到一个比较准确而又固定的电阻值，这个数值的电阻与不同大小的 R_M 并联后，就可以得到不同的仪表量程。当 R_M 越大，它从上支路工作电流 I_1 中分得的电流越小，这时流过滑线电阻 R_P 的电流越大，仪表的量程就越大。反之，R_M 越小，仪表的量程就越小。于是将 R_M 称为量程电阻。若仪表的检测元件为热电偶，则 R_M 大小由仪表量程及热电偶分度号来决定。

③ 限流电阻 R_3 与 R_4　调整上支路限流电阻 R_4，以保证上支路电流 I_1 为规定值 4mA。调整下支路限流电阻 R_3，以保证下支路电流 I_2 为规定值 2mA。

④ 参比端温度补偿电阻 R_2　当测量电压信号时，这个电阻是定值；当检测元件是热电偶时，这个电阻起到参比端温度补偿作用。

在配用热电偶时，R_2 用铜丝绕制并安装在仪表背面接线板上，与热电偶参比端感受相同环境温度。若参比端温度变化（如温度上升）时，热电偶的热电势将会下降，而 R_2 的阻值上升，使 U_{DB} 上升，结果正好补偿由于参比端温度变化引起的热电势变化，即

$$U_{CE}=U_{CB}-(U_{DB}+\Delta U_{DB})-[E(\theta,0)-E(\theta_0,0)]=0$$

这时测量桥路仍然平衡，滑动触点并不移动，所以指示温度也不偏低。

电子电位差计的型号用 XW 系列来命名，X 表示显示仪表，W 表示直流电位差计。该系列有小型长图显示、大型长图显示、圆图显示等。

4.1.2　电子自动平衡电桥

电子自动平衡电桥对于能转换成电阻值的各种变量显示记录。它通常与热电阻配套用以测量温度，在工业上与电子电位差计一样获得广泛应用。

电子自动平衡电桥是由测量桥路、放大器、可逆电机、同步电机等主要部分组成。它与电子电位差计相比，除了感温元件和测量桥路，其他组成部分几乎完全相同，甚至整个仪表的外壳，内部结构以及大部分零件都是通用的。因此工业上通常把电子电位差计和电子自动平衡电桥统称为自动平衡显示仪表。

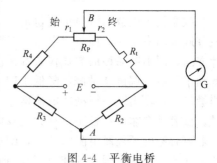

图 4-4　平衡电桥

电子自动平衡电桥的作用原理与电子电位差计是完全不同的，后者的测量桥路处于不平衡状态，其不平衡电压要与被测电压相补偿后仪表才能达到平衡，而前者的测量桥路却处于平衡状态。

图 4-4 为一具有检流计的平衡电桥。热电阻 R_t 为其中一个桥臂，R_P 为滑线电阻，触点 B 可以左右移动，如滑线电阻的刻度值为温度，则在电桥达到平衡时（即检流计 G 中的电流等于零），滑动触点 B 所指示的温度就是被测温度。

当温度在量程起点，即 R_t 值最小时，移动滑动触点 B，使检流计 G 指零，电桥达到平衡，这时触点 B 必然在滑线电阻最左端。根据电桥平衡条件，应有

$$R_3(R_{t0}+R_P)=R_2R_4$$

当温度升高后，由于 R_t 增大，要使电桥平衡，B 点必然右移，这时

$$R_3(R_{t0}+\Delta R_t+R_P-r_1)=R_2(R_4+r_1)$$

上面两式相减并经整理可得

$$r_1=\frac{R_3}{R_2+R_3}\Delta R_t$$

r_1 与 ΔR_t 成正比关系，即滑动触点 B 的位置反映了电阻的变化，也反映了温度的变化。

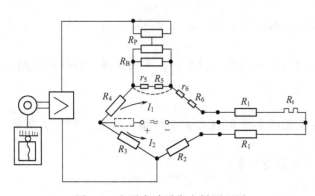

图 4-5　电子自动平衡电桥原理图

如果将检流计换成电子放大器，利用放大后的不平衡电压去驱动可逆电机，使可逆电机带动滑动触点 B 以达到电桥平衡，这就是电子自动平衡电桥的工作原理，见图 4-5。热电阻 R_t 采用三线制接法，规定每根导线电阻是 2.5Ω。R_P 为滑线电阻，R_P 与 R_B 并联后的电阻值为 90Ω，R_5 为量程电阻，R_6 为调整仪表起始刻度的电阻。当测量温度在量程起点时调整 R_6，使滑动触点移到滑线电阻最左端；当测量温度在量程终点时调整 R_5，使滑动触点移到滑线电阻最右端。R_4 为限流电阻，它决定了上支路电流的 I_1 大小。

目前我国生产的电子自动平衡电桥根据输出的不平衡电压是交流电还是直流电形式分为 XD 系列（交流平衡电桥）和 XQ 系列（直流平衡电桥）两种。

模拟式显示仪表除了上述自动平衡式以外，还有动圈式、光柱式等。动圈式显示仪表采用灵敏度较高的磁电系测量机构将被测信号转换为指针的角位移，其输入信号可以是直流毫

伏信号，也可以将其他信号转换成毫伏信号后再显示。动圈式显示仪表发展较早，虽然目前还在使用，但已经口趋淘汰。光柱式显示仪表将输入信号通过由许多发光二极管组成的光柱显示，非常醒目，通常再配上报警装置构成显示报警器。

4.2 数字式显示仪表

数显仪表用数码管显示测量值或偏差值，清晰直观，读数方便，不会产生视差。数显仪表普遍采用中、大规模集成电路，线路简单，可靠性好，耐振性强。由于仪表采用模块化设计方法，即不同品种的数显仪表都是由为数不多的、功能分离的模块化电路组合而成，因此有利于制造、调试和维修，降低生产成本。数显仪表品种繁多，配接灵活，可输入多种类型测量信号，输出统一标准的电流信号（0～10mA 直流电流或 4～20mA 直流电流）和报警信号。仪表具有非线性校正及开方运算电路，配接热电偶测温时具有冷端温度补偿功能，配接热电阻时考虑了外线电阻的补偿，配接差压变送器测流量时可直接显示流量值。仪表外形尺寸和开孔尺寸均按国家标准或国际 IEC 标准设计。

4.2.1 数显仪表的分类

数显仪表的品种规格已趋于齐全，分类方法较多。

① 按仪表功能划分，可分为显示型、显示报警型、显示调节型和巡回检测型四种。

② 按输入信号形式划分，可分为电压型和频率型两类。所谓电压型是指输入信号是电压或电流，而频率型是指输入信号是频率、脉冲或开关信号。

③ 按输入信号的点数划分，可分为单点和多点两种。

④ 按显示位数划分，可分为 3 位半和 4 位半等多种。所谓有半位的显示，是指最高位是 1 或为 0。

⑤ 按测量速率划分，可分为低速型（每秒钟测量零点几次到几次）、中速型（每秒钟测量十几次到几百次）和高速型（每秒钟测量千次以上）。

4.2.2 数显仪表的主要技术指标

① 显示方式　一般采用 3 位半或 4 位半数码管显示，最大读数范围是 -1999～$+1999$（计量单位任选）。

② 分辨率　仪表末位数改变 1 个字时所代表的输入信号值，表明仪表所能显示被测参数的最小变化量。

③ 精度等级　0.5 级或 0.2 级。

④ 输入阻抗　输入阻抗是指仪表在工作状态下呈现在仪表两输入端之间的等效阻抗，一般在 10MΩ 以上。

此外还有采样速度、干扰抑制系数等其他技术指标。

4.2.3 数显仪表的基本组成

尽管数显仪表品种繁多，结构各不相同，但基本组成相似。数显仪表通常包括信号变换、前置放大、非线性校正或开方运算、模数（A/D）转换、标度变换、数字显示、电压电流（V/I）转换及各种调节电路等部分，其构成原理如图 4-6 所示。

（1）信号变换电路

将生产过程中的工艺变量经过检测变送后的信号，转换成相应的电压或电流值。由于输入信号不同，可能是热电偶的热电势信号，也可能是热电阻信号等，因此数显仪表有多种信号变换电路模块供选择，以便与不同类型的输入信号配接。在配接热电偶时还有参比端温度自动补偿功能。

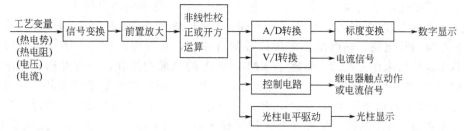

图 4-6　数显仪表组成结构

（2）前置放大电路

输入信号往往很小（如热电势信号是毫伏信号），必须经前置放大电路放大至伏级电压幅度，才能供线性化电路或 A/D 转换电路工作。有时输入信号夹带测量噪音（干扰信号），因此也可以在前置放大电路中加上一些滤波电路，抑制干扰影响。

（3）非线性校正或开方运算电路

许多检测元件（如热电偶、热电阻）具有非线性特性，须将信号经过非线性校正电路的处理后成线性特性，以提高仪表测量精度。

例如在与热电偶配套测温时热电势与温度是非线性关系，通过非线性校正，使得温度与显示值变化成线性关系。

开方运算电路的作用是将来自差压变送器的差压信号转换成流量值。

（4）模数转换电路（A/D 转换）

数显仪表的输入信号多数为连续变化的模拟量，须经 A/D 转换电路将模拟量转换成断续变化的数字量，再加以驱动，点燃数码管进行数字显示。因此 A/D 转换是数显仪表的核心。

A/D 转换是把在时间上和数值上均连续变化的模拟量变换成为一种断续变化的脉冲数字量。A/D 转换电路品种较多，常见的有双积分型、脉冲宽度调制型、电压频率转换型和逐次比较型。前三种属于间接型，即首先将模拟量转换成某一个中间量（时间间隔 T 或频率 F），再将中间量转换成数字量，抗干扰能力较强。而逐次比较型属于直接型，即直接将模拟量转换成数字量。数显仪表大多使用间接型。

（5）标度变换电路

其作用是对被测信号进行量纲换算，使仪表能以工程量值形式显示被测参数大小。通常经过非线性校正的被测量与显示的工程量之间存在一定比例关系，将测量值乘上某个系数后才能使显示值与实际测量值相符。

（6）数字显示电路及光柱电平驱动电路

数字显示方法很多，常用的有发光二极管显示器（LED）和液晶显示器（LCD）等。光柱电平驱动电路是将测量信号与一组基准值比较，驱动一列半导体发光管，使被测值以光柱高度或长度形式进行显示。

（7）V/I 转换电路

将电压信号转换成 0～10mA 直流电流或 4～20mA 直流电流标准信号，以便使数显仪表可与电动单元组合仪表、可编程控制器或计算机等连用。

（8）控制电路

带有控制功能的数显仪表中配有控制电路，根据偏差信号按 PID 控制规律或其他控制规律进行控制，输出控制信号。

对于具体仪表，其组成部分可以是上述电路模块的全部或部分组合，且有些模块位置可以互换。正因如此，才组成了功能、型号各不相同、种类繁多的数显仪表。

常见的数显仪表有多种，如 XMZ 系列、XMT 系列、DR 系列、AH 系列等。其中 XMZ-100A 可与热电偶、热电阻、差压计等配合使用，将温度、压力、流量、液位等参数以数字形式显示出来；XMZ-100B 除了 XMZ-100A 的全部功能外，还有变送、输出和报警功能。XMT 系列以微处理器（CPU）为核心，除具有一般的数字显示功能外，还具有多种控制功能。DR 系列除具有数字显示功能外，还有通过 CPU 电路控制多点测量切换显示、数据打印等功能。AH 系列多量程混合式记录仪表具有数字显示、笔式和打点式模拟记录、数字量打印记录、多路显示、越限报警等功能。这些仪表都具有数字式显示记录仪表一般特点。

4.3 新型显示仪表

当前的显示仪表是涉及微处理技术、新型显示技术、记录技术、数据存储技术和控制技术，把信号检测处理、显示、记录、数据储存、通讯、控制、复杂数学运算等多个或全部功能集合于一体的新型仪表，使用方便，观察直观，功能丰富，可靠性高。

4.3.1 显示仪表发展动态

（1）显示和记录方式

显示方式多种多样，除了传统的指针式外，有液晶（LCD）、发光二极管（LED）、荧光数码管，有荧光带，还有彩色 CRT 显示器、超薄型（TFT）VGA 彩色液晶显示器等。

记录方式有在纤维记录纸上记录，有热敏头在热敏纸上记录，有彩色色带打印方式记录，还有通过 ICRAM 卡、磁盘等电子方式数据存储记录。现在一台显示记录仪上往往包含两种或两种以上记录方式，满足不同需要。

（2）输入信号、输入通道和记录通道

输入信号通用性加强，几乎国内外所有带微处理器的显示记录仪表都能同时直接接受来自现场的检测元件（传感器）和变送器信号，如各种热电偶、热电阻信号。热电偶、热电阻信号量程范围可以任意设定；直流电压信号量程从 $\pm 1 \sim \pm 100$mV，直流电流信号量程从 $1 \sim 500$mA。

各种显示记录仪表都有多输入、多记录通道供选用。小型长图显示记录仪（面板尺寸 144mm×144mm）有全部隔离输入 1～4 个通道显示，笔式连续模拟曲线记录及数字记录；有 6 通道全部隔离输入，6 色打点曲线和数字记录。中型长图显示记录仪（面板尺寸 288mm×288mm）最多可有 32 个隔离通道输入、12 个通道连续模拟记录曲线。大型长图显示记录仪（面板尺寸 360mm×288mm）最多可有 96 个隔离通道输入、45 个通道同时模拟打印曲线记录。大、中型圆图显示记录仪最多可有 4 个全部隔离通道输入和显示记录。

不管笔式连续记录还是打点记录，响应时间都很快。

（3）测量精度和采样周期

测量精度高，采样周期快。测量精度有些已经达到 0.05 级，一般也达到 0.1 级和 0.2 级。记录精度有些达到 0.1 级，一般都达到 0.25 级和 0.5 级。所有通道采样一次所需时间最短为 0.1s（6 通道以内）和 1s（6 通道以上）。

（4）运算功能

普遍具有加、减、乘、除、比率、平方根、通道/分组平均、计算质量流量、蒸汽流量等几十种运算功能，还有非线性处理、自动校正、自动判别诊断功能。

（5）报警、控制功能

根据需要组态配置报警功能，有绝对高/低值、偏差、变化率增/减、数字状态等报警。报警时面板指示，记录纸上或电子数据存储器中记录报警信息；还可附加多组继电器输出报警状态。

带微处理器的显示仪表通过软件实现控制功能。除了常规的位式控制和 PID 控制规律外，已有把程序控制、PID 自整定、自适应 PID 及专家系统都放入其中的显示仪表，其控制功能接近于数字式控制器。

（6）电子数据存储

数据可存入磁盘以便保存或日后分析使用；也可以存入 ICRAM 卡。

（7）操作

方便的人机对话窗口，屏幕菜单式或屏幕图形界面按钮操作。同时也可以通过专门手操器、上位机对显示记录仪进行参数设定、组态、校验等操作。

（8）虚拟显示仪表

采用多媒体技术，将个人计算机取代实际的显示仪表。

4.3.2　无纸记录仪

无纸记录仪是一种以 CPU 为核心、采用液晶显示的新型显示记录仪表，完全摒弃了传统记录仪的机械传动、纸张和笔。其记录信号是通过 CPU 来进行转化和保存的，记录信号可以根据需要在屏幕上放大或缩小，便于观察，并且可以将记录曲线或数据送往打印机进行打印，或送往个人计算机加以保存和进一步处理。无纸记录仪精度高，价格与一般记录仪相仿。图 4-7 是无纸记录仪结构框图。

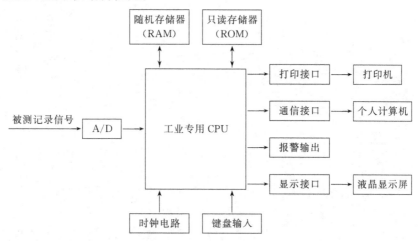

图 4-7　无纸记录仪结构框图

图 4-7 中，CPU 用来控制数据的采集、显示、打印、存储报警等；A/D 转换器将被测记录信号的模拟量转换成数字量，可以接 1～8 路模拟信号；ROM 中固化了 CPU 运行所必须的软件程序，只要记录仪上电，ROM 中程序就让 CPU 工作；RAM 中存放 CPU 处理后的历史数据，一般可以存放几个月的数据量，此外记录仪掉电时有备用电池供电，保证记录数据和组态信号不因掉电而丢失；时钟电路产生记录时间间隔、日期。

无纸记录仪有组态界面，通过 6 种组态方式，组态各个功能，包括日期、时钟、采样周期、记录点数；页面设置、记录间隔；各个输入通道量程上下限、报警上下限、开方运算设置，流量、温度、压力补偿，如果想带 PID 控制模块，可以实现 4 个 PID 控制回路；通信方式设置；显示画面选择；报警信息设置。

4.3.3 虚拟显示仪表

利用计算机强大的功能来完成显示仪表所有的工作。虚拟显示仪表硬件结构简单，仅由原有意义上的采样、模数转换电路通过输入通道插卡插入计算机即可。虚拟显示仪表显著特点是在计算机屏幕上完全模仿实际使用中的各种仪表，如仪表面盘、操作盘、接线端子等。用户通过计算机键盘、鼠标或触摸屏进行各种操作。

由于显示仪表完全被计算机所取代，除受输入通道插卡性能的限制外，其他各种性能如计算速度、计算的复杂性、精确度、稳定性、可靠性等都大大增强。此外，一台计算机中可以同时实现多台虚拟仪表，可以集中运行和显示。

思考题与习题 4

4-1 显示仪表分为几类？各有什么特点？

4-2 电子电位差计与电子自动平衡电桥工作原理是否相同？说出测温时它们各自可与哪些测温元件配套使用，以及配套测温时应注意的问题。

4-3 某台电子电位差计的标尺范围是 0～1100℃，热电偶的参比端温度为 20℃。如果不慎将热电偶短路，则电子电位差计指示值为多少？

4-4 热电阻短路或断路时，电子自动平衡电桥的指针分别指在何处？

4-5 数字式显示仪表由哪几部分组成？各部分有何作用？

4-6 无纸记录仪和虚拟显示仪表各有何特点？

5. 执行器

执行器在自动控制系统中的作用就是接收控制器输出的控制信号，改变操纵变量，使生产过程按预定要求正常进行。在生产现场，执行器直接控制工艺介质，若选型或使用不当，往往会给生产过程的自动控制带来困难。因此执行器的选择和使用是一个重要的问题。

执行器由执行机构和调节机构组成。执行机构是指根据控制器控制信号产生推力或位移的装置，调节机构是根据执行机构输出信号去改变能量或物料输送量的装置，通常指控制阀。现场有时就将执行器称为控制阀。

执行器按其能源形式可分为气动、电动和液动三大类。

液动执行器推力最大，但较笨重，现很少使用。

电动执行器的执行机构和调节机构是分开的两部分，其执行机构有角行程和直行程两种，都是以两相交流电机为动力的位置伺服机构，作用是将输入的直流电流信号线性地转换为位移量。电动执行器安全防爆性能较差，电机动作不够迅速，且在行程受阻或阀杆被轧住时电机易受损。尽管近年来电动执行器在不断改进并有扩大应用的趋势，但总体上看不及气动执行器应用得普遍。

气动执行器的执行机构和调节机构是统一的整体，其执行机构有薄膜式和活塞式两类。活塞式行程长，适用于要求有较大推力的场合，而薄膜式行程较小，只能直接带动阀杆。化工厂一般采用薄膜式。由于气动执行器有结构简单、输出推力大、动作平稳可靠、本质安全防爆等优点，因此气动薄膜控制阀在化工、炼油生产中获得了广泛的应用。气动薄膜控制阀的外形和内部结构如图 5-1 所示。

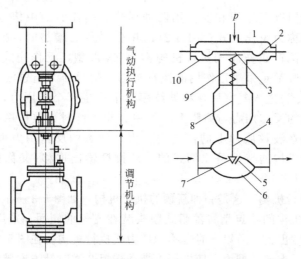

图 5-1　气动薄膜控制阀外形和内部结构

1—上盖；2—薄膜；3—托板；4—阀杆；5—阀座；6—阀体；

7—阀芯；8—推杆；9—平衡弹簧；10—下盖

气动执行器与电动执行器的执行机构不同，但控制阀是相同的。

5.1 执行机构

5.1.1 气动执行机构

（1）薄膜式

气动薄膜执行机构是最常见的执行机构，其形式有传统结构和改进结构。

① 传统型　传统的气动薄膜执行机构如图 5-2 所示。

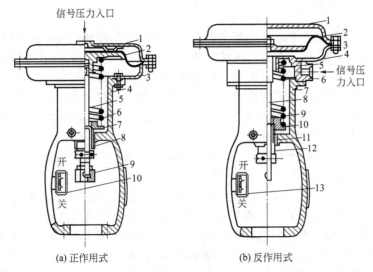

(a) 正作用式　　　　　　　(b) 反作用式

图 5-2　气动薄膜执行机构

(a) 1—上膜盖；2—波纹薄膜；3—下膜盖；4—支架；5—推杆；6—压缩弹簧；
7—弹簧座；8—调节件；9—螺母；10—行程标尺

(b) 1—上膜盖；2—波纹薄膜；3—下膜盖；4—密封膜片；5—密封环；6—填块；7—支架；
8—推杆；9—压缩弹簧；10—弹簧座；11—衬套；12—调节件；13—行程标尺

气动薄膜执行机构有正作用和反作用两种形式。图 5-2(a)中信号压力增加时，推杆向下移动，这种结构称为正作用式；图 5-2(b)中信号压力增加时，推杆向上移动，这种结构称为反作用式。国产正作用式执行机构称为 ZMA 型，反作用式执行机构称为 ZMB型。较大口径的控制阀都是采用正作用的执行机构。信号压力通过波纹膜片的上方（正作用式）或下方（反作用式）进入气室后，在波纹膜片上产生一个作用力，使推杆移动并压缩或拉伸弹簧，当弹簧的反作用力与薄膜上的作用力相平衡时，推杆稳定在一个新的位置。信号压力越大，作用在波纹膜片上的作用力越大，弹簧的反作用力也越大，即推杆的位移量越大。这种执行机构的特性是比例式的，即推杆输出位移（又称行程）与输入气压信号成正比。

② 侧装式气动执行机构　这是一种新颖的执行机构，如图 5-3 所示。

侧装式气动执行机构的特点是将薄膜式膜头装在支架的侧面，采用杠杆传动把力矩放大，扩大执行机构的输出力，所以有时也称为增力式执行机构。在图 5-3(a)中，当气压信号输入气室后，产生水平方向的推力，使推杆 1 带动摇板 2 逆时针方向转动，再通过连接板 3 使连杆 4 带动阀芯向下移动，是正作用式；在图 5-3(b)中，连接板连在摇板 2 的右侧，当气压信号输入气室后，连杆 4 带动阀芯向上移动，是反作用式。

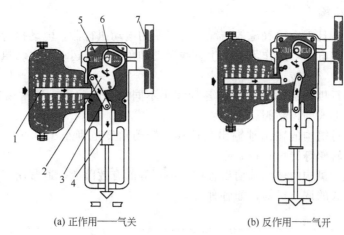

(a) 正作用——气关　　　　　(b) 反作用——气开

图 5-3　侧装式气动执行机构

1—推杆；2—摇板；3—连接板；4—连杆；5—丝杆；6—滑块；7—手轮

③ 轻型气动执行机构　轻型气动执行机构在结构上采用多根弹簧，弹簧都内装在薄膜气室中，具有结构紧凑、重量轻、高度降低、动作可靠、输出推力大等特点。图 5-4 采用双重弹簧结构，把大弹簧套在小弹簧外，两个弹簧的工作高度相同，刚度却不同，但总刚度是两个弹簧的刚度之和。这样就能降低整个执行机构的总高度，使结构更加紧凑。

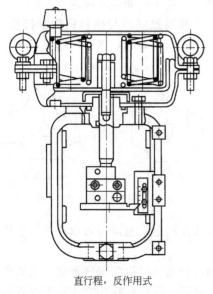

直行程，反作用式

图 5-4　采用双重弹簧的轻型执行机构

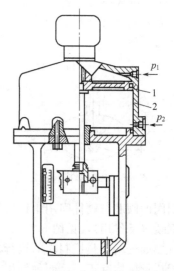

图 5-5　活塞式执行机构结构图

1—活塞；2—气缸

（2）活塞式

活塞式执行机构属于强力气动执行机构，结构如图 5-5 所示。其气缸允许操作压力高达 0.5MPa，且无弹簧抵消推力，因此输出推力很大，特别适用于高静压、高压差、大口径场合。它的输出特性有两位式和比例式。两位式是根据活塞两侧操作压力的大小而动作，活塞由高压侧推向低压侧，使推杆从一个极端位置移动到另一个极端位置，其行程达25～100mm，适用于双位控制系统；比例式是指推杆的行程与输入压力信号成比例关系，必须带有阀门定位器，它适用于控制质量要求较高的系统。

5.1.2 电动执行机构

在防爆要求不高且无合适气源的情况下可以使用电动执行器。电动执行机构都是由电动机带动减速装置,在电信号的作用下产生直线运动和角度旋转运动。电动执行机构一般可以分为直行程、角行程、多转式三种。

直行程电动执行机构的输出轴输出各种大小不同的直线位移,通常用来推动单座、双座、三通、套筒等形式的控制阀。

角行程电动执行机构的输出轴输出角位移,转动角度范围小于360°,通常用来推动蝶阀、球阀、偏心旋转阀等转角式控制阀。

多转式电动执行机构的输出轴输出各种大小不等的有效圈数,通常用于推动闸阀或由执行电动机带动旋转式的调节机构,如各种泵等。

5.2 控制阀

5.2.1 控制阀结构

从流体力学观点看,控制阀是一个局部阻力可以改变的节流元件,其结构如图 5-6 所示。

由于阀芯在阀体内移动,改变了阀芯与阀座间的流通面积,即改变了阀的阻力系数,操纵变量(调节介质)的流量也就相应地改变,从而达到控制工艺变量的目的。

图 5-6 为最常用的直通双座控制阀,控制阀阀杆上端通过螺母与执行机构推杆相连接,推杆带动阀杆及阀杆下端的阀芯上下移动,流体从左侧进入控制阀,然后经阀芯与阀座之间的间隙从右侧流出。

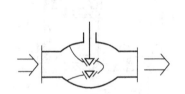

图 5-6　控制阀机构示意

(a) 正作用

(b) 反作用

图 5-7　控制阀的正反作用

控制阀的阀芯与阀杆间用销钉连接,这种连接形式使阀芯根据需要可以正装(正作用),也可以倒装(反作用),见图 5-7。

执行器如气动薄膜控制阀的执行机构和调节机构组合起来可以实现气开和气关式两种调节。由于执行机构有正、反两种作用方式,控制阀也有正、反两种作用方式,因此就可以有四种组合方式组成气开或气关型式,见图 5-8 和表 5-1。气开式是输入气压越高时开度越大,而在失气时则全关,故称 FC 型;气关式是输入气压越高时开度越小,而在失气时则全开,故称 FO 型。

表 5-1　气动控制阀气开、气关组合方式表

序　号	执行机构	阀　体	控　制　阀
(a)	正	正	气关
(b)	正	反	气开
(c)	反	正	气开
(d)	反	反	气关

对于双座阀和公称通径 DN25 以上的单座阀，推荐使用图 5-8(a)、(b) 两种形式。对于单导向阀芯的高压阀、角型控制阀、DN25 以下的直通单座阀、隔膜阀等由于阀体限制阀芯只能正装，可采用图 5-8 (a)、(c) 组合形式。

一般情况下阀体材料采用铸铁，特殊情况下，如遇到高温、低温、高压、腐蚀性等介质时，目前除用铸钢、不锈钢等材料外，各种特殊合金钢例如哈氏 C，Lewmet55，高分子材料也获得广泛的应用。

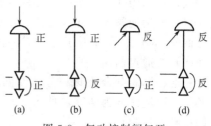

图 5-8　气动控制阀气开、气关组合方式图

控制阀中介质与外界的密封，一般用填料函来实现，但在遇到剧毒、易挥发等介质时，可以用波纹管密封。

5.2.2　控制阀类型

根据不同的使用要求，控制阀有许多类型，这里仅介绍其中的几种。

（1）直通单座控制阀

直通单座控制阀的结构如图 5-9 所示。阀体内有一个阀芯和阀座，流体从左侧进入经阀芯从右侧流出。由于只有一个阀芯和阀座，容易关闭，因此泄漏量小，但阀芯所受到流体作用的不平衡推力较大，尤其是在高压差、大口径时。直通单座控制阀适用于压差较小、要求泄漏量较小的场合。

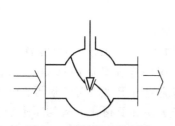

图 5-9　直通单座控制阀

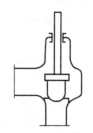

图 5-10　角型阀

（2）直通双座控制阀

直通双座控制阀的结构如图 5-6 所示，阀体内有两个阀芯和阀座，流体从左侧进入，经过上下阀芯汇合在一起从右侧流出。它与同口径的单座阀相比，流量系数增大 20% 左右，但泄漏量大，而不平衡推力小。直通双座控制阀适用于阀两端压差较大、对泄漏量要求不高的场合，但由于流路复杂而不适用于高黏度和带有固体颗粒的液体。

（3）角型控制阀

角型控制阀除阀体为直角外，其他结构与单座阀相类似，如图 5-10 所示。角型阀流向一般都是底进侧出，此时它的稳定性较好，然而在高压差场合为了延长阀芯使用寿命而改用侧进底出的流向，但它容易发生振荡。角型控制阀流路简单，阻力小，不易堵塞，适用于高压差、高黏度、含有悬浮物和颗粒物质流体的控制。

（4）隔膜控制阀

隔膜控制阀用耐腐蚀衬里的阀体和耐腐蚀隔膜代替阀芯阀座组件，由隔膜位移起控制作用，如图 5-11 所示。隔膜控制阀耐腐

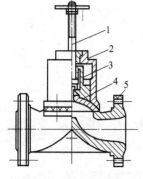

图 5-11　隔膜控制阀
1—阀杆；2—阀盖；3—阀芯；
4—隔膜；5—阀体

蚀性强，适用于强酸、强碱等强腐蚀性介质的控制。它的结构简单，流路阻力小，流量系数较同口径的其他阀大，无泄漏量。但由于隔膜和衬里的限制，耐压、耐温较低，一般只能在压力低于 1MPa、温度低于 150 ℃的情况下使用。

（5）三通控制阀

三通控制阀分合流阀和分流阀两种类型，前者是两路流体混合为一路，见图 5-12（a），后者是一路流体分为两路，见图 5-12（b）。在阀芯移动时，总的流量可以不变，但两路流量比例得到了控制。

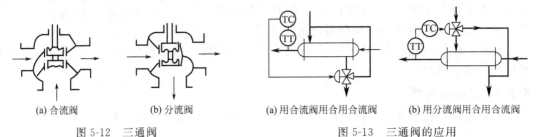

（a）合流阀　　　　（b）分流阀

图 5-12　三通阀

（a）用合流阀用合用合流阀　　（b）用分流阀用合用合流阀

图 5-13　三通阀的应用

三通阀最常用于换热器的旁路控制，工艺要求载热体的总量不能改变的情况，见图 5-13。一般用分流阀或合流阀都可以，只是安装位置不同而已，分流阀在进口，合流阀在出口。此外，在采用合流阀时，如果两路流体温度相差过大，会造成较大的热应力，因此温差通常不能超过 150℃。

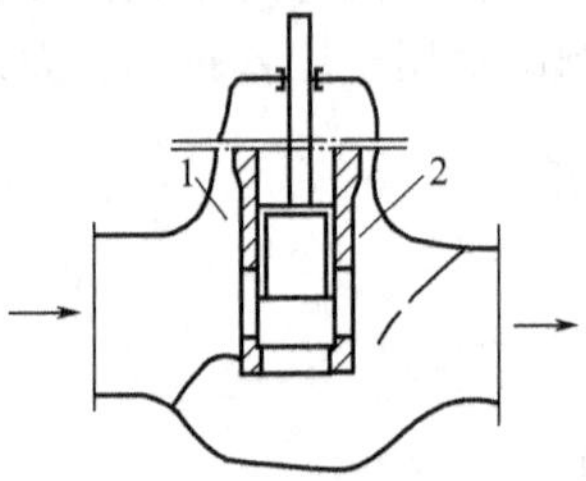

（6）套筒型控制阀

套筒型控制阀如图 5-14 所示。它的结构特点是在单座阀体内装有一个套筒，阀塞能在套筒内移动。当阀塞上下移动时，改变了套筒开孔的流通面积，从而控制调节介质流量。

图 5-14　套筒阀

1—阀塞；2—套筒

它的主要特点是：由于阀塞上有均压平衡孔，不平衡推力小，稳定性很高且噪音小。因此适用于高压差、低噪声等场合，但不宜用于高温、高黏度、含颗粒和结晶的介质控制。

5.3　气动薄膜控制阀的流量特性

控制阀的流量特性是指流过阀门的调节介质的相对流量与阀杆的相对行程（即阀门的相对开度）之间的关系。其数学表达式为

$$\frac{q}{q_{\max}} = f\left(\frac{l}{l_{\max}}\right) \tag{5-1}$$

或写成

$$Q = f(L)$$

其中

$$Q = \frac{q}{q_{\max}}, \ L = \frac{l}{l_{\max}}$$

式中，$q/q_{\max}$ 表示控制阀某一开度的流量与全开时流量之比，称为相对流量；$l/l_{\max}$ 表示控制阀某一开度下阀杆行程与全开时阀杆全行程之比，称为相对开度。

流量特性通常用两种形式来表示：

① 理想特性，即在阀的前后压差固定的条件下，流量与阀杆位移之间的关系，它完全取决于阀的结构参数；

② 工作特性，是指在工作条件下，阀门两端压差变化时，流量与阀杆位移之间的关系。

阀门是整个管路系统中的一部分。在不同流量下，管路系统的阻力不一样，因此分配给阀门的压降也不同。工作特性不仅取决于阀本身的结构参数，也与配管情况有关。

为了便于分析，先假定阀的前后压差不变，然后再引申到工作情况进行分析。

5.3.1　理想流量特性

控制阀的前后压差保持不变时得到的流量特性称为理想流量特性，阀门制造厂提供的就是这种特性。理想流量特性主要有线性、对数（等百分比）及快开三种。这三种特性完全取决于阀芯的形状，不同的阀芯曲面可得到不同的理想流量特性，如图 5-15 所示。

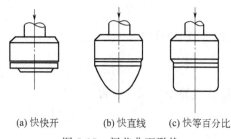

(a) 快快开　　(b) 快直线　　(c) 快等百分比

图 5-15　阀芯曲面形状

（1）线性流量特性

线性流量特性是指控制阀的相对流量与相对开度成直线关系，即阀杆单位行程变化所引起的流量变化是常数。其数学表达式为

$$\frac{d\left(\dfrac{q}{q_{max}}\right)}{d\left(\dfrac{l}{l_{max}}\right)}=k \tag{5-2}$$

将式（5-2）积分得

$$\frac{q}{q_{max}}=k\frac{l}{l_{max}}+C \tag{5-3}$$

式中，C 为积分常数。根据已知边界条件，$l=0$ 时，$q=q_{min}$；$l=l_{max}$ 时，$q=q_{max}$，可解得 $C=q_{min}/q_{max}$，$k=1-C=1-(1/R)$，其中 R 为控制阀所能控制的最大流量 q_{max} 与最小流量 q_{min} 之比，称为控制阀的可调比（可调范围），它反映了控制阀调节能力的大小。国产控制阀的可调比为 $R=30$。将 k 和 C 值代入式（5-3）可得

$$\frac{q}{q_{max}}=\left(1-\frac{1}{R}\right)\frac{l}{l_{max}}+\frac{1}{R} \tag{5-4}$$

式（5-4）表明流过阀门的相对流量与阀杆相对行程是直线关系。当 $l/l_{max}=100\%$ 时，$q/q_{max}=100\%$；当 $l/l_{max}=0$ 时，流量 $q/q_{max}=3.3\%$，它反映出控制阀的最小流量 q_{min} 是其所能控制的最小流量，而不是控制阀全关时的泄漏量。线性控制阀流量特性见图 5-16 中直线 1。

线性控制阀的放大系数 K_v 是一个常数，不论阀杆原来在什么位置，只要阀杆作相同的变化，流量的数值也作相同的变化。可见线性控制阀在开度较小时流量相对变化值大，这时灵敏度过高，控制作用过强，容易产生振荡，对控制不利；在开度较大时流量相对变化值小，这时灵敏度又太小，控制缓慢，削弱了控制作用。因此线性控制阀当工作在小开度或大开度情况下，控制性能都较差，不宜用

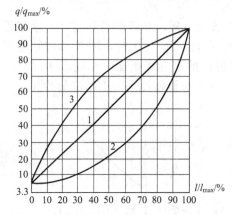

图 5-16　控制阀的理想流量特性（$R=30$）
1—线性；2—对数（等百分比）；3—快开

于负荷变化大的场合。

（2）对数流量特性（等百分比流量特性）

对数流量特性是指单位行程变化所引起的相对流量变化，与此点的相对流量成正比关系。即控制阀的放大系数 K_V 是变化的，它随相对流量的增加而增加，其数学表达式为

$$\frac{d\left(\dfrac{q}{q_{max}}\right)}{d\left(\dfrac{l}{l_{max}}\right)}=k\frac{q}{q_{max}} \tag{5-5}$$

将式（5-5）积分得

$$\ln\left(\frac{q}{q_{max}}\right)=k\left(\frac{l}{l_{max}}\right)+C \tag{5-6}$$

将前述边界条件代入可得

$$C=\ln(1/R)=-\ln R, \quad k=\ln R=\ln 30=3.4$$

最后得

$$\frac{q}{q_{max}}=R^{\left(\frac{l}{l_{max}}-1\right)} \tag{5-7}$$

式（5-7）表明相对行程与相对流量成对数关系，在直角坐标上得到的一条对数曲线如图5-16中 2 所示，故称对数流量特性。又因为阀杆位移增加1%，流量在原来基础上约增加3.4%，所以也称为等百分比流量特性。

由于对数阀的放大系数 K_V 随相对开度增加而增加，因此，对数阀有利于自动控制系统。在小开度时控制阀的放大系数小，控制平稳缓和，在大开度时放大系数大，控制灵敏有效。

（3）快开流量特性

这种流量特性在开度较小时就有较大流量，随着开度的增大，流量很快就达到最大，随后再增加开度时流量的变化甚小，故称为快开特性，其特性曲线见图5-16中曲线 3。快开特性控制阀主要适用于迅速启闭的切断阀或双位控制系统。

5.3.2　工作流量特性

理想流量特性是在假定控制阀前后压差不变的情况下得到的，而在实际生产中，控制阀前后压差总是变化的。这是因为控制阀总是与工艺设备、管道串联或并联使用，控制阀前后压差随管路系统阻力损失变化而发生变化。在这种情况下，控制阀的相对开度与相对流量之间的关系称为工作流量特性。

串联管道中的工作流量特性以图 5-17 所示的串联系统为例，系统的总压差 Δp 等于管路系统的压差 Δp_f 与控制阀压差 Δp_V 之和。当系统的总压差 Δp 一定时，随着通过管道流量的增大，串联管道的阻力损失也增大，阻力损失与流速的平方成正比，如图 5-18 所示。这样，使控制阀上的压差减小，引起流量特性的变化，理想流量特性变为工作流量特性。

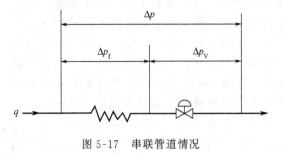

图 5-17　串联管道情况

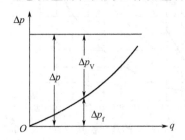

图 5-18　串联管道控制阀压差变化

若以 S 表示控制阀全开时，控制阀上压差 Δp_V 与系统总压差 Δp 之比，即 $S = \Delta p_V / \Delta p$。以 q_{max} 表示理想流量特性情况下（阀上压差为系统总压差，即管道阻力损失为零）控制阀的全开流量，可以得到串联管道时以 q_{max} 作为参比值的工作流量特性，如图 5-19 所示。

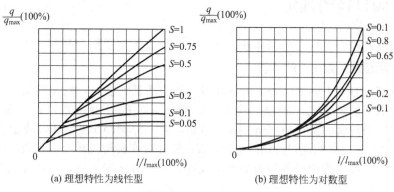

图 5-19　串联管道时控制阀的工作特性

图中 $S = 1$ 时管道阻力损失为零，系统的总压差全部降在控制阀上，工作流量特性和理想流量特性一致。随着 S 的减小，即管道阻力的增加，带来两个不利后果：一是因为系统的总压差不变，管道阻力的增加，意味着控制阀全开时压差减小，全开时的流量也就减小，控制阀的可调范围 R 变得越来越小；二是控制阀的流量特性发生很大畸变，理想线性特性渐渐趋近快开特性，理想对数特性渐渐趋近线性特性。故在实际使用中，S 选得过大或过小都有不妥之处。S 选得过大，在流量相同情况下，管路阻力损耗不变，但是阀上压降很大，消耗能量过多；S 选得过小，则对控制不利。一般希望 S 值最小不低于 0.3。当 $S \geqslant 0.6$ 时，可以认为工作特性与理想特性相差无几。但在有些情况下，控制阀必须在低 S 值（$S \leqslant 0.3$）下运行，例如由于流体输送泵的能力限制，控制阀上的压降不得不降低。由于结构的原因，高压差控制阀两端的压降不能超过一定限值，否则很易磨损。又如为了节能，使控制阀在低 S 值下运行，低 S 值时控制阀流量特性严重畸变，但可以对该特性进行静态非线性补偿，常采用阀门定位器的凸轮片形状变化或改变阀芯型面来实现补偿。

在现场使用中，当控制阀选得过大或非满负荷生产时，为了使控制阀有一定开度，往往把工艺阀门关小些以增加管道阻力。虽然这样做看上去控制阀有较大的行程，但却由于 S 值的减小而使控制阀工作特性严重畸变造成控制质量的恶化。

5.3.3　动态特性

气动薄膜控制阀膜头是一个空间，它可以看作一个气容，从控制器到气动薄膜控制阀膜头间的引压管线有气容和气阻，所以管线和膜头是一个由气阻和气容组成的一阶滞后环节，其时间常数的大小取决于气阻和气容。当信号管线太长或太粗，膜头气室太大时，气阻气容就大，控制阀的时间常数大。这样在控制阀接受控制器的控制信号时，由膜头充气到阀杆走完全行程的过程很长，增加了系统广义对象容量滞后，对控制不利。

通常用来减小时间常数的措施有以下几点。

① 尽量缩短引压管线的长度。例如在采用电动控制器时，电气转换器应装在气动薄膜控制阀附近。

② 选用合适口径的气动管线，如 $\phi 8 \times 1$。管径过细，使气阻增大，效果不好；管径过粗，气阻虽然减小，但气容增大，完成气压变化所需的时间就长，也不相宜。

③ 加装传输滞后补偿器。如引压管线很长，或膜头很大，可在阀门附近装设继动器，

或采用阀门定位器。自控制器至继动器，只有管线，没有膜头，气容小，时间常数小。自继动器至阀门，管线短，气阻小，时间常数也小。总的时间常数要比两者直接连接时小得多。

5.4　控制阀口径的确定

确定控制阀口径影响到工艺操作能否正常进行以及控制质量的好坏。

5.4.1　控制阀流量系数 K_V 的计算

流量系数 K_V 的大小直接反映了流体通过控制阀的最大能力，它是控制阀的一个重要参数。流通能力 K_V 的定义是：控制阀全开时，阀前后差压为 100kPa、流体密度为 $1g/cm^3$ 时，每小时流经控制阀的流量值（m^3/h）。例如，有一控制阀 $K_V = 40$，表示当此阀两端压差为 100kPa 时，每小时能通过 40m^3 水量。K_V 值可由控制阀流量公式求得。

控制阀是一个可以改变局部阻力的节流元件，对不可压缩流体，可推导出流经控制阀的体积流量 q_V 为

$$q_V = \frac{A}{\sqrt{\xi}} \sqrt{2 \frac{p_1 - p_2}{\rho}} \tag{5-8}$$

式中，A 为控制阀接管的截面积，$A = (\pi/4)D_g^2$；D_g 为接管直径（公称通径）。若采用下列单位：q_V—m^3/h，D_g—cm，Δp—kPa，ρ—kg/cm^3 代入式(5-8)，可得

$$q_V = \frac{40D_g^2}{\sqrt{\xi}} \sqrt{\frac{\Delta p}{\rho}} \tag{5-9}$$

流量系数

$$K_V = \frac{40D_g^2}{\sqrt{\xi}} \tag{5-10}$$

由式(5-10)可见，流量系数 K_V 取决于控制阀的公称通径 D_g 和阻力系数 ξ。阻力系数主要取决于阀的结构。当生产工艺中流体性质（ρ）一定、所需流量 q_V 和阀前后差压决定后，只要算出 K_V 的大小就可以确定阀的口径尺寸，即公称通径 D_g 和阀座直径 d_g。

国外采用 C_V 值表示流量系数，其定义为：保持阀两端压差为 $1b/in^2$，控制阀全开时，每分钟流过阀门 40～60 °F 的水的美加仑数。K_V 与 C_V 的换算关系为：$C_V = 1.17K_V$。

5.4.2　控制阀口径的确定

控制阀口径的确定需经过以下步骤：

① 根据生产能力、设备负荷决定出最大流量 q_{Vmax}；

② 根据所选的流量特性及系统特点选定 S 值（$S = \Delta p_V/\Delta p$），然后求出计算压差（即阀门全开时的压差）；

③ 根据流通能力计算公式，求得最大流量时的 K_{Vmax}；

④ 根据已求得的 K_{Vmax}，在所选用的产品型号的标准系列中选取大于 K_{Vmax} 并最接近的 K_V 值，从而选取阀门口径；

⑤ 验证控制阀开度和可调比，一般要求最大流量时阀开度不超过 90%，最小流量时阀开度不小于 10%。

验证合格后，根据 K_V 确定控制阀的公称通径和阀座直径。

5.5　阀门定位器

阀门定位器是气动控制阀的主要附件，它与气动控制阀配套使用。阀门定位器接受控制

器输出信号，然后将控制器的输出信号成比例地输出到执行机构，当阀杆移动以后，其位移量又通过机械装置负反馈作用于阀门定位器，因此它与执行机构组成一个闭环系统。采用阀门定位器，能够增加执行机构的输出功率，改善控制阀性能。由于目前使用电动控制器居多，因此这里介绍电-气阀门定位器。

5.5.1 电-气阀门定位器

电-气阀门定位器具有电-气转换和阀门定位器双重作用，其输入信号是电动控制器的输出电流（0～10mA DC 电流或 4～20mA DC 电流），输出气压信号（20～100kPa），去操纵气动薄膜控制阀，其原理如图5-20所示。

电-气阀门定位器是按力矩平衡原理工作的。输入信号电流通入到力矩马达的线圈2两端，与永久磁钢1作用后对主杠杆3产生一个电磁力矩，主杠杆3绕支点16做逆时针转动，于是挡板14靠近喷嘴15，使喷嘴背压升高，经放大器17放大后输出气压也随之升高。输出气压作用在气动控制阀膜头9上，推动阀杆向下移动，并带动反馈杆10绕支点5转动，反馈凸轮6跟着逆时针转动，通过滚轮11使副杠杆7绕支点8转动，并将反馈弹簧12拉伸，对主杠杆3产生反馈力矩。当反馈力矩与电磁力矩相平衡时，阀杆就稳定在某一位置，从而使阀杆位移与输入电流成比例关系。调

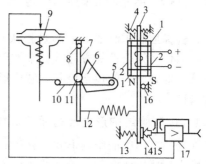

图 5-20　电-气阀门定位器原理图
1—永久磁钢；2—线圈；3—主杠杆（衔铁）；4—平衡弹簧；5—反馈凸轮支点；6—反馈凸轮；7—副杠杆；8—副杠杆支点；9—控制阀膜头；10—反馈杆；11—滚轮；12—反馈弹簧；13—调零弹簧；14—挡板；15—喷嘴；16—主杠杆支点；17—放大器

零弹簧13调整零位。在分程控制时，可通过零位调整和反馈弹簧反力的调整，使定位器在输入信号范围内（如 4～12mA 或 12～20mA 等），输出均为 20～100kPa。

5.5.2 阀门定位器作用

（1）改善阀的静态特性

用了阀门定位器后，只要控制器输出信号稍有变化，经过喷嘴-挡板系统及放大器的作用，就可使通往控制阀膜头的气压大有变动，以克服阀杆的摩擦和消除控制阀不平衡力的影响，从而保证阀门位置按控制器发出的信号正确定位。改善静态特性后，能使控制阀适用于下列情况：

① 要求阀位做精确调整的场合；

② 大口径、高压差等不平衡力较大的场合；

③ 为防止泄漏而需要将填料函压得很紧，例如高压、高温或低温等场合；

④ 工艺介质中有固体颗粒被卡住，或是高黏滞的情况。

（2）改善阀的动态特性

定位器改变了原来阀的一阶滞后特性，减小时间常数，使之成为比例特性。一般说来，如气压传送管线超过 60m 时，应采用阀门定位器。

（3）改变阀的流量特性

通过改变定位器反馈凸轮的形状，可使控制阀的线性、对数、快开流量特性互换。

（4）用于分程控制

用一个控制器控制两个以上的控制阀，使它们分别在信号的某一个区段内完成全行程移动。例如使两个控制阀分别在（4～12mA DC 电流）及（12～20mA DC 电流）的信号范围

内完成全行程移动。

（5）用于阀门的反向动作

阀门定位器有正、反作用之分。正作用时，输入信号增大，输出气压也增大；反作用时，输入信号增大，输出气压减小。采用反作用式定位器可使气开阀变为气关阀，气关阀变为气开阀。

5.6 气动薄膜控制阀的选用

在选择控制阀时要对控制过程认真分析，了解控制系统对控制阀的要求，包括操作性能、可靠性、安全性等方面。如果使用条件要求不高，有数种类型都可以使用，则以考虑成本高低为准则。一般包括控制阀结构形式及材质的选择；气开、气关的选择；控制阀流量特性的选择。

5.6.1 控制阀结构形式及材质的选择

在选择控制阀的结构形式和材质时应从工艺条件和介质特性考虑。例如，当控制阀前后压差较小，要求泄漏量也较小的场合应选用直通单座阀；当控制阀前后压差较大，并且允许有较大泄漏量的场合选用直通双座阀；当介质为高黏度，含有悬浮颗粒物时，为避免黏结堵塞现象，便于清洗应选用角型控制阀。表 5-2 是控制阀选用简明参考表。

表 5-2　控制阀选用参考表

序号	名 称	主 要 优 点	应用注意事项
1	直通单座阀	泄漏量小	阀前后压差小
2	直通双座阀	流量系数及允许使用压差比同口径单座阀大	耐压较低
3	波纹管密封阀	适用于介质不允许泄漏的场合，如氰氢酸、联苯醚等有毒物	耐压较低
4	隔膜阀	适用于强腐蚀、高黏度或含有悬浮颗粒以及纤维的流体。在允许压差范围内可做切断阀用	耐压、耐温较低，适用于对流量特性要求不严的场合（近似快开）
5	小流量阀	适用于小流量和要求泄漏量小的场合	
6	角形阀	适用于高黏度或含悬浮物和颗粒状物料	输入与输出管道成角形安装
7	高压阀（角形）	结构较多级高压阀简单，用于高静压、大压差、有气蚀、空化的场合	介质对阀芯的不平衡力较大，必须选配定位器
8	多级高压阀	基本上解决以往控制阀在控制高压差介质时寿命短的问题	必须选配定位器
9	阀体分离阀	阀体可拆为上、下两部分，便于清洗。阀芯、阀体可采用耐腐蚀衬里件	加工、装配要求较高
10	三通阀	在两管道压差和温差不大的情况下能很好地代替两个二通阀，并可用做简单配比控制	二流体的温差 $\Delta t < 150$ ℃
11	蝶阀	适用于大口径、大流量和浓稠浆液及悬浮颗粒的场合	流体对阀体的不平衡力矩大，一般蝶阀允许压差小
12	套筒阀（笼式阀）	适用阀前阀后压差大和液体出现闪蒸或空化的场合，稳定性好，噪声低，可取代大部分直通单、双座阀	不适用于含颗粒介质的场合
13	低噪音阀	比一般阀可降低噪音 10～30dB，适用于液体产生闪蒸、空化和气体在缩流面处流速超过音速且预估噪声超过 95dB（A）的场合	流量系数为一般阀的 $\frac{1}{2} \sim \frac{1}{3}$，价格贵
14	超高压阀	公称压力为 350MPa，是化工过程控制高压聚合釜反应的关键执行器	价格贵

序号	名　称	主　要　优　点	应用注意事项
15	偏心旋转阀（凸轮挠曲阀）	流路阻力小，流量系数较大，可调比大，适用于大压差、严密封的场合和黏度大及有颗粒介质的场合。很多场合可取代直通单、双座阀	由于阀体是无法兰的，一般只能用于耐压小于 6.4 MPa 的场合
16	球阀（O 形，V 形）	流路阻力小，流量系数大，密封好，可调范围大，适用于高黏度、含纤维、固体颗粒和污秽流体的场合	价格较贵，O 形球阀一般做二位控制用。V 形球阀做连续控制用
17	卫生阀（食品阀）	流路简单，无缝隙、死角积存物料，适用于啤酒、番茄酱及制药、日化工业	耐压低
18	二位式二（三）通切断阀	几乎无泄漏	仅做位式控制用
19	低压降比（低 S 值）阀	在低 S 值时有良好的控制性能	可调比 $R \approx 10$
20	塑料单座阀	阀体，阀芯为聚四氟乙烯，用于氯气、硫酸、强碱等介质	耐压低
21	全钛阀	阀体、阀芯、阀座、阀盖均为钛材，耐多种无机酸、有机酸	价格贵
22	锅炉给水阀	耐高压，为锅炉给水专用阀	

下面结合一些比较特殊的情况进行讨论。

（1）闪蒸和空化

当压力为 p_1 的液体流经节流孔时，流速突然急剧增加，而静压力骤然下降，当节流孔后压力 p_2 达到或者低于该流体所在情况的饱和蒸汽压 p_v 时，部分液体就汽化成气体，形成气液两相共存的现象，这种现象就是闪蒸。如果产生闪蒸之后，p_2 不是保持在饱和蒸汽压以下，在离开节流孔之后又急剧上升，这时气泡产生破裂并转化为液态，这个过程就是空化作用。所以空化作用的第一阶段是闪蒸阶段，在液体内部形成空腔或气泡；第二阶段是空化阶段，使气泡破裂。在闪蒸阶段，对阀芯和阀座环的接触线附近造成破坏，阀芯外表面产生一道道磨痕。在空化阶段，由于气泡的突然破裂，所有的能量集中在破裂点，产生极大的冲击力，严重冲撞和破坏阀芯、阀体和阀座，将固体表层撕裂成粗糙的、渣孔般的外表面。空化过程产生的破坏作用十分严重，在高压差恶劣条件的空化情况下，极硬的阀芯和阀座也只能使用很短的时间。

为避免或减小空化的发生，可以从压差上考虑，选择压力恢复系数小的控制阀，如球阀、蝶阀等；从结构上考虑，选择特殊结构的阀芯、阀座，如阀芯上带有锥孔等，使高速液体通过阀芯、阀座时的每一点的压力都高于在该温度下的饱和蒸汽压，或者使液体本身相互冲撞，在通道间导致高度紊流，使控制阀中液体动能由于相互摩擦而变为热能，减少气泡的形成；从材料上考虑，一般来说，材料越硬，抵御空化作用的能力越强，但在有空化作用的情况下很难保证材料长期不受损伤，因此选择阀门结构时必须考虑阀芯、阀座便于更换。

（2）磨损

阀芯、阀座和流体介质直接接触，由于不断节流和切换流量，当流体速度高并含有颗粒物时，磨损是非常严重的。为减小磨损，选择控制阀时尽量要求流路光滑，采用坚硬的阀内件，如套筒阀，材料应选抗磨性强的。也可以选有弹性衬里的隔膜阀、蝶阀、球阀等。

（3）腐蚀

在腐蚀流体中操作的控制阀要求其结构越简单越好，以便于添加衬里。可选用适应于腐蚀介质的隔膜阀、加衬蝶阀等。如果介质是极强的有机酸和无机酸，则可以用价格昂贵的全钛控制阀。

（4）高温

选择耐高温材料的球阀、角阀、蝶阀，并且在阀体结构上考虑装上散热片，阀内件采用热硬性材料，或者考虑采用有陶瓷衬里的特殊阀门。

（5）低温

当温度低于−30 ℃时要保护阀杆填料不被冻结。在−100～−30 ℃的低温范围要求材料不脆化。可以在控制阀上安装不锈钢阀盖，其内部装有高度绝缘的冷箱。角阀、蝶阀等可以利用特制的真空套以减少热传递。

（6）高压降

阀芯、阀座的表面材料必须能经受流体的高速和大作用力影响，可选择角阀等。在高压降下很容易使液体产生闪蒸和空化作用，因此可以选择防空化控制阀。

5.6.2 控制阀流量特性的选择

在生产中常用的理想流量特性是线性、对数和快开特性，而快开特性主要用于双位控制及程序控制，因此控制阀流量特性的选择通常是指如何合理选择线性和对数流量特性。正确的选择步骤是：

① 根据过程特性，选择阀的工作特性；

② 根据配管情况，从所需的工作特性出发，推断理想流量特性（制造厂所标明的阀门特性是理想流量特性）。

常规控制器的控制规律是线性的，控制器参数整定后希望能适应一定的工作范围，不需要经常调整。这就要求广义对象是线性的，即在遇到负荷、阀前压力变化或设定值变动时，

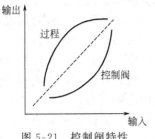

图 5-21 控制阀特性
补偿示意

广义对象特性基本保持不变。因此从自动控制系统角度看，要求控制阀工作特性的选取原则是：使整个广义对象具有线性特性。即在广义对象中，除控制阀外其余部分为线性时，控制阀也应该是线性的。当广义对象中除控制阀外具有非线性特性时，控制阀应该能够克服它的非线性影响而使广义对象接近为线性，如图 5-21 所示。

在生产现场，控制阀总是与管道等设备连在一起使用，必然存在着配管阻力，使控制阀工作流量特性与理想流量特性存在一定差异，因此在选择控制阀特性时还应结合系统的工艺配管情况来考虑。如果工艺配管不能精确确定时，一般可选对数阀，因为对数阀适应性较强。流量特性选择可见表 5-3。

表 5-3　流量特性选择表

配管状态	$S=1～0.6$		$S=0.6～0.3$		$S<0.3$(低 S)	
实际工作特性	线性	对数	线性	对数	线性	对数
所选理想特性	线性	对数	对数	对数	对数[①]	对数[①]

① 为需要静态非线性补偿。

在总结经验基础上，已归纳出一些结论，可以直接根据被控变量和有关情况选择控制阀的理想特性，如表 5-4 所示，较为简单可行。

5.6.3 气动薄膜控制阀的安装使用

执行器能否在控制系统中起到良好作用，一方面取决于控制阀结构类型、流量特性及口径的选择是否正确；另一方面与控制阀的安装、使用有关，应考虑以下几点。

① 控制阀最好垂直安装在水平管道上，在特殊情况下需要水平或倾斜安装时一般要加支撑。

表 5-4　建议选用的控制阀特性

被控变量	有关情况	选用理想特性
液位	Δp_V 恒定	线性型
	$(\Delta p_V)q_{max}<0.2(\Delta p_V)q_{min}$	对数型
	$(\Delta p_V)q_{max}>2(\Delta p_V)q_{min}$	快开型
压力	快过程	对数型
	慢过程,Δp_V 恒定	线性型
	$(\Delta p_V)q_{max}<0.2(\Delta p_V)q_{min}$	对数型
流量 (变送器输出信号与 q 成正比时)	设定值变化	线性型
	负荷变化	对数型
流量 (变送器输出信号与 q^2 成正比时)	串级,设定值变化	线性型
	串级,负荷变化	对数型
	旁路连接	对数型
温度		对数型

② 控制阀应安装在环境温度不高于 $+60℃$ 和不低于 $-40℃$ 的地方,以防止气动执行机构的薄膜老化,并远离振动设备及腐蚀严重的地方。

③ 控制阀应尽量安装在靠近地面或楼板的地方,在其上下方应留有足够的空间,以便于维护检修。

④ 控制阀安装到管道上时应使流体流动方向与控制阀体箭头方向一致。

⑤ 控制阀的公称通径与管道直径不同时,两者之间应加一异径管。

⑥ 控制阀在安装时一般应设置旁路,以便在它发生故障或维修时,可通过旁路继续维持生产。此时在执行器两边应装切断阀,在旁路上装旁路阀。

⑦ 在日常使用中,应注意填料的密封和阀杆上、下移动的情况是否良好,气路接头及膜片有否漏气等,要定期进行维修。

在使用中,有时会遇到阀门口径过大或过小情况,控制器输出经常处于下限或上限附近。遇到口径过大,若把上、下游切断阀关小,流量虽可以减小,但流量特性畸变,可调范围有所下降。遇到口径过小,如果旁路阀打开一些,虽可加大流量,但可调范围大大缩小。因此这两种方法都只能作为临时措施,采用合适口径才是最恰当的办法。

5.7　智能控制阀

智能控制阀是近年来迅速发展的执行器,是以控制阀为主体,将许多部件组装在一起的一体化结构,如带智能阀门定位器的气动控制阀。智能控制阀的智能主要体现在以下几个方面。

(1) 控制智能

除了一般的执行器控制功能外,还可以方便地修改控制阀流量特性,实现 PID 控制,实现其他运算功能,例如,进行分程控制的量程范围设置、非线性补偿运算等。

(2) 通信智能

智能控制阀采用数字通信方式与主控制室保持联络,主计算机可以直接对执行器发出动作指令。智能控制阀还允许远程检测、整定、修改参数或算法等。

(3) 诊断智能

智能控制阀安装在现场,但都有自诊断功能,能根据配合使用的各种传感器通过微机分析判断故障情况,及时采取措施并报警。

目前智能控制阀已经用于现场总线控制系统中。

思考题与习题 5

5-1 执行器在控制系统中有何作用?

5-2 执行机构有哪几种? 工业现场为什么大多数使用气动执行器?

5-3 常用控制阀有哪几种类型? 叙述各自有何特点和适用场合。

5-4 什么是气开控制阀、气关控制阀?

5-5 什么是控制阀的理想流量特性和工作流量特性? 理想流量特性有哪几种?

5-6 如何选择控制阀流量特性?

5-7 如何确定控制阀口径?

5-8 电-气阀门定位器有哪些作用?

5-9 控制阀在安装、使用中应注意哪些问题?

5-10 什么是智能控制阀? 其智能表现在哪些方面?

6 控　制　器

6.1　控制器概述

控制器是控制系统的核心，生产过程中被控变量偏离设定要求后，必须依靠控制器的作用去控制执行器，改变操纵变量，使被控变量符合生产要求。控制器在闭环控制系统中将检测变送环节传送过来的信息与被控变量的设定值比较后得到偏差，然后根据偏差按照一定的控制规律进行运算，最终输出控制信号作用于执行器上。

控制器种类繁多，有常规控制器和采用微机技术的各种控制器。控制器一般可按能源形式、信号类型和结构形式进行分类。

（1）按能源形式划分

控制器按能源形式可分为电动、气动等。过程控制一般都用电动和气动控制仪表，相应地采用电动和气动控制器。

气动控制仪表发展较早，其特点是结构简单、性能稳定、可靠性高、价格便宜，且在本质上安全防爆，因此广泛应用于石油、化工等有爆炸危险的场所。

电动控制仪表相对气动控制仪表出现得较晚，但由于电动控制仪表在信号的传输、放大、变换处理、实现远距离监视操作等方面比气动仪表容易得多，并且容易与计算机等现代化信息技术工具联用，因此电动控制仪表的发展极为迅速，应用极为广泛。近年来，电动控制仪表普遍采取了安全火花防爆措施，解决了防爆问题，所以在易燃易爆的危险场所也能使用电动控制仪表。

目前采用的控制器中电动控制器占绝大多数。

（2）按信号类型划分

控制器按信号类型可以分为模拟式和数字式两大类。

模拟式控制仪表的传输信号通常是连续变化的模拟量，其线路较为简单，操作方便，在过程控制中曾经得到广泛应用。

数字式控制仪表的传输信号通常是断续变化的数字量，以微型计算机为核心，其功能完善，性能优越，能够解决模拟式仪表难以解决的问题。近30年来数字式控制仪表不断应用于过程控制中，以提高控制质量。数字式控制仪表已经大规模取代模拟式仪表。

（3）按结构形式划分

控制器按结构形式可分为基地式、单元组合式、组装式以及集散控制系统。

基地式控制仪表将控制机构与指示、记录机构组成一体，结构简单，但通用性差，使用不够灵活，一般仅用于一些简单控制系统。

单元组合式控制仪表是将整套仪表划分成能独立实现某种功能的若干单元，各个单元之间用统一标准信号联系。将各个单元进行不同的组合，可以构成具有各种功能的控制系统，使用灵活方便，因此在生产现场得到广泛应用，如电动Ⅲ型控制器在一些老装置上还在使用，气动单元控制器由于控制滞后太大，已经很少使用。

组装式控制器是在单元组合仪表的基础上发展起来的一种功能分离、结构组件化的成套仪表装置。

随着计算机技术发展，出现了各种以微处理器为基础的控制器，如可编程序调节器（早期又称"单回路调节器"），对于某些单一回路的控制或只有少数几个回路控制的生产过程来说比较适用。近30多年来可编程序控制器（PLC）发展迅速，从原先仅有逻辑控制功能发展到兼有控制回路，在结构、功能、可靠性等各个方面都使控制器进入一个新阶段，应用场合不断扩大，逐渐成为控制器主流品种。此外，基于集散控制系统（DCS）或者现场总线（FB）的控制器，它们除了一般的控制功能外，还具有其他先进控制、优化运算、网络通信等功能，适应信息社会大规模生产需要。

6.2　控制器的基本控制规律

过程控制一般是指连续控制系统，控制器的输出随时间的变化发生连续变化。不管是何种控制器，都有其基本的控制规律，即控制器输出信号与输入信号之间的关系。控制器的输入信号 $e(t)$ 是测量值 $y(t)$ 与被控变量的设定值 $r(t)$ 之差，即 $e(t)=y(t)-r(t)$；控制器的输出信号是送往执行机构的控制命令 $u(t)$。因此控制器的控制规律就是控制器的输出信号 $u(t)$ 随输入信号 $e(t)$ 变化的规律。

控制器的控制规律来源于人工操作规律，是模仿、总结人工操作经验的基础上发展起来的。控制器的基本控制规律有比例、积分和微分等几种。工业上所用的控制规律是这些基本规律之间的不同组合。此外还有其他如继电特性的位式控制规律等。

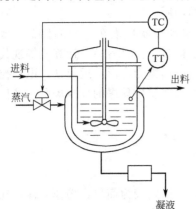

图 6-1　反应器的温度控制

为了帮助理解控制器的基本控制规律，先简单介绍人工操作有哪几类规律，并以示于图 6-1 的蒸汽加热反应釜为例。

设反应温度为 85℃，反应过程是轻微放热的，还需要从外界补充一些热量。

① 有人这样做，发现温度低于 85℃ 时，就把蒸汽阀门全开，高于 85℃ 时，就全关，这种做法称双位控制，因为阀门开度只有两个位置，全开或全关。

可以看到，阀门在全开时，供应的蒸汽量一定多于需要量，因此温度将会上升，超过设定值 85℃；阀门在全关时，供应的蒸汽量一定少于需要量，因此温度将会下降，低于设定值 85℃。有了这一多一少能起到控制温度的作用，然而又使供需一直不平衡，温度波动不可避免，它是一个持续振荡过程。用双位控制规律来控制反应器温度，显然控制质量差，一般不采用。

② 若在正常情况下，温度为 85℃，阀门开度是三圈，有人这样做，若温度高于 85℃，每高出 5℃ 就关一圈阀门；若低于 85℃，每降低 5℃ 就开一圈阀门。显然，阀门的开启度与偏差成比例关系，用数学公式表示则为

$$开启圈数 = 3 - \frac{1}{5}(y-85)$$

式中，y 是测量值。

比例控制规律模仿上述操作方式，控制器的输出 $u(t)$ 与偏差 $e(t)$ 有一一对应关系

$$u(t) = u(0) + K_c e(t)$$

式中，$u(t)$ 是比例控制器的输出；$u(0)$ 是偏差 e 为零时的控制器输出，$e = y - r$；K_c 是控制器的比例放大倍数。

比例控制的缺点是在负荷变化时有余差。例如，在这一例子中，如果工况有变动，阀门开三圈，就不再能使温度保持在 85℃。

③ 比例操作方式不能使温度回到设定值，有余差存在。为了消除余差，有人这样做：把阀门开启数圈后，不断观察测量值，若低于 85℃，则慢慢地继续开大阀门；若高于 85℃，则慢慢地把阀门关小，直到温度回到 85℃。与上一方式的基本差别是，这种方式是按偏差来决定阀门开启或关闭的速度，而不是直接决定阀门开启的圈数。

积分控制规律就是模仿上述操作方式。控制器输出的变化速度与偏差成正比，即

$$\frac{du(t)}{dt} = K_I e(t)$$

或

$$u(t) = u(0) + K_I \int_0^t e(t) dt$$

由积分式可看出，只要有偏差随时间而存在，控制器输出总是在不断变化，直到偏差为零时，输出才会稳定在某一数值上。

④ 由于温度过程的容量滞后较大，当出现偏差时，其数值已较大，为此，有人再补充这样的经验，观察偏差的变化速度即趋势来开启阀门的圈数，这样可抑制偏差幅度，易于控制。

微分控制规律就是模仿这种操作方式，控制器的输出与偏差变化速度成正比，用数学公式表示为

$$u(t) = T_D \frac{de(t)}{dt}$$

6.2.1　连续 PID 控制算法

常用控制器具有在时间上连续的线性 PID 控制规律。

理想 PID 控制器的运算规律数学表达式为

$$\Delta u(t) = K_c \left[e(t) + \frac{1}{T_I} \int_0^t e(t) dt + T_D \frac{de(t)}{dt} \right] \tag{6-1}$$

式（6-1）传递函数表示为

$$G_c(s) = \frac{U(s)}{E(s)} = K_c \left(1 + \frac{1}{T_I s} + T_D s \right) \tag{6-2}$$

式（6-1）中第一项为比例（P）部分，第二项为积分（I）部分，第三项为微分（D）部分。K_c 为控制器的比例增益；T_I 为积分时间（以 s 或 min 为单位）；T_D 为微分时间（也以 s 或 min 为单位）。这三个参数大小可以改变，相应地改变控制作用大小及规律。

① 若 T_I 为 ∞，T_D 为 0，积分项和微分项都不起作用，则为比例控制。

② 若 T_D 为 0，微分项不起作用，则为比例积分控制。

③ 若 T_I 为 ∞，积分项不起作用，则为比例微分控制。

控制器运算规律通常都是用增量形式表示，若用实际值表示，则式（6-1）改写为

$$u(t) = K_c \left[e(t) + \frac{1}{T_I} \int_0^t e(t) dt + T_D \frac{de(t)}{dt} \right] + u(0) \tag{6-3}$$

式中，$u(t) = \Delta u(t) + u(0)$，$u(0)$ 为控制器初始输出值，即 $t = 0$ 瞬间偏差为 0 时的控制器输出。

（1）比例控制（P）

① 比例控制规律　比例控制规律时，控制器输出信号 $u(t)$ 与输入信号 $e(t)$ 之间的关系为

$$\Delta u(t) = K_c e(t) \tag{6-4}$$

由式（6-4）可知，控制器的输出变化量与输入偏差成正比，在时间上没有延滞。其开环输出特性如图 6-2 所示。

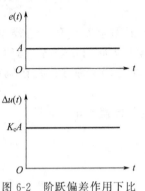

比例控制器的传递函数为

$$G_c(s) = \frac{U(s)}{E(s)} = K_c \tag{6-5}$$

比例增益 K_c 是控制器的输出变量 $\Delta u(t)$ 与输入变量 $e(t)$ 之比。K_c 越大，在相同偏差 $e(t)$ 输入下，输出 $\Delta u(t)$ 也越大。因此 K_c 是衡量比例作用强弱的因素。工业生产上所用的控制器，一般都用比例度 δ 来表示比例作用的强弱。

② 比例度 δ　比例度 δ 定义为

$$\delta = \frac{\dfrac{e}{Z_{max} - Z_{min}}}{\dfrac{\Delta u}{u_{max} - u_{min}}} \times 100\% \tag{6-6}$$

图 6-2　阶跃偏差作用下比例控制器的开环输出特性

式中，e 为控制器输入信号的变化量，即偏差信号；Δu 为控制器输出信号的变化量，即控制命令；$(Z_{max} - Z_{min})$ 为控制器输入信号的变化范围，即量程；$(u_{max} - u_{min})$ 为控制器输出信号的变化范围。

也就是说，控制器的比例度 δ 可理解为：要使输出信号做全范围变化，输入信号必须改变全量程的百分之几。

式（6-6）可改写为

$$\delta = \frac{e}{\Delta u} \frac{u_{max} - u_{min}}{Z_{max} - Z_{min}} \times 100\% = \frac{1}{K_c} \frac{u_{max} - u_{min}}{Z_{max} - Z_{min}} \times 100\% \tag{6-7}$$

在单元组合仪表中，控制器的输入和输出都是标准统一信号，即

$$Z_{max} - Z_{min} = u_{max} - u_{min}$$

此时比例度表示为

$$\delta = \frac{1}{K_c} 100\% \tag{6-8}$$

因此比例度 δ 与比例增益 K_c 成反比。δ 越小，则 K_c 越大，比例控制作用就越强；反之，δ 越大，则 K_c 越小，比例控制作用就越弱。

③ 比例度对系统过渡过程的影响　将比例控制器切入系统，控制器在闭环运行下比例度 δ 对系统过渡过程的影响见图 6-3。由图 6-3 可以看出以下几点。

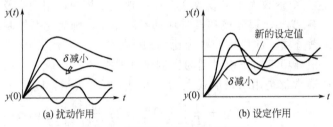

图 6-3　不同比例度下的过渡过程

a. 在扰动（例如负荷）及设定值变化时有余差存在。这是因为一旦过程的物料或能量

的平衡关系由于负荷变化或设定值变化而遭到破坏时，只有改变进入到过程中的物料或能量的数量，才能建立起新的平衡关系。这就要求控制阀必须有一个新的开度，即控制器必须有一个输出量 Δu。而比例控制器的输出 Δu 又是正比于输入 e 的，因而这时控制器的输入信号 e 必然不会是零。可见，比例控制系统的余差是由比例控制器特性所决定的。在 δ 较小时，对应于同样的 Δu 变化量的 e 较小，故余差小。同样，在负荷变化小的时候，建立起新的平衡所需的 Δu 变化量也较小，e 或余差也较小。

b. 比例度 δ 越大，过渡过程曲线越平稳；随着比例度 δ 的减小，系统的振荡程度加剧，衰减比减小，稳定程度降低。当比例度 δ 继续减小到某一数值时，系统将出现等幅振荡，这时的比例度称为临界比例度 δ_k，当比例度小于临界比例度 δ_k 时，系统将发散振荡，这是很危险的，有时甚至会造成重大事故。因此不能认为组成控制系统后就一定能起到自动控制的作用，只有根据系统各个环节的特性，特别是过程特性，合理选择控制器的参数 δ，才能使系统获得较为理想的控制指标。

c. 最大偏差在两类外作用下不一样，在扰动作用下，δ 越小，最大偏差越小；在设定作用下且系统处于衰减振荡时，δ 越小，最大偏差却越大。这是因为最大偏差取决于余差和超调量，在扰动作用下，主要取决于余差，δ 小则余差小，所以最大偏差也小；在设定作用下，则取决于超调量，δ 小则超调量大，所以最大偏差大。

d. 如果 δ 较小，则振荡频率提高，因此把被控变量拉回到设定值所需时间就短。

一般而言，当广义对象的放大系数较小、时间常数较大、时滞较小的情况下，控制器的比例度可选得小些，以提高系统的灵敏度；反之，当广义对象的放大系数较大、时间常数较小而时滞较大的情况下，必须适当加大控制器的比例度，以增加系统的稳定性。工业生产中定值控制系统通常要求控制系统具有振荡不太剧烈，余差不太大的过渡过程，即衰减比在 $(4:1)\sim(10:1)$ 的范围内，而随动控制系统一般衰减比在 $10:1$ 以上。

在基本控制规律中，比例作用是最基本、最主要也是应用最普遍的控制规律，它能较为迅速地克服扰动的影响，使系统很快地稳定下来。比例控制作用通常适用于扰动幅度较小、负荷变化不大、过程时滞（指 τ/T）较小或者控制要求不高的场合。这是因为负荷变化越大，则余差越大，如果负荷变化小，余差就不太显著；过程的 τ/T 越大，振荡越厉害，如把比例度 δ 放大，这样余差也就越大，如果 τ/T 较小，δ 可小一些，余差也就相应减小。控制要求不高、允许有余差存在的场合，当然可以用比例控制，例如在液位控制中，往往只要求液位稳定在一定的范围之内，没有严格要求，只有当比例控制系统的控制指标不能满足工艺生产要求时，才需要在比例控制的基础上适当引入积分或微分控制作用。

（2）比例积分控制（PI）

① 积分控制规律　具有积分控制规律的控制器，其输出信号 $\Delta u(t)$ 与输入信号 $e(t)$ 之间的关系，可用数学表达式表示为

$$\Delta u(t) = K_I \int_0^t e(t)\,\mathrm{d}t \tag{6-9}$$

式中，K_I 表示积分速度。

从上式可见，具有积分控制规律的控制器，其输出信号的大小，不仅与偏差信号的大小有关，而且还将取决于偏差存在时间的长短。只要有偏差，控制器的输出就不断变化，而且偏差存在的时间越长，输出信号的变化量也越大，直到输出达到极限值为止。这就是说，只有在偏差信号 e 等于零的情况下，控制器的输出信号才能相对稳定。因此，力图消除余差是积分控制作用的重要特性。

在幅度为 A 的阶跃偏差作用下，积分控制器的开环输出特性如图 6-4 所示。由式(6-9)可得 $\Delta u(t) = K_I \int_0^t e(t)\mathrm{d}t = K_I At$。这是一条斜率不变的直线，直到控制器的输出达到最大值或最小值而无法再进行积分为止，输出直线的斜率即输出的变化速度正比于控制器的积分速度 K_I，即 $\mathrm{d}\Delta u(t)/\mathrm{d}t = K_I A$。

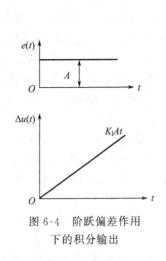

图 6-4　阶跃偏差作用
下的积分输出

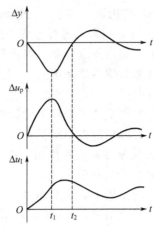

图 6-5　积分作用的落后性

积分控制规律在工业生产上很少单独使用，因为它的控制作用总是滞后于偏差的存在，不能及时有效地克服扰动的影响，难以使控制系统稳定下来。从图 6-5 就可以看出，引入积分作用后会使系统易于振荡。比例输出 Δu_p 与 e 是同步的，e 大 Δu_p 也大；e 小 Δu_p 也小。因此变化是及时的。而积分输出则不然，在第一个前半周期内，测量值一直低于设定值，出现负偏差，所以 Δu_I 按同一方向累积。t 从 0 到 t_1，负偏差不断增大，Δu_I 也不断增大是合理的，但 t 从 t_1 到 t_2，负偏差已经逐渐减小，但是 Δu_I 还是继续增大，这就暴露了积分作用的落后性，结果往往超调，使被控变量波动得很厉害。因此生产上都是将比例作用与积分作用组合成比例积分控制规律来使用。

② 比例积分控制规律　比例积分控制规律是比例作用与积分作用的叠加，其数学表达式为

$$\Delta u(t) = K_c \left[e(t) + \frac{1}{T_I}\int_0^t e(t)\mathrm{d}t \right] \tag{6-10}$$

式中，$K_c e(t)$ 是比例项；$(K_c/T_I)\int_0^t e(t)\mathrm{d}t$ 是积分项；T_I 称为积分时间，$(K_c/T_I) = K_I$。

比例积分控制器的传递函数是

$$G_c(s) = \frac{U(s)}{E(s)} = K_c \left(1 + \frac{1}{T_I s} \right) \tag{6-11}$$

在阶跃偏差作用下，比例积分控制器的开环输出特性如图 6-6 所示。当偏差的阶跃幅度为 A 时，比例输出立即跳变至 $K_c A$，然后积分输出随时间线性增长，因而输出特性是一根截距为 $K_c A$、斜率为 $K_c A/T_I$ 的直线。在 K_c 和 A 确定的情况下，直线的斜率将取决于积分时间 T_I 的大小：T_I 越大，直线越平坦，说明积分作用越弱；T_I 越小，直线越陡峭，说明积分作用越强。积分作用的强弱也可以用在相同时间下控制器积分输出的大小来衡量：T_I 越大，则控制器的输出越小；T_I 越小，则控制器的输出越大，见图 6-6。特别当 T_I 趋于无穷大时，则这一控制器实际上已成为一个纯比例控制器了。因而 T_I 是描述积分作用强弱的

一个物理量。T_I 的定义是：在阶跃偏差作用下，控制器的输出达到比例输出的两倍所经历的时间，就是积分时间 T_I。因为在任意时间 t，控制器的输出值为 $K_cA+(K_c/T_I)At$，当 $t=T_I$ 时，输出即为 $2K_cA$。

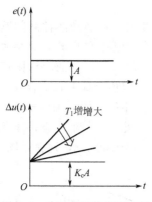

图 6-6　阶跃偏差作用下比例
积分控制器的开环输出特性

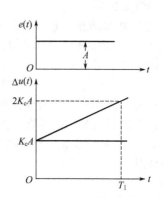

图 6-7　积分时间的测定

比例积分控制器在投运之前，需对比例度 δ 和积分时间 T_I 进行校验。测定积分时间 T_I，一般是将比例度 δ 置于 100% 的刻度值上，然后对控制器输入一个幅度为 A 的阶跃偏差，测出控制器的输出跳变值 K_cA，同时按秒表计时，待到积分输出与比例输出（阶跃输入时控制器的跳变输出值 K_cA）相同时，所经历的时间就是积分时间 T_I，如图 6-7 所示。

一个比例积分控制器可看成是粗调的比例作用与细调的积分作用的组合。如果比例控制器的输出增量与偏差信号一一对应，则比例积分控制器可理解为比例度不断减小，即比例增益（放大倍数）不断加大的比例控制器。从图 6-6 可以看到，在偏差做阶跃变化时，一开始 $u(t)$ 是 $e(t)$ 的 K_c 倍，随着时间的推延，$u(t)$ 不断增大，若仍从比例控制规律来看，则相当于控制器的比例增益不断增大。从理论上讲，当 t 趋于无穷大时，控制器的比例增益也将趋于无穷大，因而它能最终消除控制系统的余差。一旦余差消除，即控制器的输入偏差 $e(t)=0$，控制器的输出将稳定在输出范围内的任意值上。因此这种控制器也可看成为工作点不断改变的比例控制器。

③ 积分时间 T_I 对系统过渡过程的影响　在一个纯比例控制的闭环系统中引入积分作用时，若保持控制器的比例度 δ 不变，则可从图 6-8 所示的曲线族中看到，随着 T_I 减小，则积分作用增强，消除余差较快，但控制系统的振荡加剧，系统的稳定性下降；T_I 过小，可能导致系统不稳定。T_I 小，扰动作用下的最大偏差下降，振荡频率增加。

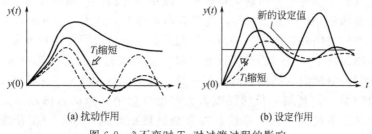

(a) 扰动作用　　　　　　　(b) 设定作用

图 6-8　δ 不变时 T_I 对过渡过程的影响

在比例控制系统中引入积分作用的优点是能够消除余差，然而降低了系统的稳定性；若要保持系统原有的衰减比，必须相应加大控制器的比例度，这会使系统的其他控制指标下降。因此，如果余差不是主要的控制指标，就没有必要引入积分作用。

由于比例积分控制器具有比例和积分控制的优点，有比例度 δ 和 T_I 两个参数可供选择，因此适用范围比较宽广，多数控制系统都可以采用。只有在过程的容量滞后大、时间常数大或负荷变化剧烈时，由于积分作用较为迟缓，系统的控制指标不能满足工艺要求，才考虑在系统中增加微分作用。

④ 积分饱和及防止　积分饱和指的是一种积分过量现象。在通常的控制回路中，由于积分作用能一直消除偏差，因而能达到没有余差的稳态值，但在有些场合却并非如此。例如，在保证压力不超限的安全放空系统［图 6-9(a)］，设定值即为压力的容许限值，在正常操作情况下，放空阀是全关的，然而实际压力总是低于此设定值，偏差长期存在。如果考虑在气源中断时保证安全，采用气关阀，则控制器应该是反作用的。假使采用气动控制器，则由于在正常工况下偏差一直存在，控制器输出将达到上限。此时，控制器输出不仅是上升到额定的最大值 100kPa 为止，而是会继续上升到气源压力 140～160kPa，这就是图 6-9(b) 中起始段的情况。

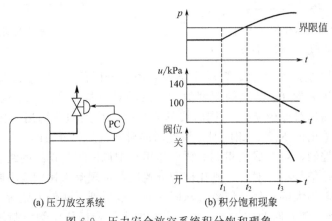

(a) 压力放空系统　　　　　　(b) 积分饱和现象

图 6-9　压力安全放空系统积分饱和现象

这样固然对保证阀门禁闭不无好处，但是，如从 $t=t_1$ 开始，容器内压力开始等速上升，则在达到规定界限值（即控制器设定值）以前，由于偏差仍是正值，如果积分作用强于比例作用，控制器输出不会下降。在 $t=t_2$ 时，压力达到设定值，从 t_2 以后，偏差反向，积分作用和比例作用都使控制器输出减小，不过在输出气压未降到 100kPa 以前，阀门仍是全关的，这就是说，在 $t_2 \sim t_3$ 这段时间，控制器仍未能起到它应该执行的作用。直到 $t > t_3$ 后，阀门才开始打开。这一时间上的推迟，使初始偏差加大，也使以后控制过程中的动态偏差加大，甚至引起危险。这种积分过量的现象，叫做积分饱和。

如果考虑在气源中断时不要出现大量放空，改用气开阀，控制器改为正作用，情况也不能改善。控制器输出不是仅降到 20kPa，而是会降到接近大气压，积分过量现象依然存在。

除了上述的放空控制外，还有一些简单控制系统也会出现积分饱和现象。例如在间歇式反应釜的温度控制回路中，进料的温度较低，离设定值较远，因此在初始阶段正偏差较大，控制器输出会达到积分极限，把加热蒸汽阀开足。而当釜内温度达到和开始超出设定值后，蒸汽阀仍不能及时关小，其结果是使温度大大超出设定值，使动态偏差加大，控制质量变差。凡是长期存在偏差的简单控制系统，常常会出现积分饱和现象。在有些复杂控制系统中，积分饱和甚至更为严重。

积分饱和不仅在使用气动控制器时可能会出现，在采用电动 PI 控制时也会出现。

由于积分饱和引起控制作用的推延乃至失灵，因此它会对系统控制造成危害，严重时会发生事故。解决积分饱和问题的常用方法是使控制器实现 PI-P 控制规律，即当控制器的输出在某一范围之内时，它是 PI 控制作用，能消除余差；当输出超过某一限值时，它是 P 作用，能防止积分饱和。

（3）比例微分控制（PD）

① 微分控制规律　理想的微分控制规律，其输出信号 $\Delta u(t)$ 正比于输入信号 $e(t)$ 对时间的导数

$$\Delta u(t) = T_D \frac{de(t)}{dt} \tag{6-12}$$

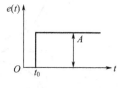

式中，T_D 为微分时间。

传递函数为

$$G_c(s) = \frac{U(s)}{E(s)} = T_D s \tag{6-13}$$

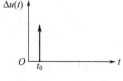

理想微分器在阶跃偏差信号作用下的开环输出特性是一个幅度无穷大、脉宽趋于零的尖脉冲，如图 6-10 所示。由图 6-10 可见，微分器的输出只与偏差的变化速度有关，而与偏差的存在与否无关，即偏差固定不变时，不论其数值有多大，微分作用都无输出。纯粹的微分控制是无益的，因此常将微分控制与比例控制结合在一起使用。

图 6-10　理想微分
开环输出特性

② 比例微分控制规律　理想的比例微分控制规律的数学表达式为

$$\Delta u(t) = K_c \left[e(t) + T_D \frac{de(t)}{dt} \right] \tag{6-14}$$

传递函数为

$$G_c(s) = \frac{U(s)}{E(s)} = K_c(1 + T_D s) \tag{6-15}$$

其开环输出特性如图 6-11 所示。理想的比例微分控制器在制造上是困难的，工业上都是用实际比例微分控制规律的控制器。

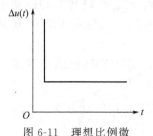

实际比例微分控制规律的数学表达式为

$$\frac{T_D}{K_D} \frac{d\Delta u(t)}{dt} + \Delta u(t) = K_c \left[e(t) + T_D \frac{de(t)}{dt} \right] \tag{6-16}$$

传递函数为

$$G_c(s) = \frac{U(s)}{E(s)} = \frac{K_c(1 + T_D s)}{\frac{T_D}{K_D} s + 1} \tag{6-17}$$

图 6-11　理想比例微
分开环输出特性

式中，K_D 为微分增益（微分放大倍数）。

上式中若将 K_D 取得较大，可近似认为是理想比例微分控制。

在幅度为 A 的阶跃偏差信号作用下，实际 PD 控制器的输出为

$$\Delta u(t) = K_c A + K_c A(K_D - 1) \exp\left(-\frac{t}{T}\right) \tag{6-18}$$

式中，$T = T_D/K_D$。根据上式可得实际比例微分控制器在幅度为 A 的阶跃偏差作用下的开环输出特性，见图 6-12。在偏差跳变瞬间，输出跳变幅度为比例输出的 K_D 倍，即 $K_D K_c A$，然后按指数规律下降，最后当 t 趋于无穷大时，仅有比例输出 $K_c A$。因此决定微分作用的强弱有两个因素：一个是开始跳变幅度的倍数，用微分增益 K_D 来衡量，另一个是降下来所需要的时间，用微分时间 T_D 来衡量。输出跳得越高，或降得越慢，表示微分作用越强。

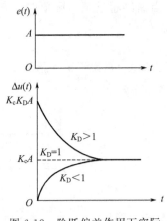

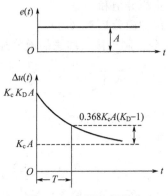

图 6-12 阶跃偏差作用下实际
比例微分开环输出特性

图 6-13 实际比例微分
控制器微分时间测定

微分增益 K_D 是固定不变的，只与控制器的类型有关。电动控制器的 K_D 一般为 5～10。如果 $K_D = 1$，则此时等同于纯比例控制。另外还有一类 $K_D < 1$ 的，称为反微分器，它的控制作用反而减弱。这种反微分作用运用于噪音较大的系统中，会起到较好的滤波作用。

微分时间 T_D 是可以改变的。测定微分时间 T_D 时，先测定阶跃信号 A 作用下比例微分输出从 $K_D K_c A$ 下降到 $K_c A + 0.368 K_c A (K_D - 1)$ 所经历的时间 t，此时 $t = T_D / K_D$，再将该时间 t 乘以微分增益 K_D 即可。如图 6-13 所示。微分时间 T_D 越大，微分作用越强。由于微分在输入偏差变化的瞬间就有较大的输出响应，因此微分控制被认为是超前控制。

从实际使用情况来看，比例微分控制规律用得较少，在生产上微分往往与比例积分结合在一起使用，组成 PID 控制。

（4）比例积分微分控制（PID）

① PID 控制规律　理想的比例积分微分（PID）控制规律表达式及传递函数见式（6-1）和式（6-2）。实际的 PID 控制规律较为复杂，在此不拟叙述。

在幅度为 A 的阶跃偏差作用下，实际 PID 控制可看成是比例、积分和微分三部分作用的叠加，即

$$\Delta u(t) = K_c A \left[1 + \frac{t}{T_I} + (K_D - 1) \exp\left(-\frac{K_D t}{T_D} \right) \right] \quad (6-19)$$

其开环特性如图 6-14 所示。

② 微分时间 T_D 对系统过渡过程的影响　在负荷变化剧烈、扰动幅度较大或过程容量滞后较大的系统中，适当引入微分作用，可在一定程度上提高系统的控制质量。这是因为当控制器在感受到偏差后再进行控制，过程已经受到较大幅度扰动的影响，或者扰动已经作用了一段时间，而引入微分作用后，当被控变量一有变化时，根据变化趋势适当加大控制器的输出信号，将有利于克服扰动对被控变量的影响，抑制偏差的增长，从而提高系统的稳定性。如果要求引入微分作用后仍然保持原来的衰减比 n，则可适当减小控制器的比例度，一般可减小 15% 左右，从而使控制系统的控制指标得到

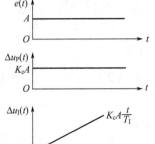

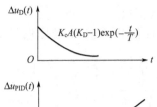

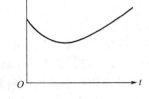

图 6-14 阶跃偏差作用下
PID 控制器开环输出特性

全面改善。但是，如果引入的微分作用太强，即 T_D 太大，反而会引起控制系统剧烈地振荡，这是必须注意的。此外，当测量中有显著的噪声时，如流量测量信息常带有不规则的高频扰动信号，则不宜引入微分作用，有时甚至需要引入反微分作用。

微分时间 T_D 的大小对系统过渡过程的影响，如图 6-15 所示。从图 6-15 中可见，若取 T_D 太小，则对系统的控制指标没有影响或影响甚微，如图中曲线 1；选取适当的 T_D，系统的控制指标将得到全面的改善，如图中曲线 2；但若 T_D 取得过大，即引入太强的微分作用，反而可能导致系统产生剧烈的振荡，如图中曲线 3 所示。

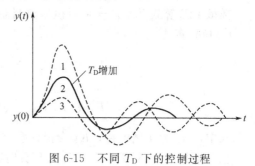

图 6-15　不同 T_D 下的控制过程

由于 PID 控制器有比例度 δ、积分时间 T_I、微分时间 T_D 三个参数可供选择，因而适用范围广，在温度和成分分析控制系统中得到更为广泛的应用。

PID 控制规律综合了各种控制规律的优点，具有较好的控制性能，但这并不意味着它在任何情况下都是最合适的，必须根据过程特性和工艺要求，选择最为合适的控制规律。下列是各类化工过程常用的控制规律。

液位：一般要求不高，用 P 或 PI 控制规律。

流量：时间常数小，测量信息中杂有噪音，用 PI 或加反微分控制规律。

压力：介质为液体的时间常数小，介质为气体的时间常数中等，用 P 或 PI 控制规律。

温度：容量滞后较大，用 PID 控制规律。

③ PID 控制器的构成　PID 的构成方式有好几种，如电动 Ⅱ 型控制器中将 P、I、D 环节直接在反馈网络中串接，而电动 Ⅲ 型控制器以及数字式控制器中采用 PD 和 PI 电路相串接的形式。在串接形式中，一般认为 PD 接在 PI 之前较为合适。

图 6-16(a) 的接法可以适当减轻积分饱和的程度，因为微分作用与偏差极性无关，只要偏差变化，它总能使输出发生变化，由正值变为负值或反之，使 PI 单元早一些起变化。而积分作用则不然，其输出变化与偏差极性有关，当达到积分饱和后，虽然偏差有变化，若极性不变，控制器输出仍然处于最大或最小，对控制过程不利。

图 6-16(b) 是将 PD 单元接在变送器之后而在比较机构之前，即只对测量值 y 有微分作用，而对设定值 r 不直接进行微分。这种方式被称为微分先行。当设定值改变时，不会使控制器输出产生突变，避免了设定值扰动。有利于系统的稳定。

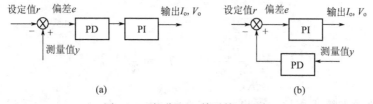

图 6-16　部分 PID 单元接法示意

6.2.2　离散 PID 控制算法

在数字式控制器和计算机控制系统中，对每个控制回路的被控变量处理在时间上是离散断续进行的，其特点是采样控制。每个被控变量的测量值与设定值比较一次，按照预定的控制算法得到输出值，通常把它保留到下一采样时刻。若采用 PID 控制，因为只能获得

$e(k) = r(k) - y(k)$ $(k = 1, 2, 3, \cdots)$ 的信息，所以连续 PID 运算相应改为离散 PID，比例规律采样进行，积分规律需通过数值积分，微分规律需通过数值微分。

（1）PID 算式基本形式

离散 PID 算式基本形式是对模拟控制器连续 PID 算式离散化得来的，有下列几种算法。

① 位置算法

$$u(k) = K_c e(k) + \frac{K_c}{T_I} \sum_{i=0}^{k} e(i) \Delta t + K_c T_D \frac{e(k) - e(k-1)}{\Delta t}$$

$$= K_c e(k) + K_I \sum_{i=0}^{k} e(i) + K_D [e(k) - e(k-1)]$$

式中，K_c 为比例增益；K_I 为积分系数；K_D 为微分系数。

积分系数 $K_I = K_c T_S / T_I$，T_I 为积分时间。

微分系数 $K_D = K_c T_D / T_S$，T_D 为微分时间。

T_S 为采样周期（即采样间隔时间 Δt），k 为采样序号。

② 增量算法

$$\Delta u(k) = u(k) - u(k-1)$$

$$= K_c \Delta e(k) + K_I e(k) + K_D \{[e(k) - e(k-1)] - [e(k-1) - e(k-2)]\}$$

$$= K_c [e(k) - e(k-1)] + K_I e(k) + K_D [e(k) - 2e(k-1) + e(k-2)]$$

式中，$\Delta u(k)$ 对应于在两次采样时间间隔内控制阀开度的变化量。

③ 速度算法

$$v(k) = \frac{\Delta u(k)}{\Delta t} = \frac{K_c}{T_S} [e(k) - e(k-1)] + \frac{K_c}{T_I} e(k) + \frac{K_c K_D}{T_S^2} [e(k) - 2e(k-1) + e(k-2)]$$

式中，$v(k)$ 是输出变化速率。由于采样周期选定后，T_S 就是常数，因此速度算式与增量算式没有本质上的差别。

实际数字式控制器和计算机控制中，增量算式用得最多。

（2）PID 算式改进形式

在实际使用时为了改善控制质量，对 PID 算式进行了改进。

① 不完全微分型（非理想）算式 完全微分型算式的控制效果较差，故在数字式控制器及计算机控制中通常采用不完全微分型算式。

以不完全微分的 PID 位置型为例，其算式为

$$u(k) = K_c \left\{ e(k) + \frac{T_S}{T_I} \sum_{i=0}^{k} e(i) + \frac{T_D}{T^*} [e(k) - e(k-1)] + \alpha u(k-1) \right\}$$

式中

$$\alpha = \frac{\dfrac{T_D}{K_D}}{\dfrac{T_D}{K_D} + T_S}, \qquad T^* = \frac{T_D}{K_D} + T_S$$

该算式与完全微分型算式相比，多出 $\alpha u(k-1)$ 一项，它是 $(k-1)$ 次采样的微分输出值，算式的系数设置和计算变得复杂，但控制质量变好。完全微分作用在阶跃扰动的瞬间，输出有很大的变化，这对于控制不利。如果微分时间 T_D 较大，比例度较小，采样时间又较短，就有可能在大偏差阶跃扰动的作用下引起算式的输出值超出极限范围，输出值溢出停机。另外，完全微分算式的输出只在扰动产生的第一个周期内有变化，微分仅在瞬间起作用，从总体上看，微分作用不明显；而不完全微分算式在偏差阶跃扰动的作用下微分作用瞬间不是太

强烈，并可保持一段时间，从总体上看，微分作用得以加强，控制质量较好。

② 微分先行 PID 控制　只对测量值进行微分，而不是对偏差进行微分。这样，在设定值变化时，输出不会突变，而被控变量的变化是较为缓和的。

③ 积分分离 PID 算式　使用一般 PID 控制时，当开工、停工或大幅度改变设定值时，由于短时间内产生很大偏差，会造成严重超调或长时间的振荡。采用积分分离 PID 算式可以克服这一缺点。所谓积分分离，就是在偏差大于一定数值时，取消积分作用，而当偏差小于这一数值时，才引入积分作用。这样既可减小超调，又能使积分发挥消除余差的作用。

积分分离 PID 算式如下

$$\Delta u(k) = K_c[e(k) - e(k-1)] + K_L K_I e(k) + K_D[e(k) - 2e(k-1) + e(k-2)]$$

式中，当 $e(k) \leqslant A$ 时 $K_L = 1$，引入积分作用；当 $e(k) > A$ 时 $K_L = 0$，积分不起作用。A 为预定阈值。

（3）采用离散 PID 算法与连续 PID 算法的性能比较

模拟式控制器采用连续 PID 算法，它对扰动的响应是及时的；而数字式控制器及计算机采用离散 PID 算法，它需要等待一个采样周期才响应，控制作用不够及时。其次，在信号通过采样离散化后，难免受到某种程度的曲解，因此若采用等效的 PID 参数，则离散 PID 控制质量不及连续 PID 控制质量，而且采样周期取得越长，控制质量下降得越厉害。但是数字式控制器及计算机采用离散 PID 时可以通过对 PID 算式的改进来改善控制质量，并且 P、I、D 参数调整范围大，它们相互之间无关联，没有干扰，因此也能获得较好的控制效果。

6.3　模拟式控制器

6.3.1　模拟式控制器基本结构

模拟式控制器所传送的信号形式为连续的模拟信号，其基本结构包括比较环节、反馈环节、放大器三部分。

① 比较环节　控制器首先要通过比较环节将被控变量的测量值与设定值进行比较得到偏差。在电动控制器中比较环节都是在输入电路中进行电压或电流信号的比较。

② 反馈环节　控制器的 PID 控制规律是通过反馈环节进行的。在电动控制器中输出的电信号通过电阻和电容构成的无源网络反馈到输入端。

③ 放大器　放大器实质上是一个稳态增益很大的比例环节。在电动控制器中可采用高增益的集成运算放大器。

6.3.2　DDZ-Ⅲ型电动单元控制器

DDZ-Ⅲ型电动单元控制器是模拟式控制器中较为常见的一种，它以来自变送器或转换器的 1～5V 直流测量信号作为输入信号，与 1～5V 直流设定信号相比较得到偏差信号，然后对此信号进行 PID 运算后，输出 1～5V 或 4～20mA 直流控制信号，以实现对工艺变量的控制。

Ⅲ型控制器的特点有以下几点。

① 采用高增益、高阻抗线性集成电路组件，提高了仪表精度、稳定性和可靠性，降低了功耗。

② 由于采用集成电路，扩展了功能，在基型控制器的基础上可增加各种功能，如非线性控制器可以解决严重非线性过程的自动控制问题，前馈控制器可以解决大扰动及大滞后过

程的控制，也可以根据需要在控制器上附加一些单元如偏差报警、输出双向限幅及其他功能的电路。

③ 整套仪表可以构成安全火花型防爆系统，而且增加了安全单元——安全栅，实现控制室与危险场所之间的能量限制和隔离。

④ 有软、硬两种手动操作方式，软手动与自动之间相互切换具有双向平衡无扰动特性，提高了控制器的操作性能。这是因为在自动与软手动之间有保持状态，此时控制器输出可长期保持不变，所以即使有偏差存在，也能实现无扰动切换。所谓无扰动切换，是指控制器在不同操作方式切换瞬间保持输出值不变，这样控制阀的开度也将保持不变，不会由于控制器不同操作方式的切换引起被控变量发生变化，即不会产生扰动。

⑤ 采用国际标准信号制，现场传输信号为 4～20mA 直流电流，控制室联络信号为 1～5V 直流电压，信号电流和电压的转换电阻为 250Ω。由于电气零点不是从零开始，因此容易识别断电、断线等故障。信号传输采用电流传送-电压接受的并联方式，即进出控制室的传输信号为直流电流信号（4～20mA），将此电流信号转换成直流电压信号后，以并联形式传输给控制室各仪表。

Ⅲ型控制器中的基型控制器有全刻度指示和偏差指示两种类型，它们的主要部分是相同的，仅指示部分有区别。

基型全刻度指示控制器的原理如图 6-17 所示。

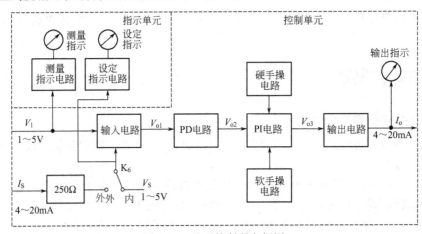

图 6-17　基型控制器方框图

基型控制器由控制单元和指示单元两大部分组成，其中控制单元包括输入电路（偏差差动和电平移动电路）、PID 运算电路（由 PD 与 PI 运算电路串联）、输出电路（电压、电流转换电路）以及硬、软手操电路部分；指示单元包括测量信号指示电路、设定信号指示电路以及内设定电路。控制器的设定信号可由开关 K_6 选择为内设定或外设定，内设定信号为 1～5V 直流电压，外设定信号为 4～20mA 直流电流，它经过 250Ω 精密电阻转换成 1～5V 直流电压。

控制器的工作状态有"自动"、"软手动"、"硬手动"及"保持"四种。当控制器处于"自动"状态时，测量信号与设定信号通过输入电路进行比较，由比例微分电路、比例积分电路对其偏差进行 PD 和 PI 运算后，再经过电路转换为 4～20mA 直流电流，作为控制器的输出信号，去控制执行器。当控制器处于"保持"状态（即它的输出保持切换前瞬间的数值）时，若同时将控制器切换到"软手动"状态，输出可按快或慢两种速度线性地增加或减小，以对工艺过程进行手动控制。当控制器处于"硬手动"状态时，控制器的输出与手操电压成比例，即输出值与硬手动操作杆的位置一一对应。

控制器还设有"正"、"反"作用开关供选择，以满足控制系统的控制要求。控制器中将偏差 e 定义为测量值与设定值之差（$e=y-r$），若测量值大于设定值，称为正偏差；若测量值小于设定值，称为负偏差。当控制器置于"正"作用时，控制器的输出随着正偏差的增加而增加；置于"反"作用时，控制器的输出随着正偏差的增加而减小。若是负偏差，其控制器在"正"、"反"作用下的输出刚好与正偏差的情况相反。

为了便于维护和检修，还在控制器的输入端与输出端安装输入检测插孔和手动检测插孔。当控制器出现故障时或者需要维修时，可以无扰动切换到便携式手动操作器进行手动操作。

在使用基型控制器时应注意以下几点。

① 正确设置内、外设定开关。"内"设定时，设定电压信号由控制器内部的设定电路产生，操作者通过设定值拨盘确定设定信号大小。在定值控制系统中，控制器应置于"内"设定。

"外"设定时，由外部装置提供设定值信号。在随动控制系统中，控制器应置于"外"设定。如串级控制系统中的副控制器设定值由主控制器的输出值提供；比值控制中的从动量控制器设定值就是由主动量测量值提供。

② 一般在刚刚开车或控制工况不正常时采用手动控制，待系统正常稳定运行时无扰动切换到自动控制。

③ 控制器"正"、"反"作用开关不能随意选择，要根据工艺要求及控制阀的气开、气关情况来决定，保证控制系统为负反馈。

在控制系统中，有些系统要求控制器具有正作用特性，有的系统要求控制器具有反作用特性。即使是同一个过程，要求也不一定相同。例如在图 6-18 中，假定所用控制阀是气关式的，控制器采用正作用，那么当液位越高时，控制器输出也就越大，把进料阀关小，使液位降下来，起到了控制作用。反之，假定控制阀是气开式的，若控制器再采用正作用，则当液位偏高时，增大控制器输出反而会把进料阀开大，这样做是推波助澜，使液位继续上升，偏离原来设定值越来越远，不可能达到平衡状态，故此时控制器只能采用反作用方可起到控制作用。

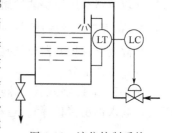

图 6-18　液位控制系统

④ 正确设置 P、I、D 参数。控制器上的 PID 参数不能任意设置，必须通过参数整定，选择一组合适的 PID 参数，这样才能保证控制器在控制系统中发挥作用。

6.4　数字式控制器

数字式控制仪表以其强大的控制功能、灵活方便的操作手段、清晰直观的数字显示以及安全可靠、性能价格比高等特点，逐渐得到推广应用。数字式控制器以微处理器为运算和控制核心，可由用户编制程序，组成各种控制规律。早期典型产品有我国从国外引进或组装，并广泛使用的 KMM、SLPC、PMK、Micro760/761 等。由于上述产品均控制一个回路，因此习惯上称之为"单回路控制器"、"可编程序调节器"。现在由于受到 PLC 和 DCS 等应用普及的影响，数字式控制器所具有的功能都可以在 PLC 和 DCS 中实现，因此其关注度和发展态势有所下降。但是对于单个控制回路等不太复杂的控制系统，数字式控制器具有针对性强且性价比高的优势。

6.4.1　数字式控制器主要特点

数字式控制器与模拟式控制器在构成原理和所用器件上有很大差别。数字式控制器采用数字技术，以微型计算机为核心部件；而模拟式控制器采用模拟技术，以运算放大器等模拟电子器件为基本部件。数字式控制器有如下主要特点。

① 实现了模拟仪表与计算机一体化　将微处理器引入控制器，充分发挥了计算机的优越性，使控制器电路简化，功能增强，提高了性能价格比。同时考虑到人们长期以来习惯使用模拟式控制器的情况，数字式控制器的外形结构、面板布置保留了模拟式控制器的特征，使用操作方式也与模拟式控制器相似。

② 具有丰富的运算控制功能　数字式控制器有许多运算模块和控制模块。用户根据需要选用部分模块进行组态，可以实现各种运算处理和复杂控制。除了具有模拟式控制器 PID 运算等一切控制功能外，还可以实现串级控制、比值控制、前馈控制、选择性控制、自适应控制、非线性控制等。因此数字式控制器的运算控制功能大大高于常规的模拟控制器。

③ 使用灵活方便，通用性强　数字式控制器模拟量输入输出均采用国际统一标准信号（4～20mA 直流电流，1～5V 直流电压），可以方便地与 DDZ-Ⅲ型仪表相连。同时数字式控制器还有数字量输入输出，可以进行开关量控制。用户程序采用"面向过程语言（POL）"编写，易学易用。

④ 具有通讯功能，便于系统扩展　通过数字式控制器标准的通讯接口，可以挂在数据通道上与其他计算机、操作站等进行通讯，也可以作为集散控制系统的过程控制单元。

⑤ 可靠性高，维护方便　在硬件方面，一台数字式控制器可以替代数台模拟仪表，减少了硬件连接；同时控制器所用元件高度集成化，可靠性高。

在软件方面，数字式控制器具有一定的自诊断功能，能及时发现故障，采取保护措施；另外复杂回路采用模块软件组态来实现，使硬件电路简化。

6.4.2　数字式控制器的基本构成

通常数字式控制器包括硬件与软件两大部分。

（1）硬件部分

图 6-19 是数字式控制器硬件构成原理框图，它由主机电路（CPU，ROM，RAM，CTC，输入输出接口等）、过程输入、输出通道、人机联系部件和通讯部件等组成。

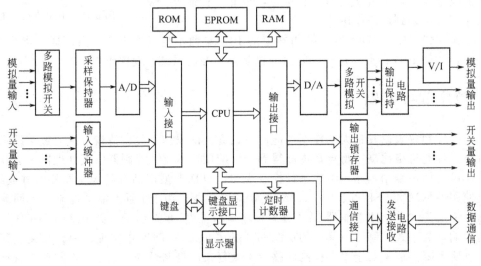

图 6-19　数字式控制器硬件构成框图

① 主机电路　CPU（中央处理单元）是数字式控制器的核心，通常采用 8 位微处理器，完成接受指令、数据传送、运算处理和控制功能。它通过总线与其他部分连在一起构成一个系统。

系统 ROM（只读存储器）存放系统程序。系统程序由制造厂家编制，用来管理用户程序、功能子程序、人机接口及通讯等，一般用户是无法改变系统程序的。用户 ROM 一般采用 EPROM 芯片，存放用户编制的程序。用户程序在编制并调试通过后固化在 EPROM 中。如果程序要修改，则可通过紫外线"擦除"EPROM 中的程序，重新将新的用户程序固化在 EPROM 中。

RAM（随机存储器）用来存放控制器输入数据、显示数据、运算的中间值和结果等。

在系统掉电时，ROM 中的程序是不会丢失的，而 RAM 中的内容会丢失。因此数字式控制器以镍镉电池作为 RAM 的后备电源，在系统掉电时自动接入，以保证 RAM 中内容不丢失。

有的数字式控制器采用电可改写的 EEPROM 芯片存放重要参数，它同 RAM 一样具有读写功能，且在掉电时不会丢失数据。

定时/计数器（CTC）有定时/计数功能。定时功能用来确定控制器的采样周期，产生串行通讯接口所需的时钟脉冲；计数功能主要对外部事件进行计数。

输入输出接口（I/O）是 CPU 同输入、输出通道及其他外设进行数据交换的部件，它有并行接口和串行接口两种。并行接口具有数据输入、输出、双向传送和位传送功能，用来连接输入、输出通道，或直接输入、输出开关量信号。串行接口具有异步或同步传送串行数据的功能，用来连接可接收或发送串行数据的外部设备。

一些新的数字式控制器采用单片微机作为主要部件。单片微机内包含了 CPU，ROM，RAM，CTC 和 I/O 接口电路，它起到多芯片组成电路的功能，因此体积更小、连线更少、可靠性更高、且价格便宜。

② 过程输入、输出通道 模拟量输入通道由多路模拟开关、采样保持器及模拟量/数字量转换电路（A/D）等构成。模拟量输入信号在 CPU 的控制下经多路模拟开关采入，经过采样保持器，输入 A/D 转换电路，转换成数字量信号并送往主机电路。

开关量和数字量输入通道是接收控制系统中的开关信号（"接通"或"断开"）以及逻辑部件输出的高、低电平（分别以数字量"1"，"0"表示），并将这些信号通过输入缓冲电路或者直接经过输入接口送往主机电路。为了抑制来自现场的电气干扰，开关量输入通道常采用光电耦合器件作为输入隔离，使通道的输入与输出在直流上互相隔离，彼此无公共连接点，增强抗干扰能力。

模拟量输出通道由数字量/模拟量转换器（D/A）、多路模拟开关和输出保持电路等组成。来自主机电路的数字信号经 D/A 转换成 1～5V 直流电压信号，再经过多路模拟开关和输出保持电路输出。输出电压也可经过电压/电流转换电路（V/I）转换成 4～20mA 直流电流信号输出。

开关量（数字量）输出通道通过输出锁存器输出开关量（包括数字、脉冲量）信号，以便控制继电器触点和无触点开关的接通与释放，也可控制步进电机的运转。输出通道也常采用光电耦合器件作为输出隔离，以免受到现场干扰的影响。

③ 人机联系部件 在数字式控制器的正面和侧面放置人机联系部件。正面板的布置与常规模拟式控制器相似，有测量值和设定值显示表、输出电流显示表、运行状态（自动/串级/手动）切换按钮、设定值增/减按钮、手动操作按钮以及一些状态显示灯。侧面板有设置和指示各种参数的键盘、显示器。

④ 通讯部件 数字式控制器的通讯部件包括通讯接口和发送、接收电路等。通讯接口将欲发送的数据转换成标准通讯格式的数字信号，由发送电路送往外部通讯线路（数据通道），同时通过接收电路接收来自通讯线路的数字信号，将其转换成能被计算机接收的数据。

数字式控制器大多采用串行通讯方式。

（2）软件部分

数字式控制器软件包括系统程序和用户程序。

① 系统程序　系统程序主要包括监控程序和中断处理程序两部分，是控制器软件的主体。

监控程序包括系统初始化、键盘和显示管理、中断管理、自诊断处理以及运行状态控制等模块，如图 6-20(a) 所示。

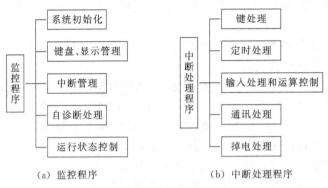

（a）监控程序　　　　　　　（b）中断处理程序

图 6-20　系统程序的组成

系统初始化是设置初始参数，如定时/计数数值、各个变量初始状态及数值等；键盘、显示管理模块用以识别键码、确定键处理程序的走向和显示格式；中断管理模块用以识别中断源，比较它们的优先级别，以便做出相应的中断处理；自诊断处理程序采用巡回检测方式监督检查控制器各功能部件是否正常，如果发生异常情况，则能显示异常标志，发出警报或做出相应的故障处理；运行状态控制是判断控制器操作按钮的状态和故障情况，以便进行手动、自动或其他控制。除此以外，有些控制器的监控程序还有时钟管理和外设管理模块。

仪表上电复位开始工作时，首先进行系统初始化，然后依次调用其他各个模块并且重复进行调用。一旦发生了中断，在确定了中断源后，程序便进入相应的中断处理模块，待执行完毕，又返回监控程序，再循环重复上述工作。

中断处理程序包括键处理、定时处理、输入处理和运算控制、通讯处理和掉电处理等模块。

键处理模块识别键码，执行相应的键服务程序；定时处理模块实现控制器的定时（计数）功能，确定采样周期，并产生时序控制所需的时基信号；输入处理和运算模块的功能是进行数据采集、数字滤波、标度转换、非线性校正、算术运算和逻辑运算，各种控制算法（不仅是 PID 算法，还有多种复杂运算）的实施以及数据输出等；通讯处理模块按一定的通讯规程完成与外界的数据交换；掉电处理模块用以处理"掉电事故"，当供电电压低于规定值时，CPU 立即停止数据更新，并将各种状态参数和有关信息存储起来，以备复电后控制器能正常运行。

以上是数字式控制器的基本功能模块。不同的控制器，其具体用途和硬件结构会有所差异，因而所选用的功能模块内容和数量都有所不同。

② 用户程序　用户程序由用户自行编制，实际上是根据需要将系统程序中提供的有关功能模块组合连接起来（通常称为"组态"），以达到控制目的。

编程采用 POL 语言（面向过程语言），它是为了定义和解决某些问题而设计的专用程序语言，程序设计简单，操作方便，容易掌握和调试。通常有组态式和空栏式两种语言。组态式又有表格式和助记符式之分，如 KMM 数字式控制器采用表格式组态语言，而 SLPC 数字式控制器采用助记符式组态语言。

控制器的编程工作是通过专用的编程器进行的，有在线和离线两种编程方法。

所谓在线编程，是指编程器与控制器通过总线连接共用一个 CPU，编程器插一个 EPROM 供用户写入。用户程序调试完毕后写入 EPROM，然后将 EPROM 取下，插在控制器上相应的 EPROM 插座上。SLPC 数字式控制器采用在线编程方法。

所谓离线编程，是指编程器自带一个 CPU，编程器脱离控制器，自行组成一台"程序写入器"，独立完成编程工作，并将程序写入 EPROM，然后再把写好的 EPROM 插在控制器上相应的 EPROM 插座上。KMM 数字式控制器采用这种离线编程方法。

6.4.3　YS1700 控制器

YS1700 控制器是日本横河 YS1000 系列中的一个主要品种。它适合小规模生产装置的控制、显示和操作，并且可以通过通讯接口挂到数据通道上与集散系统或同其他个人计算机联接，实现大、中规模的分散控制、集中管理、操作和监视。

（1）YS1700 控制器面板画面

YS1700 控制器具有数字式控制器的一般基本特点，其外形结构、面板布置保留了模拟式控制器的特征。YS1700 的前面板为彩色 LCD 液晶显示器，画面显示内容也分为操作画面、调整画面、工程画面共三类画面（图 6-21）。

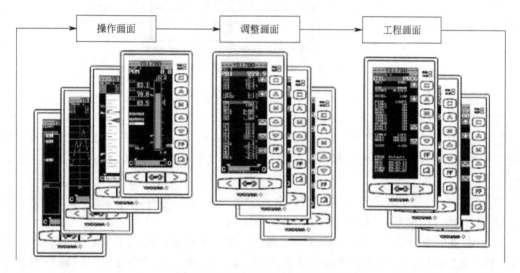

图 6-21　YS1700 丰富的画面显示

YS1700 有 3 个趋势画面，趋势画面 1 或 2 可分别显示回路 1 或 2 的测量值、设定值和操作输出值各 3 个参数，趋势画面 3 可挑选 4 点参数显示；发生故障时，画面自动切换到故障画面。YS1700 的双回路画面，可同时显示串级控制、选择性控制或双回路控制时所涉及的两个回路的工作情况。事件发生时，将在运行画面上弹出用户自定义信息，如事件内容、操作提要，用户可事先设定 5 条事件信息。

YS1700 显示方式有棒状图画面、指针画面两种。图 6-22 为指针显示画面，虽然大部分与模拟调节器显示面板相似，但仍有很多不同之处。可以实现模拟与数字双重显示。

（2）YS1700 控制器主要功能

YS1700 控制器可以文本编程，还可以模块编程。文本编程容量为 1000 行，模块编程容量为 400 个功能模块。

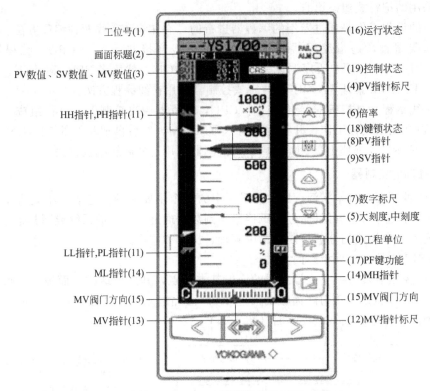

图 6-22　YS1700 的指针显示画面

① 控制与运算功能　采用了 4 字节浮点运算，可进行实量运算。具有一百多种运算模块，如指数和对数函数及压力补偿等模块。

② 功能选择模式（无需编程）　多功能控制器模式可从常用功能（单回路，级联，或选择控制）中选择控制类型，无需编程。可通过参数设定选择分配到数字和模拟输入/输出的功能。

③ 扩展 I/O　带扩展 I/O 的基本型具有 8 个模拟输入点，4 个模拟输出点，10 个数字输入点或 10 个数字输出点。（共 14 个数字输入/输出点）。

④ 控制输出备份功能　配备双 CPU，其中一个用于控制，另一个用于显示。即使其中一个 CPU 发生故障，也可进行显示和手动操作。此外，硬手动回路与数字回路分别独立存在，当包括两个 CPU 的数字回路发生故障时，能够手动调节控制器输出。

⑤ 存储备份时采用非易失性存储器　存储备份时不使用电池或电容，无需定期维护。

⑥ AC/DC 两用电源　可通过 AC(100V) 或 DC(24 V) 电源供电。操作范围广，确保了电压波动时的稳定性。

⑦ 通信功能　可选配以太网（Modbus/TCP）、RS（PC Link，Modbus，点对点通信，及 YS 协议）、DCS-LCS 通信等方式。

6.5　可编程序控制器

6.5.1　可编程序控制器概述

可编程序控制器（Programable Logical Controler，简称 PLC）是一种专门为在工业环境下应用而设计的数字运算操作的电子装置。它采用可以编程的存储器，在其内部存储执行逻辑运算、顺序运算、计时、计数和算术运算等操作指令，并通过数字式或模拟式的输入和输出来控制各种类型的机械和生产过程。由于它具有操作方便、可靠性高等优点，可编程序控制器目前已成为工业自控领域中广泛应用的自动化装置，受到广大工程技术人员的重视和欢迎。

(1) 可编程序控制器的发展

美国的数字设备公司（DEC 公司）于 1969 年研制出了第一台可编程序控制器 PDP-14。其后，美国的 MODICON 公司也推出了同名的 084 控制器，日本于 1971 年推出了 DSC-8 控制器，西欧国家的各种可编程序控制器也于 1973 年研制成功，我国在 1974 年开始研制并于 1977 年研制出第一台具有实用价值的可编程序控制器。

从控制功能来看，可编程序控制器的发展经历了以下四个阶段。

① 初创阶段　第一台 PLC 问世到 20 世纪 70 年代中期，这一阶段的产品主要用于逻辑运算和计时、计数运算。

② 扩展阶段　20 世纪 70 年代中期到 70 年代末期，这一阶段产品的扩展功能包括数据的传送、数据的比较和运算、模拟量的运算等。

③ 通信阶段　20 世纪 70 年代末期到 80 年代中期，这一阶段可编程序控制器在通信方面有了很大的发展，形成了分布式的通信网络系统。但由于制造厂商各自采用不同的通信协议，产品互通较难。另外，在该阶段，数学运算功能得到较大扩充，产品可靠性进一步提高。

④ 开放阶段　20 世纪 80 年代中期以后，主要表现在通信系统的开放，各制造厂的产品可以通信。在这一阶段，产品规模增大，功能完善，大中型产品多数有屏幕显示。此外，还采用标准软件系统，增加了高级编程语言等。

(2) 目前较典型的可编程序控制器

PLC 经过三十多年的发展，已经形成了一些知名品牌产品，如美国 AB，日本三菱、欧姆龙，德国西门子等。这些产品已经在工业现场得到了广泛的应用。这里简单介绍技术先进的 SIMATIC S7 系列 PLC。

SIMATIC S7 系列 PLC 是德国西门子公司于 1995 年后陆续推出的性价比较高的产品，体现了全集成自动化的思想。S7 系列又分成 S7-200、S7-300、S7-400 系列。

① S7-200 系列　S7-200 系列是早期针对低性能要求设计的小型 PLC，是带有电源、CPU 和 I/O 的一体化单元设备，也可以选择不同类型的扩展模块，通过选择不同的扩展模块可以将 S7-200 接入 MPI（多点接口）网络、PROFIBUS 网络或以太网中。

② S7-300 系列　S7-300 系列是针对中低性能要求设计的模块化中小型 PLC，通用性强，具有高电磁兼容性和强抗振动冲击性能，工业环境适应性强，既能用于项目，又能用于 OEM。其品种繁多的 CPU 模块、信号模块和功能模块等几乎能满足各种领域的自动化控制任务。用户自行选择合适的模块应用于系统，将模块都安装在导轨上。信号模块和通信处理模块可以不受限制地插到导轨上任何一个槽，系统自行分配各个模块的地址。

a. S7-300 具有的多种不同的通信接口如下。

• 多点接口（MPI）集成在 CPU 中，用于连接编程设备；

• DP 接口，用于连接 PC、人机界面系统及其他 SIMATIC S7/M7/C7 等系统；

• 多种通信处理模块用来连接 AS-i 接口、工业以太网和 PROFIBUS 总线系统；

• 串行通信处理模块用来连接点对点的通信系统。

b. S7-300 的大量功能能够支持和帮助用户更简洁地编程，主要功能如下。

- 高速的指令处理，指令处理时间 0.6～0.1μs。
- 浮点数运算，可以有效地实现更为复杂的算术运算。
- 方便用户的参数赋值，一个带标准用户接口的软件工具给所有模块进行参数赋值，节省了入门和培训的费用。
- 人机界面（HMI），人机界面服务已经集成在 S7-300 操作系统内。因此人机对话的编程要求大大减少。SIMATIC 人机界面从 S7-300 中取得数据，S7-300 按用户指定的刷新速度传送这些数据。S7-300 操作系统自动地处理数据的传送。
- 诊断功能，CPU 的智能化的诊断系统连续监控系统功能是否正常、记录错误和特殊系统事件（例如超时、模块更换等）。
- 口令保护，多级口令保护可以使用户高度、有效地保护其技术机密，防止未经允许的复制和修改。

c. S7-300 系列 PLC 的基本构成。

S7-300 系列 PLC 是模块化结构设计的 PLC，各个单独模块之间可进行广泛组合和扩展。PLC 逻辑结构以 CPU 为核心，通过总线扩展输入输出模块、通信模块和闭环控制模块等其他模块组成系统。主要由以下几个部分组成。

- 中央处理单元（CPU）；
- 负载电源模块（PS）；
- 信号模块（SM）；
- 通信处理模块（CP）；
- 功能模块（FM）；
- 接口模块（IM）。

③ S7-400 系列 S7-400 是具有中高档性能的 PLC，采用模块化无风扇设计，适用于对可靠性要求极高的大型复杂控制系统。S7-400 也采用模块化结构，与 S7-300 系列 PLC 相比，模块的体积都比 S7-300 的更大，尤其表现在高度上，所以每个 SM 模块的点数更多。除了具有 S7-300 系统的功能外，S7-400 还有如下的增强功能。

a. 冗余系统的容错自动化系统。

b. 多 CPU 处理。在 S7-400 中央机架上，最多 4 个有多 CPU 处理能力的 CPU 同时运行。这些 CPU 自动地、同步地变换其运行模式，可以同步执行控制任务。使用多 CPU 中断（OB60）可以在相应的 CPU 中同步地响应一个事件。而且由于工作方式的复杂，CPU 模块上的指示灯也很多。

c. 扩展能力。中央机架只能插入最多 6 块发送型的接口模块，每个模块有两个接口，每个接口可以连接 4 个扩展机架，最多能连接 21 个扩展机架。扩展机架中的接口模块只能安装在最右边的槽。

d. 诊断功能。诊断功能比 S7-300 强大，比如硬件中断功能提供多达 8 个，其他中断也比 S7-300 更多。

S7-400 系列与 S7-300 系列 PLC 的基本构成基本相同。

（3）可编程序控制器的主要功能

① 开关逻辑和顺序控制 PLC 最广泛的应用是在开关逻辑和顺序控制领域，主要功能是进行开关逻辑运算和顺序逻辑控制。

② 模拟控制 在过程控制点数不多，开关量控制较多时，PLC 可作为模拟量控制的控

制装置。采用模拟输入输出卡件可实现 PID 等反馈或其他模拟量控制运算。

③ 信号联锁 信号联锁是安全生产的保证，高可靠性的 PLC 在信号联锁系统中发挥了很大的作用。

④ 通信 PLC 可以作为下位机，与上位机或同级的 PLC 进行通信，完成数据的处理和信息的交换，实现对整个生产过程的信息控制和管理。

（4）可编程序控制器的特点

① 可靠性 它是 PLC 的主要特点。与通用的计算机控制系统相比，PLC 在软硬件方面都采取了一系列提高可靠性的措施。

② 易操作性 操作、维修和编程都非常方便，极易操作使用。

③ 灵活性 主要表现在编程的灵活性、扩展的灵活性和操作的灵活性三方面。

④ 机电一体化 PLC 是专门为工业过程控制而设计的控制设备。机械和电气部件被有机地结合在一起，适应了机电一体化——仪表、电子、计算机综合的要求，体积大大减小，功能不断完善，已成为当今数控技术、工业机器人、过程控制等领域的主要控制设备。

6.5.2 可编程序控制器的工作原理

PLC 综合应用了自动化、计算机和通信等各个领域的成熟技术，形成了以微处理器为核心的高度模块化的机电一体化装置。PLC 的实际组成与一般微型计算机基本相同，也由硬件和软件两大部分组成。

（1）可编程序控制器的硬件系统

根据结构形式的不同，PLC 可分为整体式和模块式两类。

整体式结构的 PLC 是将组成 PLC 的多个单元集成到一个箱体内构成主机，体积小，结构紧凑，还可以根据需要配接独立的 I/O 扩展单元组合使用。小型 PLC 通常采用整体式结构，如西门子的 S7-200 系列 PLC 等。

组合式 PLC 是将组成 PLC 的多个单元分别做成相应的模块，各模块可以插在底板或导轨上，通过总线相互联系，结构配置灵活。大、中型 PLC 常采用组合式结构，如德国西门子公司的 S7-300/400 系列、美国 GE 公司的 VersaMax 系列、法国施奈德公司的 Modicon Premium 系列。

PLC 硬件系统由基本控制单元、扩展单元和外部设备三部分组成。

① 基本控制单元 PLC 的基本控制单元是一个能独立于被控生产过程或机械构成 PLC 控制系统的工作部件，它可由主机、输入、输出、外围接口和整机电源五个主要模块组成。

a. 主机模块，包括微处理器 CPU 和存储器两部分。主要操作功能：编程方式时，接收并存储从编程器送入的用户程序和数据；运行方式时，根据程序执行结果更新状态标志和输出缓冲区的内容；采用集中刷新的方法更新输出控制操作；进行必要的监控和故障自诊断；监控方式时，按监控操作要求，显示指令执行情况或内部器件工作的某些状态。

PLC 的主机模块在硬件结构上与一般的微机系统几乎完全一样，小型低档的 PLC 采用 8031 等 8 位通用微处理器或单片机；中大型的 PLC 则采用高速双极型位片式微处理器或高档微处理器。

PLC 的存储器分系统程序存储器和用户程序存储器。前者存储 PLC 的操作系统或监控程序，并在出厂时固化在 EPROM 中。用户程序在调试后固化在 EPROM 或 EEPROM 中。

b. 输入模块，从工业现场传感器输入的信号，经过输入模块缓冲和隔离后进入 PLC 的主机。输入开关量（如按钮、行程开关和继电器触点的通/断）、数字量（如拨码开关等）或模拟量（4～20mA 电流或 0～5V 电压等）。

c. 输出模块，PLC 把运算处理的结果通过输出模块送现场执行机构。

d. 外围接口模块，PLC 需要通过外围接口模块与编程器和扩展单元等部件连接。外围接口按信息传递方式可分为并行和串行两种方式。

PLC 的数据总线、控制总线和地址总线通过并行接口直接与外围部件连接。并行口传输数据简便、迅速，但传输距离较短。小型 PLC 的编程器通过并行接口直接与主机相连。扩展的 I/O 模块也可以经并行接口与基本单元连接，扩展整机的 I/O 容量。串行通信可直接通过 RS-232C 或 RS-422 进行，或经调制解调器，用通信电缆以至光纤实现相互连接。PLC 与智能化的编程器、远程 I/O 机架、通用微机系统等的连接，均需通过串行接口实现。

e. 电源模块，PLC 的电源模块可分为三部分：处理器电源、I/O 模块电源和 RAM 后备电源。通常，构成基本控制单元的处理器与少量的 I/O 模块，可由同一个处理器电源供电。扩展的 I/O 机架必须使用独立的 I/O 电源。

② 扩展单元　PLC 为满足多样化的控制要求及环境条件，提供了名目繁多的扩展单元。有些只需增加一些硬件电路；有些除无 CPU 外，与基本单元很相似；有些则高度智能化并自带编程器。

③ 外部设备　PLC 的外部设备主要有编程器、彩色图形显示器和打印机等。

编程器是编制、调试用户程序的外部设备，是人机交互的窗口。通过编程器可以把新的外部程序输入到可编程序控制器的 RAM 中，或者对 RAM 中的已有程序进行编辑；还可以对 PLC 的工作状态进行监视和跟踪，这对调试和试运行用户程序是非常有用的。

大中型 PLC 通常配接彩色图形显示器，用以显示模拟生产过程的流程图、实时过程参数、趋势参数及报警参数等过程信息，使得现场控制情况一目了然。

PLC 可配接打印机等外部设备，用以打印、记录过程参数、系统参数以及报警事故记录等。还可配置其他外部设备存储用户的应用程序和数据；配置 EPROM 写入器，用于将程序写到 EPROM 中。

（2）可编程序控制器的工作原理

PLC 的工作方式是周期扫描方式。在系统程序的监控下，PLC 周而复始地按固定顺序对系统内部的各种任务进行查询、判断和执行，这个过程实质上是一个不断循环的顺序扫描过程。一个顺序扫描过程称为一个扫描周期。

可编程序控制器在一个扫描周期内基本上要执行以下六个任务。

① 运行监控任务　为了保证系统可靠工作，可编程序控制器内部设置了系统定时计时器 WDT（Watch Dog Timer），由它来监视扫描周期是否超时。PLC 在每个扫描周期内都要对 WDT 进行复位操作，如果不能执行该任务，则 WDT 的计时会超过设定值，即扫描周期超过了规定时间，表明系统的硬件或用户软件发生了故障。

② 与编程器交换信息任务　当 PLC 执行到与编程器交换信息任务时，就把系统的控制权交给编程器，并启动信息交换的定时器。在编程器取得控制权后，用户就可以利用它来修改内存中的应用程序，对系统的工作状态进行修改。编程器在完成处理任务或达到信息交换的规定时间后，就把控制权交给可编程序控制器。在每个扫描周期内都要执行此项任务。

③ 与数字处理器 DPU 交换信息任务　一般大中型可编程序控制器多为双处理器系统。

其中字节处理器 CPU 为系统的主处理器；数字处理器 DPU 为系统的从处理器。与数字信息处理器交换信息的任务主要是数字处理器的寄存器信息与主系统的寄存器信息和开关量信息的交换。这个任务占用的时间随信息交换量而变化。一般小型可编程序控制器没有这个任务。

④ 与外部设备接口交换信息任务　该任务主要是 PLC 与上位计算机、其他 PLC 或一些终端设备，如彩色图形显示器、打印机等交换信息。这一任务的大小和占用时间的长短随主机外设的数量和数据通信量而变化。如果没有连接外部设备，则该任务跳过。

⑤ 执行用户程序任务　PLC 在每个扫描周期内都要把用户程序执行一遍。用户程序的执行是按用户程序的实际逻辑关系结构由前向后逐步扫描处理的，运行结果装入输出状态暂存区中，系统的全部控制功能都在这一任务中实现。

⑥ 输入输出任务　PLC 内部开辟了两个暂存区：输入信号状态暂存区和输出信号状态暂存区。用户程序从输入信号状态暂存区中读取输入信号状态，运算处理后将结果放入输出信号状态暂存区中。输入输出状态暂存区与实际输入输出单元的信息交换是通过执行输入输出任务实现的。输入输出任务还包括对输入输出扩展接口的操作，即实现主机的输入输出状态暂存区与简单输入输出扩展机中的输入输出单元或与智能型输入输出扩展机中的输入输出状态区之间的信息交换。可编程序控制器在每个扫描周期都执行该任务。

（3）可编程序控制器的软件系统

PLC 的软件系统由系统程序（又称系统软件）和用户程序（又称应用软件）两大部分组成。

系统程序由 PLC 制造厂商编制，固化在 PROM 或 EPROM 中，安装在 PLC 上，随产品提供给用户。系统程序包括系统管理程序、用户指令解释程序和供系统调用的标准程序模块等。

用户程序是根据生产过程控制的要求由用户使用制造厂商提供的编程语言自行编制的程序。用户程序包括开关量逻辑控制程序、模拟量运算程序、闭环控制程序和操作站系统应用程序等。

（4）可编程序控制器的编程语言

PLC 有多种程序设计语言可供使用，如梯形图、语句表、功能表图、功能模块图和结构化文本编程语言等。

① 梯形图　传统的电器控制系统中普遍采用电磁式继电器及相应的梯形图来实现 I/O 的逻辑控制。PLC 梯形图几乎照搬了继电器梯形图的形式，因而现场的操作和维护人员不会感到陌生。传统的继电器控制逻辑是由硬接线完成的，而 PLC 利用内部可编程序的存储器，通过软件方法实现相应的连接。这种软接线的 PLC 梯形图程序实现容易，修改灵活方便，是广大工程技术人员的首选编程语言。

② 语句表　PLC 的指令类似于微机的汇编语言，但更为简单而易于使用。不同的 PLC 有不同的指令系统，它们对于操作码和操作数的表示方法、取值范围都有不同的规定。表 6-1 给出了几种 PLC 部分指令的对照。

表 6-1　典型 PLC 的逻辑指令

欧姆龙公司	GE 公司	三菱公司	西门子公司 STEP7	功能说明
LD	STR	LD	A	以常开触点开始一个逻辑行
LD NOT	STR NOT	LDI	AN	以常闭触点开始一个逻辑行

欧姆龙公司	GE公司	三菱公司	西门子公司 STEP7	功能说明
OUT	OUT	OUT	=	输出
AND	AND	AND	A	串联常开触点
OR	OR	OR	O	并联常开触点
AND NOT	AND NOT	ANI	AN	串联常闭触点
OR NOT	OR NOT	ORI	ON	并联常闭触点
AND LD	AND STR	ANB	A(O # # O # #)	并联支路的串联
OR LD	OR STR	ORB	O(A # # A # #)	串联支路的并联

③ 功能表图　对于控制要求比较高的场合，可采用功能表图的编程方法设计 PLC 用户程序。该方法就是将整个控制程序划分为若干状态步，每步实现相应的局部操作，并为顺序转换到下一步创造条件。此时，PLC 将按逐步推进的方式来执行整个用户程序。

④ 功能模块图　功能模块图用功能模块表示模块所具有的功能，按控制要求软连接。

⑤ 结构化文本编程语言　类似高级语言，扩展了 PLC 运算能力和数据转换等功能。

6.5.3　可编程序控制器的编程

在 PLC 的编程中，梯形图和指令语句表是两种最常用的方法。本节以欧姆龙（OMRON）公司的 C200H 为例介绍 PLC 的基本指令。

（1）指令系统概述

不同的 PLC 产品，虽然它们的指令表示形式不同，但是它们有相同或相似的功能，即使部分功能有一定的扩展或约束，也可从基本功能出发进行对比和参考，并方便地编程。

PLC 指令的基本形式也由操作码和操作数组成。其基本形式有两种：操作码＋操作数；操作码＋标识符＋参数。

操作码用于说明 CPU 执行什么操作命令，即 CPU 的操作和完成的功能。操作数用于说明操作的对象或目标是什么，即操作所需要的信息从哪里得到，要对哪里的执行机构、继电器等对象或目标进行操作。标识符用于说明参数的特性。

① 操作码　操作码的描述可以有多种方法。在小规模的 PLC 产品中，所用编程器上键钮的数量不可能很多，通常采用助记符的方法表示基本的操作指令。例如，标有 AND 的键钮表示要执行逻辑与的操作。对一般的控制系统或程序中较少采用的操作指令，采用功能键钮的方法，即通过功能键钮和数字键钮的组合表示有关的操作指令。在采用屏幕显示方式编程时，操作码的描述方法也有多种。通常可用梯形图图形符号表示。

② 操作数

a. 操作数的地址。操作数与输入、输出卡件的安装位置，即它们在内存中的地址有关。整体型 PLC 的输入输出位置是固定的，输入输出操作数的地址也是固定的，因此，确定操作数较方便。例如，在 OMRON 公司的 C40 型可编程序控制器中有 24 路输入和 16 路输出，共有 40 个通道。其中，输入地址 0000 和 0001 是高速信号输入端，0002～0015 及 0100～0107 是一般信号输入端；输出地址有 0500～0503 四个独立输出端，0504～0511 及 0600～0603 共三组公用输出端，其中，每组 4 个输出端共用一个公用端。根据产品的地址分配，操作数与地址有一一对应关系。例如，要对接到 0000 地址的输入信号采样，操作数就取该地址。因此，进行与逻辑操作的指令是：AND 0000。模块型 PLC 的输入输出配置可根据过程控制的要求选择，因此，对这类产品有两种操作数的表示方法。一种方法是对所用卡件的地址进行编号，卡件的安装位置与地址无关，卡件的地址是通过卡件上一些短接线的有无或波段选择开关的位置来确定的。例如，OMRON 公司的 C200H 型可编程序控制器中的高机能输入输出单元的地址与它所安装的位置无关，通过单元卡件上的波段选择开关选择通道号的高位，而通道的低位是单元的各位位号。因此，如果该单元的波段选择开关置为 1，则该单元上的通道地址高位是 110～119。这种定义通道地址的方法称为自由定位，固定通道的方法。另一种方法是在 PLC 的固定位置有固定的地址，在单元卡件上不必设置地址的方法。例如，在 C200H 型产品中，对于安装 CPU 的机架，从左到右的次序，卡件的地址通道是 000～007，因此最多可以安装 8 个单元卡件。

操作数的表示可与地址一致。例如，地址 0000 既可表示地址，也可表示操作数。有时，操作数可有不同的表示。例如，在西门子公司的 PLC 产品中，卡件地址用整数表示，卡件上的 8 个位表示成小数的形式。此外，在某些开放系统的产品中，卡件地址与操作数间不必有相同的数值，只需要有一一对应关系即可，可采用目标地址作为寻址的依据，对目标定址后就可对目标进行操作了。

b. 操作数的实际意义。在 PLC 中，操作数可以是实际存在的信号。例如，LD 00000 表示对接到地址为 00000 的信号进行采样；AND 00001 表示将上面操作的结果与接到地址为 00001 的信号进行与运算；OUT 01000 表示将运算结果输出到接到地址为 01000 端子的执行机构。这里，接到 00000、00001 等的信号是实际存在的信号，它可能是一个继电器常开触点的信号，也可能是液位开关的信号或接近开关的信号等。输出到 01000 的信号可能是去一个交流接触器的控制信号，也可能是一个电磁阀的控制信号等。总之，这里与 PLC 相接的信号都是实际存在的信号。

在 PLC 中操作数也可以是内部的信号，如内部继电器、内部继电器触点、时间继电器等。这些继电器或触点是实际不存在的，只能通过编程器的监视才能了解它的运行状态。内部的信号地址根据内存的允许范围选择。为了了解系统的运行状态或提供某种信息，如运算结果是否有进位，系统需要 0.1s 的时钟脉冲信号等，这些内部信号是系统本身已实现的，在应用时可以直接从有关的地址得到。这些内部信号通常没有具体的实际意义。

另外，操作数也可以是用户的数据，例如延时的时间、计件的个数等。这些数据在编程时可直接输入，也可通过外部的开关或电位器输入，再经转换后作为可调整的数据，这些数据是具有实际意义的数据。

c. 操作数的存放。操作数需要放在一定的内存单元中。PLC 的存储器分为系统存储器和用户存储器。系统存储器已由制造厂商固化在 EPROM 中，用于系统程序的存放和对系统程序的管理和监控等。用户存储器主要用于存放用户的应用程序和操作数据。为了与电气控制系统保持一致，常采用继电器编号的方法存放操作数据。

（2）基本编程指令

PLC 的指令系统非常丰富，包括基本逻辑类指令、计时计数类指令、分支跳转类指令、数据移位和传送类指令、数据比较和数制变换类指令、数据运算类指令和一些专用指令。下面以 OMRON 公司的 C200H 为例，仅对其中常用的基本逻辑类指令、计时计数类指令作一介绍。

① 基本逻辑类指令

a. 逻辑存取（逻辑存取常开接点，LD）、逻辑取反（逻辑存取常闭接点，LD NOT）、输出（输出到输出继电器线圈，OUT）和输出取反（反相输出到输出继电器线圈，OUT NOT）指令。

图 6-23(a) 表示存取地址为 00001 的接点的状态，然后输出到接在 00200 端子上的负载设备去。图 6-23(b) 表示存取地址为 00002 的接点的状态，然后输出到接在 00200 和 00201 端子上的负载设备去。这里，00001 为常开接点，00002 为常闭接点。输出指令可以多次使用，图 6-23(b) 中就有两个输出指令。输出继电器线圈不能直接接到梯级的两条母线上，其间至少应有一个接点。另外，对计时器和计数器的输出，在 C200H 系列的产品中采用 TIM 和 CNT 指令，而有些产品则全部采用 OUT 指令。

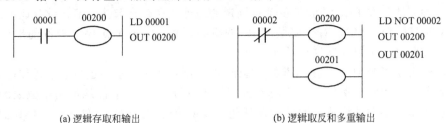

(a) 逻辑存取和输出   (b) 逻辑取反和多重输出

图 6-23　逻辑存取、逻辑取反和输出指令的梯形图表示

b. 与（AND）、或（OR）、非（NOT）逻辑指令。

上述四条指令为简单逻辑处理指令。图 6-24 为与逻辑运算、或逻辑运算的应用示例。

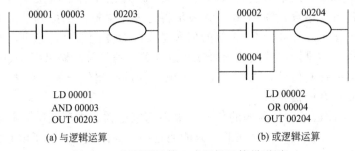

(a) 与逻辑运算   (b) 或逻辑运算

图 6-24　与逻辑运算、或逻辑运算梯形图

c. 程序块的串联（AND LD）、并联（OR LD）指令。

在梯形图中，程序块串联或并联是以存取指令（LD 或 LD NOT）作为程序块的起点的。第一个程序块是从第一个存取指令开始到第二个存取指令前的程序段，第二个程序块是从第二个存取指令开始到 AND LD 或 OR LD 指令前的程序段。需要注意的是，程序块串联或并联指令是对两个程序块而言的，如果要对多组程序块进行串联或并联的操作，则需要多个 AND LD 或 OR LD 指令。

程序块串联和并联的示例见图 6-25。

d. 结束指令 [END(01)] 和空操作指令 [NOP(00)]。

C200H 产品 PLC 程序的结尾必须是一条 END 指令，表示 PLC 在执行用户程序时从此返回程序起始点，重新开始循环解释执行。

在 PLC 使用的初期，由于没有语句的删除和插入功能，程序的更改和重新输入比较困难。因此，提供了空操作指令，即对该步程序执行空操作，这就为用户程序的更改提供了删除或插入的可能。此外，空操作有时也用来作为一个极短暂的延时。

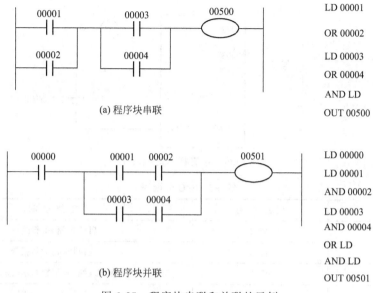

图 6-25　程序块串联和并联的示例

② 计时计数类指令

a. 计时器指令（TIM）。

在顺序逻辑控制过程中，不少过程的控制与时间有关，因此，在 PLC 中常设置计时器。计时器有两种计时方式：一种为递增计时方式，计时器从 0 开始递增计时，当内部计时值与所需要的计时设定值相等时，表示计时时间到，计时器输出一个信号；另一种为递减计时方式，计时器内部计时值的初值等于计时设定值，开始计时后内部计时值递减，直到减到等于 0 时，计时时间到，计时器输出一个信号。C200H 采用递减计时方式。

C200H 产品采用 TIM 指令，如用 TIM 002 表示输出到 002 的计时器，用 LD TIM 002 表示存取编号 002 的计时器的状态。

b. 计数器指令（CNT）。

PLC 中一般都设有计数器，通常都采用递减计数的方式工作。在计数开始时，由外部或程序设置的计数设定值被送到当前计数值的存储单元中。计数器有两个输入端：计数输入信号端和复位信号端。计数输入信号的每次上升沿触发执行当前计数值减一的操作，直到当前计数值为零时，计数器线圈激励并输出信号。复位信号端为 1 时，计数器的当前计数值复位到计数设定值。

计数器指令的使用与计时器指令有很多相似的地方。如计数器的计数值也可以程序设置或外部通道来设置，设置的数据必须采用 BCD 码等。所不同的是，计数器在电源掉电时能保持计数的数据，而计时器在电源掉电时被复位。

C200H 产品的计数设定值范围是 0000～9999，当需要大的计数值时，可以采用多个计数器嵌套的方式实现。

6.5.4　可编程序控制器系统应用示例

如图 6-26 所示为一个简单的报警指示灯控制，用 OMRON C40P 控制。其动作要求是，按下启动按钮，报警灯亮 5s，然后熄灭 3s，再亮 5s，熄灭 3s，循环不断，直至复位按钮按下为止。

根据要求，列出 I/O 分配表，如表 6-2 所示。

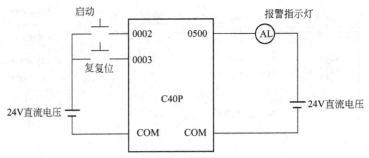

图 6-26　报警指示灯接线图

表 6-2　I/O 分配表

类　目	地址编号	功能说明
输入	0002	启动按钮，报警输入
	0003	复位按钮，撤消报警
输出	0500	输出线圈，与报警指示灯相连
辅助继电器	1000	起中间过渡作用
定时器	00	控制报警指示灯接通时间（导通 5s）
	01	控制报警指示灯断开时间（熄灭 3s）

　　在此基础上编制用户控制程序。先画出梯形图。图 6-27 所示为该例子梯形图及时序分析。

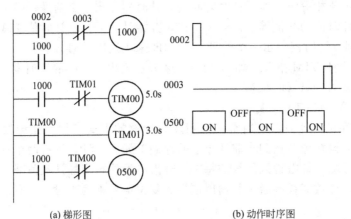

(a) 梯形图　　　　　　　　　　　(b) 动作时序图

图 6-27　梯形图及动作时序图

　　将梯形图转化成指令语句，用编程器输入 C40P。指令语句如下

序号	操作码	数据
0000	LD	0002
0001	OR	1000
0002	AND NOT	0003
0003	OUT	1000
0004	LD	1000
0005	AND NOT	TIM01
0006	TIM	00
		＃0050
0007	LD	TIM00

0008	TIM	01
		♯0030
0009	LD	1000
0010	AND NOT	TIM00
0011	OUT	0500
0012	END	

程序简要说明如下。

启动按钮 0002 采用常开触点，复位按钮 0003 采用常闭触点。

按下启动按钮，0002 常开触点接通，由于此时 0003 常闭触点闭合，则辅助继电器线圈 1000 得电，1000 常开触点接通并自锁。接着，定时器 TIM00 得电，开始计时，此时 TIM00 的常闭触点处于接通状态，故输出线圈 0500 得电，报警指示电路接通，指示灯亮。由于程序工作是循环扫描的，程序扫描到最后一句之后，又从第一句开始扫描。当 TIM00 计时达到 5s，TIM00 的常闭触点断开，使输出线圈 0500 失电，报警指示灯熄灭；同时，TIM00 的常开触点接通，另一个定时器 TIM01 得电，开始计时。当 TIM01 计时达到 3s，则 TIM01 常闭触点断开，致使 TIM00 失电，TIM00 的常开触点断开，使 TIM01 又失电；而 TIM00 的常闭触点接通，输出线圈 0500 又得电，指示灯又亮。在程序下一次扫描时，由于 TIM01 已失电，则 TIM01 的常闭触点又接通，则 TIM00 重新得电，再计时 5s，又重复上述过程。只要复位按钮 0003 不按下，上述过程就周而复始。当复位按钮按下时，辅助继电器 1000 失电，其常开触点断开，控制过程于是就终止。

6.6 集散控制系统

6.6.1 集散控制系统发展概况

随着大规模集成电路的问世，微处理器的诞生，控制技术、显示技术、计算机技术、通信技术等的进一步发展，人们开始将计算机应用于仪表产品和控制系统中。

最初的计算机控制系统是替代常规控制仪表的直接数字控制系统（DDC），它容易进行信息通信，实现集中控制、显示和操作，控制精度高，使生产过程综合控制水平得到提高。但是，在大型化工厂或装置中，一台计算机往往要集中控制几十甚至几百个回路，事故发生的危险性高度集中，一旦计算机控制系统出现故障，控制、监视和操作都无法进行，给生产带来很大影响，甚至造成全局性的重大事故。集中控制的固有缺陷使 DDC 未能得到普及与推广。进入 20 世纪 70 年代后，为了进一步提高控制系统的安全性和可靠性，开发研制了新型的集散控制系统。该控制系统实现了控制分散、危险分散，并将操作、监测和管理集中，克服了常规仪表控制系统控制功能单一和计算机控制系统危险集中的局限性，能够实现连续控制、间歇（批量）控制、顺序控制、数据采集处理和先进控制，将操作、管理与生产过程密切结合。

自从美国霍尼威尔（HONEYWELL）公司于 1975 年首次向世界范围推出了以微处理器为基础的集散控制系统（DISTRIBUTED CONTROL SYSTEM，简称 DCS）——TDC2000 系统以来，DCS 的结构和性能日臻完善，已经在炼油、石油化工、化工、电力、钢铁、纺织、食品加工等部门得到了广泛的采用，取得了良好的经济效益。DCS 的发展约可分为四个阶段。

① 1975～1980 年是 DCS 的初创阶段，技术重点是实现分散控制。

② 1980～1985 年是 DCS 的成熟阶段。随着信息处理技术和计算机网络技术的发展，一方面更新集散系统的原有硬件和软件，另一方面积极开发高一层次的信息管理系统。

③ 1985～1990 年 DCS 推出综合信息管理系统，将过程控制、监督控制、管理调度结合

起来，体现出综合化、开放化和现场级的智能化。

④ 1990 年以来，在网络结构上增加工厂信息网（Intranet），能与 Internet 联网，实现管控一体化。

到目前为止，世界上已有近百家公司开发生产各种类型的集散控制系统，国外有代表性的公司包括美国 HONEYWELL、FOXBORO、EMERSON、德国 SIEMENS、日本 YOK-OGAWA 等，国内有浙江中控、和利时等公司。

1997 年推出的西门子过程控制系统 SIMATIC PCS7 中首次提出"全集成自动化（TIA）"概念。该系统由 PROFIBUS-DP 总线和工业以太网两级网络组成，其思想是用一种系统或者一个自动化平台完成原来由若干个系统搭配起来才能完成的功能，可以简化系统结构，减少接口部件，可以克服上位机与工控机之间、连续控制与逻辑控制之间、集中与分散之间的界限，可以为用户提供统一的技术环境，包括统一的数据管理、统一的通信、统一的组态和编程环境。各种各样不同的技术可以在一个用户接口下集成在一个有全局数据库的总体系统中，用户可以在一个平台下对所有应用进行组态和编程，使工程变得简单，降低硬件和工程成本，并且可以实现企业资源规划（ERP）、管理信息系统（MIS）、制造执行系统（MES）、先进过程控制、通过因特网进行诊断和远程维护等。

今后 DCS 将继续向更宽范围的集中和对控制更彻底的分散方向发展，即向着计算机集成制造系统（Computer Integrated Manufacturing System，CIMS）、计算机集成过程系统（Computer Integrated Process System，CIPS）和现场总线控制系统方向发展。

6.6.2 集散控制系统特点

（1）采用智能技术

采用了以微处理器为核心的"智能技术"，凝聚计算机先进技术，这是 DCS 有别于其他控制系统装置的最大特点。

集散控制系统中的现场控制单元、过程输入输出接口、操作站以及数据通信接口等均采用 16 位、32 位或 64 位微处理器，具有记忆、数据运算、逻辑判断功能，能实现自适应、自诊断、自检测等"智能"。

（2）丰富的功能软件包

具有丰富的功能软件包，能提供控制运算、过程监视、显示、信息检索和报表打印等功能。

应用软件模块化后，使用户可根据过程应用要求进行组态。DCS 有两种组态方法：功能模块法和高级语言程序设计法。控制功能模块连接方式通常用菜单或填表方式；常用的高级语言有 C、FORTRON、BASIC、梯形逻辑语言及专用控制语言。

（3）采用局部网络通信技术

DCS 采用工业局域网技术组成通信网络，传输实时控制信息，对分散过程控制单元和人机接口单元进行控制、操作管理，实现全系统的综合管理。传输速率可达 $5\sim10\text{Mb/s}$，响应时间仅数百微秒，误码率低于 $10^{-10}\sim10^{-8}$。

（4）友善的人机接口

DCS 中 CPU 广泛采用 32 位或 64 位微处理器，处理速度快；具有易操作性；显示画面丰富多样。如有总貌显示、报警汇总、操作编组、点调整、趋势编组、趋势记录点、操作指导信息、流程图等画面和音响报警、语音输出、系统维护等功能。

（5）高可靠性

DCS 的平均无故障时间间隔（MTBF）达 10 万小时以上，平均故障修复时间（MTTR）仅有几分钟。硬件工艺方面体现在使用高度集成化的元器件；采用表面安装技术；使用

CMOS 器件减小功耗；对每个元部件的可靠性测试等。DCS 中各级人机接口、控制单元、过程接口、电源、I/O 插件、信息处理器、通信系统均可采用冗余配置。采用容错技术，包括故障自检、自诊断技术（如符号检测技术、动作间隔和响应时间的监视技术）、微处理器及接口和通道的诊断技术、故障信息和故障判断技术等。

6.6.3　集散控制系统的硬件和软件

（1）DCS 的基本构成

DCS 品种繁多，但系统的基本构成相似，图 6-28 给出了 DCS 基本构成。由图可见，DCS 一般由以下三大部分组成。

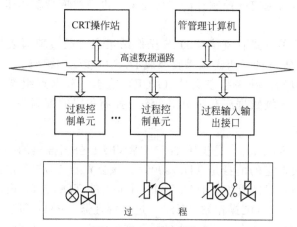

图 6-28　DCS 基本构成

① 过程控制单元　过程控制单元是集散系统的核心部分，又称基本控制器，主要完成连续控制功能、顺序控制功能、算术运算功能、报警检查功能、过程 I/O 功能、数据处理功能和通信功能等。提供的控制算法和数学运算有 PID、非线性增益、位式控制、选择性控制、函数计算、多项式系数、Smith 预估等。

② 操作管理站　作为 DCS 的人机接口装置，操作站一般配有高分辨率、大屏幕的彩色显示屏、键盘、打印机和大容量存储器等。操作员可进行监视、操作和控制；控制或维修工程师可实现控制系统组态、系统的生成和维护。作为管理计算机，可通过通信接口与通信系统相连，采集各种数据信息，用各种高级语言编程，执行工厂的集中管理和实现最优控制、顺序控制、后台计算以及软件开发的特殊功能。

③ 通信系统　通信系统是具有高速通信能力的信息总线，可由双绞线、同轴电缆或光纤构成。为实现数据的合理传送，通信系统必须具有一定的网络结构，并遵循一定的网络通信协议。

早期的 DCS 采用专门的通信标准或通信协议，系统兼容和互连性差。为此，国际电工委员会（IEC）、国际标准化组织（ISO）、美国电子电气工程师协会（IEEE）、工厂自动化协议集团（MAP 集团）等都为不同层次网络制定了相应的标准。

通常，DCS 网络结构的最高层为工厂主干网络（称计算机网络级），负责中央控制室与上级管理计算机的连接，采用 MAP、ETHERNET、ISO802.4 宽带通信网；第二层为过程控制网络，负责中央控制室各控制装置间的相互连接，支持集中智能、分散智能、分级智能及其组合的控制系统；最低一层为现场总线网，负责现场智能检测器、智能执行器与中央控制室控制装置间的互联。

（2）集散控制系统应用软件组态

① 集散控制系统硬件组态　DCS 硬件组态是根据系统的规模及控制要求选择硬件，包括通信系统、人机接口、过程接口和电源系统的选择，DCS 与下位设备及上位机通信接口的选择，上位机及 DCS 控制单元的选择等。

进行硬件组态时，应综合考虑各方面的因素。首先要满足系统的控制要求，选择性价比最佳的配置；其次还应考虑它在未来的定位；另外，还应考虑操作人员的易操作性，系统的易维护性等。

② 集散控制系统的软件组态　DCS 应用软件组态就是在系统硬件和系统软件的基础上，用软件组态的方式将系统提供的功能块连接起来达到过程控制的要求。例如，模拟控制回路的组态是将模拟输入卡与选定的控制算法连接起来，再通过模拟输出卡将控制输出的结果送至执行器。

应用软件组态的几种方式有直接经 DCS 操作站组态、通过填写表格进行组态准备工作和利用 PC 机进行组态等三种。组态结果转换成 DCS 可接受的编码。

应用软件的组态包括：网络组态文件（NCF）组态、数据点组态、用户画面、自由格式报表和键定义组态、区域数据库和历史组组态、控制程序的编制等。

6.6.4　TPS 系统简介

TPS（Total Plant Solution）是美国 HONEYWELL 公司推出的一种集散控制系统，称为全厂一体化解决方案，它的前身是 TDC-3000^X。该公司自 1975 年推出第一套集散控制系统以来，不断地进行新技术的开发。1983 年 10 月推出的 TDC-3000 也已多次改进，先后增加了局域控制网（LCN）、万能操作站（US）、过程管理器（PM）等新产品，使系统在控制器功能、开放式通信网络、综合信息管理方面得到进一步加强。1988 年推出的 TDC-3000^X 在此基础上又增加了万能控制网（UCN）、高性能过程管理器（HPM），新型应用模件（A^{X}M）以及新型万能操作站（U^{X}S），进一步提高了系统的控制和管理能力。以管控一体化形式出现的新一代系统（TPS）增加了工厂信息网（PIN），全方位用户操作站（GUS）、过程历史数据库（PHD）、应用处理平台（APP）等新产品。该系统与 HONEYWELL 早期的产品完全兼容，就其总体构成而言，主要由基本系统、万能控制网络、局域控制网络和工厂信息网组成，如图 6-29 所示。

基本系统是系统的过程控制层，实现数据采集、回路控制和过程管理等功能。它主要包括数据高速通路（DH）、基本控制器（BC）、多功能控制器（MC）、先进多功能控制（AMC）、扩展控制器（EC）、过程接口单元（PIU）、基本操作站（BOS）、增强型操作站（EOS）、高速通路指挥器（HTD）、数据高速通路口（DHP）、通用计算机接口（GPCI）等。

局域控制网络（LCN）系统是系统的集中操作和管理层，它不与生产过程直接连接，主要为系统提供人机接口、先进控制策略和综合信息处理等功能。

万能控制网（UCN）系统也属于系统的过程控制层，但在速度、容量和功能等方面，UCN 系统有很大的改进，它主要包括过程管理器（PM）、先进过程管理器（APM）、高性能过程管理器（HPM）、逻辑管理器（LM）和故障安全控制系统（FSC）等。

工厂信息网（PIN）系统属于工厂操作管理层，连接企业内各类管理计算机以及第三方的管理软件平台，实现工厂级的信息传送和全厂综合管理。PIN 通过 GUS、APP、PHD 等 TPS 节点直接与 LCN 相连，实现信息管理系统与过程控制系统的集成。通过工厂网络模件（PLNM），PIN 可以与 DEC VAX 计算机及 AXP 计算机通信，并利用 CM-50S 软件包，实现优化控制。对于基于 UNIX 的信息管理系统，可通过 A^{X}M 或 U^{X}S 与 LCN 通信。工厂信息网能够通过各种开放的接口和平台与过程控制网络相连。

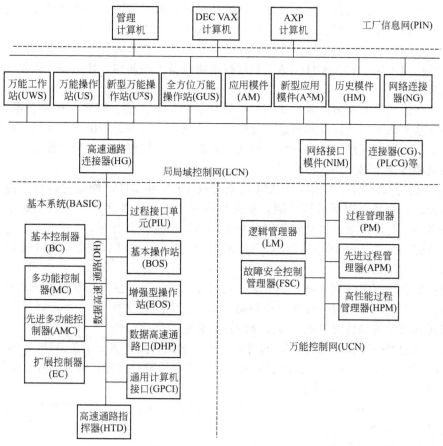

图 6-29　TPS 系统基本构成

（1）LCN 通信网络及其模件

LCN 通信网络及其模件由局部控制网络（LCN）、万能操作站（US）、万能工作站（UWS）、历史模件（HM）、应用模件（AM）、网络接口模件（NIM）、高速通道接口（HG）、计算机接口（CG）、可编程逻辑控制器接口（PLCG）等组成。LCN 通信网络及其模件不与现场过程直接相接，主要提供与过程网络之间的连接、LCN 网络上模件之间的通信、系统的人机接口以及先进控制策略和综合信息处理功能。

① 局部控制网络（LCN 网络）　局部控制网络用以支持 LCN 网络上模件之间的通信，遵循 IEEE 802.4 通信标准，采用总线型通信网络，"令牌传送"协议。

② 万能操作站（US）　万能操作站是 TPS 的人机接口，具有操作员属性、工程师属性和系统维护三方面功能。

操作员属性的功能是当万能操作站内存装入操作员属性系统软件且键锁位置在操作员位置时，系统有过程操作显示、系统状态显示、系统功能显示等功能。

工程师属性和系统维护功能是在 US 上装有工程师属性的系统软件或万能属性的系统软件时，维护工程师可调出系统组态、维护主菜单，实现系统的组态和维修等功能。

③ 万能工作站（UWS）　万能工作站是 TPS 的又一个人机接口，具有 US 的全部功能，主要是为工厂办公室管理设计的。UWS 具有过程工程师、维护工程师、过程管理工程师等功能。

过程工程师功能包括显示系统组态、数据点建立、画面建立、控制语言（CL）编程、日志和报表格式、文件编辑、实用程序、系统功能等，可以借助这些画面来建立过程和系统数据库，建立画面显示和报表，编制、编译和完成 CL 程序等。

维护工程师功能包括显示维护建议、存储器、系统维护日志等，可以借助这些画面来诊断 LCN 模件、UCN、DATA HIWAY 和过程连接设备上的问题，显示和打印发生故障时的有关信息等。

过程管理工程师功能包括显示连续过程操作、趋势和报表、时序、报警、系统功能等，可以借助这些画面来监视处理和对过程分析、监视过程、时序、系统报警和操作信息，显示和打印历史过程、过程趋势、平均值、报表和日志，监视控制室和过程中控室系统状态，装载其他系统模件操作程序和数据库等。

④ 应用模件（AM）　应用模件 AM 用来完成 UCN 和 DHW 网络的模件不能完成的高级控制功能、复杂及多变量运算功能，从而提高过程控制及管理水平。包括通信、上位控制、高级运算、与用户画面的交互作用等功能和 AM 的应用软件包。

通信功能包括与 TPS 网络（LCN、UCN）上的所有设备都有联系，AM 可以从这些设备中读取或写入数据。

上位控制功能可以满足复杂控制要求，通过读取与过程连接的控制器的 PV 值进行高级控制运算，再将运算结果写入过程连接控制器中来完成高级控制。

高级运算功能可以针对过程编写复杂的运算程序或优化程序。

与用户画面的交互作用通过 AM 的自定义用户参数大大扩展了信息量。

AM 的应用软件包包括：LOOPTUNE，用于控制回路自整定；SPC，用于设定值控制；RECIPE MANGER，用于配方管理。

⑤ 历史模件（HM）　历史模件 HM 是 TPS 的存储单元，它是系统软件、应用软件和过程历史数据等的存储设备。

（2）万能控制网络及模件

万能控制网络 UCN 是 HONEYWELL 公司 1988 年推出的新型过程控制和数据采集系统，由过程管理站（PM）、先进过程管理站（APM）、逻辑管理站（LM）、网络接口模件（NIM）及通信系统组成。

① 过程管理站（PM）　PM 是 UCN 网络的核心设备，用于工业过程控制和数据采集。

PM 具有连续控制、逻辑控制和顺序控制功能，这些控制功能是由 PMM（过程管理模件）中各种类型的功能槽（slot）完成的，一个带位号的 slot 称为一个数据点。PM 数据点是进行数据采集和过程控制的基础，它的类型包括常规过程变量（PV）点、常规控制点、数字复合点、逻辑点、过程模件点、数值点、状态标志点和定时器点。常规 PV 点和常规控制点实现连续控制，数字复合点和逻辑点实现逻辑控制，过程模件点实现顺序控制。数值点、状态标志点和定时器点是 PM 的内部数据点。

常规 PV 点提供组态方法实现 PV 的计算和补偿功能。包括数据采集、流量补偿、三者取中值、高低平均、加法、具有超前滞后补偿的可变纯滞后时间、累加、通用线性化、计算等。

常规控制点提供一些有效的控制算法，例如 PID、带前馈 PID、带外部积分反馈 PID 等，可实施复杂的控制算法。还提供初始化、抗积分饱和、设定点斜坡变化率的设置等功能。

数字复合点指数字量输入和数字量输出点，它为两位或三位式的间歇装置如电机、泵、电磁阀和电动控制阀等提供多点输入和多点输出的接口，并与逻辑点共同提供处理联锁功能。

逻辑点提供可组态的混合逻辑能力，它与数字复合点组合使用，可实现复杂的功能，也可与 PM 的常规控制功能相结合，有 26 种逻辑算法。

过程模件点用过程控制语言 CL/PM 编写的用户程序。利用 GUS 可方便地修改和装载程序而不影响其他用户程序、常规控制、逻辑块的执行。所有的过程模件程序可以共享系统的公共数据库，并通过数据库进行通信。

数值点用来存储一些批量或配方的数据及计算所得的中间数据；状态标志点用来反映过程的状况，在被程序或操作员操作时才改变状态；定时器点是用来计时的数据点，它可以在程序中用来计时以达到定时操作的目的。

PM 具备完备的报警功能和丰富的报警操作参数，使操作员能得到及时准确又简洁的报警信息，从而保证了安全操作。PM 中的报警参数包括报警类型、报警限值和报警优先级三个。报警类型有绝对值报警、偏差报警和速率报警。报警限值有上限、上上限、下限、下下限等。报警优先级有三个：报警优先级参数、报警链中断参数和最高报警选择参数。

② 先进过程管理站（APM） APM 具有与 PM 相似的结构形式，但在 I/O 接口、控制功能、内存容量和 CL 语言等方面都较 PM 有很大改进。

APM 由先进过程管理模件（APMM）和 I/O 子系统组成。APMM 由先进通信处理器和调制解调器、先进 I/O 链路接口处理器和先进控制处理器三部分组成。它们分别承担通信处理、I/O 接口处理和控制处理的功能。I/O 子系统由 11 种 I/O 处理器组成，比 PM 多了数字输入事件顺序（DISOE）、串行设备接口（SDI）和串行接口（SI）三种处理器。

APM 具有如下功能。

a. 输入输出处理功能。APM 的输入输出功能大部分同 PM，还新增加数字输入事件顺序、串行设备接口、串行接口等功能。

数字输入事件顺序功能通过专用的数字输入处理器提供按钮和状态输入、状态输入时间死区报警、输入的正反作用、PV 源选择、状态输入的状态报警、事件顺序监视等功能。

串行设备接口为采用串行通信（RS-232、RS-485）的现场设备提供有效的连接方法，使这些设备在与 APM 通信时，其输出信号可直接进入数据库参与 APM 的计算与控制，这些数据还可被 GUS 用来进行显示、分析和制作报表以及进行高级控制应用。

串行接口提供与 MODBUS 子系统的通信接口，支持 MODBUS 的 RTU 协议，既可通过 RS-232 接口，又可通过 RS-485 接口进行通信。

b. 控制功能。同 PM 一样，APM 的控制功能也是依靠各种数据点完成的。APMM 共有 12 种数据点，比 PMM 多了设备管理点、数组点、时间变量点和字符串点四种。

设备管理点在同一位号下将复合数字点的显示和逻辑控制功能相结合。操作者不仅能看到设备状态的变化，而且能看到引起联锁的原因，并为泵、马达、位式控制阀等离散设备的管理提供了操作界面。

数组点提供用户定义的结构化数据，有利于对过程进行高级控制和批量控制。数组点的数据可作为控制策略、本地的数据获取以及历史数据存储的数据源。数组点的一部分还可用作串行接口的通信。

时间变量点允许 CL 程序访问时间和日期信息。CL 程序可用过去和当前的时间，按用户需要对时间和日期可以进行加减运算。时间变量也允许用户按日期、时间执行 CL 程序。

③ 高性能过程管理器（HPM） HPM 是 APM 的更新产品，它们的结构基本相同，但 HPM 的 I/O 处理器的输出通道有所增加，常规控制点算法增加了三种，分别是乘法器/除法器、带位置比例的 PID 和常规控制求和器。

乘法器/除法器算法常被用于串级和超驰控制系统中，它有三个输入信号，每个输入信号都先进行比例加偏置运算，共有五种乘除的方程可供选用。对计算结果也可选择进行比例加偏置运算后再输出。

带位置比例的 PID 算法用于串级控制系统。它是 PID 和位置比例的组合。其中主控制器采用 PID 算法，而副控制器则采用位置比例算法。因此，它的执行机构必须是两位式的。

常规控制求和器算法用于求四个输入信号的和。求和之前，每个信号可进行一次比例加偏置运算，对最后的结果还可进行一次比例加偏置运算。当只有一个输入信号时，只对最后结果进行比例加偏置运算。

④ 逻辑管理站（LM）　LM 是用于逻辑控制的现场控制站，具有 PLC 控制的优点，同时 LM 在 UCN 网络上可方便地与系统中各模件进行通信，使 DCS 与 PLC 有机结合，使数据集中显示、操作和管理。它提供逻辑处理、梯形逻辑编程、执行逻辑程序、与 LCN、UCN 中模件进行通信等功能，能构成冗余化结构。

LM 以数据点为基础，实现顺序控制和紧急联锁等功能。LM 共有 9 种数据点，即：数字输入点、数字输出点、模拟输入点、模拟输出点、数字复合点、链接点、状态标志点、数值点、时间点。LM 数据点的功能同 PM 基本相同，但是 LM 的数据点要同寄存器模件 RM 中数据库的 I/O 点建立对应关系，通过 LM 数据点组态表中的 PCADDRESS 参数来实现。用户只要在 PCADDRESS 栏内填写数据点在 RM 中的地址，就建立起两者的对应关系。

⑤ 故障安全控制管理器（FSC）　FSC 是一种具有高级自诊断的生产过程保护系统，是 UCN 的节点，可与 UCN 上的 PM 系列管理器和逻辑管理器通信，也可经网络接口模块 NIM 与 LCN 上的历史模件 HM 和应用模件 AM 进行程序的存取。FSC 包括 FSC 安全管理模件（FSC-SMM）和 FSC 控制器两大部分，其中 FSC 控制器又由控制处理器、I/O 模件、通信模件和电源模件等部件组成。为便于操作，FSC 控制器还可与 FSC 用户操作站相连。

FSC 主要用于生产过程的联锁控制、停车控制和装置的整体安全控制，具体的应用场合有火焰和气体检测控制，锅炉安全控制，燃气轮机、透平机、压缩机的机组控制，化学反应器控制和电站、核电站控制等。

安全管理模件允许 FSC 通过串行通信链路与 UCN 设备进行点对点通信，或经过 NIM 与 LCN 上的模块进行通信。

控制处理器执行逻辑图组态的控制程序，并将执行结果传到输出接口。控制处理器对 FSC 硬件进行连续测试，一旦发现故障，诊断信息立即通过 SMM 在操作站上报告，确保过程的安全控制、系统扩展的控制以及过程设备的诊断。

I/O 模件连接各种规格的数字量和模拟量信号，所有的 I/O 模件与现场信号之间都采用了光隔离。故障安全 I/O 模件支持系统的自诊断功能，用于安全检测和控制。

通信模件包括两部分，一部分是 FSC 网络的通信模件，通过它可与其他的 FSC 系统进行通信。另一部分是 FSC 用户操作站通信模件，允许用户在操作站上对 FSC 的参数及其属性进行组态，以功能逻辑图进行应用程序的设计，控制程序的下载，系统状态的监视、维护和测试。

6.6.5　TPS 系统应用举例

TPS 系统已在化工、轻工、炼油、冶金、纺织等行业得到广泛应用。这里介绍一例应用 TPS 系统实现某炼油厂制氢工艺变压吸附计算机控制。

制氢装置 PSA（Pressure Swing Adsorption）提纯是指采用变压吸附技术从原料气中分离除去杂质组分获得提纯的氢气产品。该厂的 PSA 系统采用八塔操作，通过计算机程序控制保证在任何时刻都有相同数量的吸附床处于吸附状态，成为流量压力恒定的产氢过程。

控制方案如下。

（1）程序控制系统

每个吸附塔有 7 个程控阀，正常情况下，8 个吸附塔的 56 个程控阀按照预先设定的步骤及切换时间开启和关闭，实现吸附、均压降等 7 个步骤，当出现下列情况之一时，DCS 系统会自动检测并报警：

① 某程序控制阀的外部元件出现故障；

② 某吸附塔程序控制阀的执行机构失灵；

③ 某吸附塔的控制输出模件发生故障；

④ 某吸附塔的压力变送器内部故障。

如果此时处于自动程序切除方式，DCS 程序会考虑在最合适的步序自动切换到 7 塔运行，使生产得以连续稳定地进行。如果此时是处于手动切除方式，操作工则根据屏幕上的报警提示，选择相应的塔，将其切除，程序同样会考虑在最合适的步序自动切换到 7 塔运行，依次类推，还有 7 塔切 6 塔，6 塔切 5 塔，5 塔切 4 塔，7 塔切 4 塔等。反之，程序同样要考虑从 4 塔切到 5 塔，5 塔切到 6 塔等的切换步序。

每一步序的时间可人工设定，或选择自适应控制方式，由 DCS 程序根据工况自动设置其时间。

（2）控制回路

为了保证生产过程的连续稳定，PSA 还包括了 5 个单回路控制和 6 个程序控制回路，如图 6-30 所示。

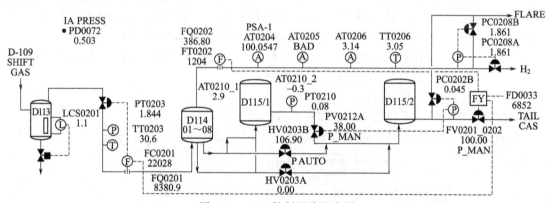

图 6-30 PSA 控制回路示意图

5 个单回路控制：原料气流量控制（FC0201）、吸附压力控制（PC0208A）、产品气超压放空（PC0208B）及解吸气混合罐超压放空（PC0212B），都是常规的 PID 控制。原料气水分离罐液位控制（LCS0201）阀是两位式的，所以液位是控制在给定值上下的一个区域范围，用一个逻辑点即可实现，如图 6-31 所示。当 LC0201 处于自动方式时，阀门按照液位

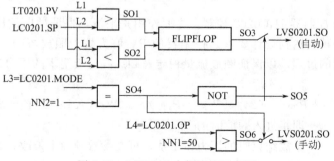

图 6-31 LCS0201 内部连接示意图

测量值与给定值比较的结果决定是开还是关，使液位保持在给定值范围内波动；而当LC0201处于手动方式时，阀门的开关则由操作员控制。

6个程序控制回路是终充流量速率控制（HV0201）、顺放流量速率控制（HV0202）、单系列逆放速率控制（HV0203A）、双系列逆放速率控制（HV0203B）、解吸气混合罐压力控制（PIC0212A）和解吸气流量控制（FIC0201-0202），主要考虑阀门按照一定的斜率开启。

① 终充流量速率控制　如图6-32所示。

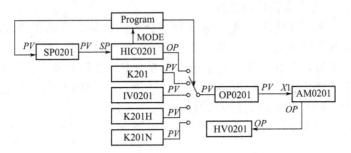

图6-32　终充流量速率控制输出连接示意图

该阀门由PID控制器HIC0201控制，其作用是保证终充流量和压力达到设定值，控制器的PV值为该塔的PD025_X（X为塔号01～08），给定值是逐渐增大的，按下式计算

$$SP0201.PV = K21 + P_E + K22 \times (P_A - P_E) \times T/W_1 + K3 \times (P_A - P_E) \times (T/W_1)^2$$

式中　P_E——E1R刚结束时吸附塔出口压力PD0205_X（X=01～08）；

P_A——吸附压力PT0208，故障时，为处于吸附（A）状态的PD0205_X；

T——当前时刻已进行的终充时间；

W_1——总终充时间；

$K21$，$K22$，$K3$——给定值的斜率，可在参数画面上修改。

② 冲洗过程顺放流量速率控制　如图6-33所示。

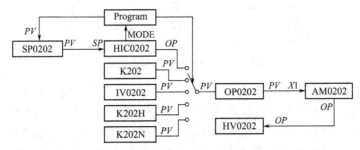

图6-33　冲洗过程顺放流量速率控制输出连接示意图

该阀门由PID控制器HIC0202控制，主要作用是限流，保证顺向放压流量和压力达到设定值及保证冲洗再生达到设计要求。控制器的PV值为处于顺放塔的PD0205_X，给定值是一个逐步增大的过程，以保证顺放流量稳定及顺放终时吸附塔的压力达到规定值，按下式计算：

$$SP0202.PV = K23 + P_{PP_1} + K24 \times (P_{PP_1} - P_{PP_2}) \times T/W_1 + K5 \times (P_{PP_1} - P_{PP_2}) \times (T/W_1)^2$$

式中　P_{PP_1}——即将进入顺放时的PD0205_X；

P_{PP_2}——顺放结束时的压力设定值，可在参数画面上修改；

$K23$，$K24$，$K5$——常数，可在参数画面上修改；

T——当前时刻已进行的顺放时间；

W_1——总顺放时间。

③ 单、双系列逆放速率控制　如图 6-34 所示。

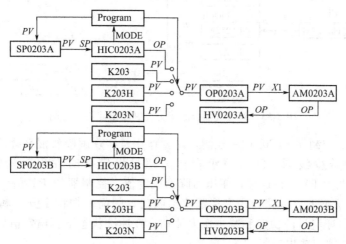

图 6-34　单、双系列逆放速率控制输出连接示意图

该阀门由 PID 控制器 HIC0203A/B 控制，主要作用通过控制逆放速度减轻吸附剂的破碎和磨损，减少解吸气混合罐的压力波动。控制器的 PV 值为解吸气罐的压力 PT0212，在手动状态下，按照公式直接赋值给阀门。阀门依据设定开度和速率逐渐开大至人工设定值，以保证逆放流量的稳定和减少压力波动，在自动状态下，给定值为一定值，由控制器 HIC0203A/B 控制阀门输出。

a. 手动状态。

"D1"（逆放 1）时

$$OP0203A/B. PV = H_1 + S_1 \cdot T$$

"D2"（逆放 2）时

$$OP0203A/B. PV = (H_1 + S_1 \cdot T_{D1}) + S_2 \cdot T$$

当 H_1、$S_1 = 0$ 时

$$OP0203A/B. PV = H_2 + S_2 \cdot T$$

"冲洗"时

$$OP0203A/B. PV = H_3 + S_3 \cdot T$$

b. 自动状态。

"D1"（逆放 1）时

$$SP0203A/B. PV = SP_{D1}$$

"D2"（逆放 2）时

$$SP0203A/B. PV = SP_{D2}$$

"冲洗"时

$$SP0203A/B. PV = SP_P$$

式中　　　　　T——当前时刻已进行的逆放时间；

T_{D1}——总逆放时间；

H_1、H_2、H_3——阀门初始开度，可在参数画面上修改；

S_1、S_2、S_3——阀门开启斜率，可在参数画面上修改；

SP_{D1}、SP_{D2}、SP_P——PID 控制给定值，可在参数画面上修改。

④ 解吸气混合罐压力控制　如图 6-35 所示。

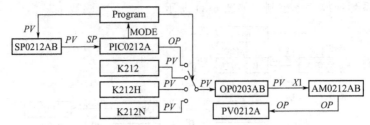

图 6-35　解吸气混合罐压力控制输出连接示意图

该阀门由 PID 控制器 PIC0212A 控制，主要作用是实现解吸气混合罐的压力指示，保持输出压力稳定和减少波动，DCS 系统在压力超过设定值时发出声光报警，通过调小 PV0121A，同时调大 PV0212B 阀，使压力降到设定值。控制器的 PV 值为解吸气罐的压力 PT0212，在逆放状态下，按照公式直接赋值给阀门，阀门依据设定开度和速率逐渐开大至人工设定值，以保证流量的稳定和减少压力波动，在冲洗状态下，给定值为一定值，由控制器 PIC0212A 控制阀门输出。

"D1"（逆放 1）时

$$OP0212AB.\,PV = H_4 + S_4 \cdot T$$

"D2"（逆放 2）时

$$OP0212AB.\,PV = H_4 + S_4 \cdot T_{D1} + S_5 \cdot T$$

当 H_4、$S_4 = 0$ 时

$$OP0203A/B.\,PV = H_5 + S_5 \cdot T$$

"冲洗"时

$$SP0212AB.\,PV = SP$$

式中　T——当前时刻已进行的逆放时间；

T_{D1}——总逆放时间；

SP——PID 控制给定值，可在参数画面上修改；

H_4、H_5——阀门初始开度，可在参数画面上修改；

S_4、S_5——阀门开启斜率，可在参数画面上修改。

⑤ 解吸气流量控制　如图 6-36 所示。

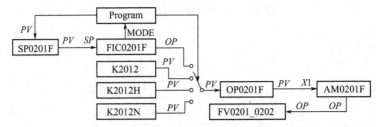

图 6-36　解吸气流量控制输出连接示意图

该阀门由 PID 控制器 FIC0201F 控制，主要作用是减少解吸气缓冲罐和解吸气混合罐压力波动，控制器的 PV 值为解吸气流量 FD0033，控制器的 SP 值按照下式：

$$SP0201F.\,PV = K31 + K32 \cdot (P_1 - P_0) + K33 \cdot (P_2 - P_0) \cdot (K34 \cdot F_t - K35 \cdot F_c) + K36$$

式中　　　　　　　　　　F_t——每分周期结束前计算出的原料气（FY0201）平均流量；

F_c——每分周期结束前计算出的产品气（FT0202）平均流量；

P_0——解析气出口压力控制目标值（参数画面可设）；

P_1——每分周期结束前的解吸气缓冲罐出口压力 PT0210；

P_2——每分周期结束前的解吸气混合罐出口压力 PT0212；

$K31$、$K32$、$K33$、$K34$、$K35$、$K36$——常数，可在参数画面上修改。

（3）程序结构及与过程的衔接

DCS 中的程序用系统提供的 CL 语言编写，为模块化结构，有初始化程序、主程序、各塔运行程序、各塔压力检测程序、阀检程序、分周期计算程序、自适应控制程序及程控回路等共 20 个模块，每一模块都挂在相应的程序点上，分别实现各自的功能。同时，通过逻辑点、流程图和中间数字点的灵活运用，使 CL 程序与过程的控制更好地结合在一起。

（4）人机界面

PSA 控制系统人机界面是在操作站上实现的，用 Display Builder 编写，共有 5 幅画面，其中，2 幅为流程图，主要用于操作，3 幅专用于参数的输入。流程图画面有 PSA 专用的切换按钮，并动态显示阀门状态、压力与阀校验报警等，而且只要任一程序模块停止运行，立刻进行报警；参数画面可修改 PSA 给定值、限幅、斜率等参数。

（5）DCS 系统资源占用

所有 PSA 的程序与控制点都在 1 对 HPM 中，共占用 DI 点 58 个、DO 点 61 个、AI 点 22 个、AO 点 10 个、逻辑点 11 个、定时器 12 个、FLAG 点 3170 个、数字点 3500 个、常规控制点 17 个、PM 点 12 个、数组点 9 个及字符点 30 个。

6.7 现场总线控制系统

现场总线是在 20 世纪 80 年代中期发展起来的。随着微处理器和计算机功能不断增强和价格的降低，计算机和网络系统得到迅速发展，而处于生产过程底层的测控自动化系统，采用一对一设备连线，用电压、电流的模拟信号进行测量控制等，难以实现设备之间以及系统与外界之间的信息交换，容易使自动化系统成为"信息孤岛"。现场总线正是为实现整个企业的信息集成，实施综合自动化而开发的一种通信系统，它是开放式、数字化、多点通信的底层控制网络。基于现场总线构建的控制系统称为现场总线控制系统（Fieldbus Control System，简称 FCS）。它将挂接在总线上、作为网络节点的智能设备连接为网络系统，并构成自动化系统，实现基本控制、补偿计算、参数修改、报警、显示、监控、优化及管控一体化的综合自动化功能。这是继基地式气动仪表控制系统、电动单元组合式模拟仪表控制系统、集中式数字控制系统、集散控制系统后的新一代控制系统。

6.7.1 现场总线系统的特点

（1）结构方面

FCS 结构上与传统的控制系统不同。FCS 采用数字信号代替模拟信号，实现一对电线上传输多个信号，现场设备以外不再需要 A/D、D/A 转换部件，简化了系统结构。由于采用了智能现场设备，能够把原先 DCS 系统中处于控制室的控制模块、各输入输出模块置入现场，使现场的测量变送仪表可以与阀门等执行机构传送数据，控制系统功能直接在现场完成，实现了彻底的分散控制。

（2）技术方面

① 系统的开放性 可以与遵守相同标准的其他设备或系统连接。用户具有高度的系统集成主动权，可根据应用需要自由选择不同厂商所提供的设备来集成系统。

② 互可操作性与互用性 互可操作性是指实现互联设备间、系统间的信息传送与沟通。

互用性则意味着不同生产厂家的性能类似的设备可实现互相替换。

③ 现场设备的智能化与功能自治性　将传感测量、补偿计算、过程处理与控制等功能分散到现场设备中完成，仅靠现场设备即可完成自动控制的基本功能，并可随时诊断设备的运行状态。

④ 系统结构的高度分散性　构成一种新的全分散性控制系统，从根本上改变了原有DCS集中与分散相结合的集散控制系统体系，简化了系统结构，提高了测控精度和系统可靠性。

⑤ 对现场环境的适应性　现场总线专为现场环境而设计，支持双绞线、同轴电缆、光缆等，具有较强抗干扰能力，采用两线制实现供电和通信，并满足本安防爆要求等。

（3）经济方面

① 节省硬件数量和投资　FCS中分散在现场的智能设备能执行多种传感、控制、报警和计算等功能，减少了变送器、控制器、计算单元等数量，也不需要信号调理、转换等功能单元及接线等，节省了硬件投资，减少了控制室面积。

② 节省安装费用　FCS接线简单，一对双绞线或一条电缆上通常可挂接多个设备，因而电缆、端子、桥架等用量减少，设计与校对量减少。增加现场控制设备时，无需增设新的电缆，可就近连接到原有电缆上，节省了投资，减少了设计和安装的工作量。

③ 节省维护费用　现场控制设备具有自诊断和简单故障处理能力，通过数字通讯能将诊断维护信息送控制室，用户可查询设备的运行、诊断、维护信息，分析故障原因并快速排除，缩短了维护时间，同时系统结构简化和连线简单也减少了维护工作量。

6.7.2　现场总线系统的发展

1983年Honeywell推出了智能化仪表——Smar变送器，这些带有微处理器芯片的仪表除增加了复杂的控制功能外，在4～20mA输出直流信号上叠加了数字信号，使现场和控制室之间的连接由模拟信号过渡到模拟和数字信号并存。此后几十年间，世界上各大公司都相继推出了各有特色的智能仪表。如Rosemount公司的1151、Foxboro的820、860等。以微处理器芯片为基础的各种智能型仪表，为现场仪表数字化及实现复杂应用功能提供了基础。但由于不同厂商设备之间的通信标准不统一，严重束缚了工厂底层网络的发展。

1984年，美国仪表协会（ISA）下属的标准与实施工作组中的ISA/SP50开始制定现场总线标准。1985年，国际电工委员会决定由Proway Working Group负责现场总线体系结构与标准的研究制定工作。1986年，德国开始制定过程现场总线（Process Fieldbus）标准，简称为PROFIBUS。1992年，由Siemens，Rosemount，ABB，Foxboro，Yokogawa等80家公司联合，成立了ISP组织，在PROFIBUS的基础上制定现场总线标准。1993年，以Honeywell，Bailey等公司为首，成立了World FIP组织，有120多个公司加盟该组织，并以法国标准FIP为基础制定现场总线标准。1994年，ISP和World FIP北美部分合并，成立了现场总线基金会（Fieldbus Foundation，简称FF），于1996年第一季度颁布了低速总线H1标准，将不同厂商符合FF规范的仪表互联，组成控制系统和通信网络，使H1低速总线步入实用阶段。与此同时，在不同行业还陆续派生出一些有影响的总线标准，如德国Bosch公司推出CAN，美国Echelon公司推出Lon Works等。

由于现场总线产品投资效益和商业利益的竞争，几种现场总线标准在今后一定时期内会共存。从长远看，现场总线将向开放系统、统一标准的方向发展。

根据1999年渥太华会议的纪要，将原IEC61158.3～IEC61158.6的技术规范作为新标准IEC61158的类型1（Type 1）。而其他总线按原技术规范作为新标准的类型2～类型8（Type 2～Type 8）。修改后的现场总线国际标准在2000年初获得通过，共有8类。分别是：

Type 1，FF H1；Type 2，Control Net；Type 3，PROFIBUS；Type 4，P-Net；Type 5，FF HSE；Type 6，Swift Net；Type 7，WorldFIP；Type 8，Interbus。

8 类现场总线采用完全不同的通信协议。要实现这些现场总线的相互兼容和互操作几乎不可能。Type 4 和 Type 6 是功能相对较简单的现场总线，Type 2 是监控级现场总线，Type 8 是现场设备级现场总线，Type 2、Type 3 和 Type 7 是以 PLC 为基础的控制系统发展而来的现场总线，只有 Type 1 和 Type 5 是从传统 DCS 控制系统发展而来的现场总线。其中，Type 1 是现场设备级低速现场总线，而 Type 5 是监控级的高速现场总线。

6.7.3 基金会现场总线

基金会现场总线由现场总线基金会（Fieldbus Foundation）组织开发。

（1）基金会现场总线的通信系统

根据自动化系统的特点，基金会现场总线通信将国际标准化组织 ISO 开放系统互联分层模型的七层（物理层、数据链路层、网络层、传输层、会话层、表示层和应用层）简化为三层（物理层、数据链路层和应用层），在应用层之上增加新的一层——用户层。其中，物理层（PL）规定了信号如何发送；数据链路层（DLL）规定如何在设备中共享网络和调度通信；应用层（AL）规定了在设备之间交换数据、命令、事件信息以及请求应答中的信息格式；用户层（UL）用于组成用户需要的应用程序，如规定标准的功能块、设备描述，实现网络管理、系统管理等。

（2）基金会现场总线系统的组态与运行

基金会现场总线系统是一个完整、协调而有序工作的自动化系统与网络系统。在系统启动运行之前，要对系统每个自控设备、网络节点设置特定参数，然后按一定程序，使各设备进入各自工作状态，集成为一个有序工作的系统。

① 系统的组态　系统组态就是从系统整体需要的角度，为其组成成员分配角色、选择希望某个设备所承担的工作，并设置好参数。基金会现场总线组态的四个层次：制造商定义层组态、网络定义层组态、分布式应用定义层组态和设备定义层组态。不同层次规定不同的组态信息。

② 网段与系统的启动　系统启动时，组成这个系统的各总线段分别启动。总线段接通电源时，位于这个总线段上的链路主设备如果判断出没有链路活动调度器 LAS 在工作，就马上进入竞争 LAS 的过程。通常因其他设备还未进入竞争，第一个接通电源的链路主设备将赢得竞争而成为 LAS 的链路主管，开始运用负责时间发布的数据链路协议数据单元（TD DLPDU），为它的本地总线段提供数据链路时间。当含有系统时间的主管 LAS 加入到网络时，它也开始发布时间。在根部接口上收到 TD DLPDU 的网桥，对自身本地时钟进行调整，再对它下游端口重新发布时间。当所有在该网络中的网桥都处于工作状态，并具有重发布后的时间时，所有总线段上的数据链路时间就不再进行同步操作。

（3）现场总线控制系统的网络布线与安装

由于现场总线控制系统一条双绞线上挂接着多个现场设备，传送着多个测点的过程变量和其他信息，因而它的布线和安装与传统的模拟控制系统相比有许多新的要求与特点。

① 现场总线网段的基本构成部件　图 6-37 为一个典型的基金会现场总线网段。在这个网段中，有作为链路主管、组态器和人机界面的计算机；符合 FF 通信规范要求的 PC 接口卡；网段上挂接的现场设备；总线供电电源；连接在网段两端的终端器；电缆或双绞线以及连接端子。

可采用中继器延长网段长度，用中继器增加网段上的连接设备数，用网桥或网关与不同速度、不同协议的网段连接。在本安防爆要求的危险场所，现场总线网段应配本安防爆栅。

145

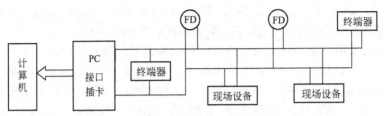

图 6-37　基金会现场总线网段的基本构成

图 6-38 为基金会现场总线的本安网段示例。

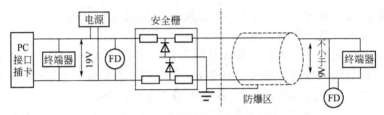

图 6-38　基金会现场总线本安网段

下面对其中的部分构成部件作一说明。

a. 现场设备，包括总线供电式现场设备和单独供电现场设备。

b. 终端器，是连接在总线末端或末端附近的阻抗匹配元件。每个总线上需要有且只能有两个终端器。终端器起到保护信号作用，使信号少受衰减与畸变。有时也将终端器电路内置在电源、安全栅、PC 接口卡、端子排内。

c. 电缆，表 6-3 中列出了 A、B、C、D 四种电缆。其中，A 型的屏蔽双绞线为新安装系统中推荐使用的电缆；B 型电缆适用于新安装工程中需要多双绞线对、外层全屏蔽的场合；未加屏蔽的单对或多双绞线的 C 型电缆和没有双绞线、但外层全屏蔽的多芯 D 型电缆主要应用于改造工程中。另外，其他类型的电缆也可在现场总线系统中使用。

表 6-3　现场总线电缆规格

型　号	特　征	规格/mm²	最大长度/m
A	屏蔽双绞线	0.8	1900
B	屏蔽多股双绞线	0.32	1200
C	无屏蔽多股双绞线	0.13	400
D	外层屏蔽、多芯非双绞线	0.125	200

d. 中继器，用来扩展现场总线网络。在现场总线网络的任何两个设备之间最多可以使用 4 个中继器。使用 4 个中继器时，网络中两个设备间的最大距离可达 9500m，网段上设备总数可达 156 个。

e. 网桥，用于连接不同速度或不同物理层的现场总线网段，组成大网络。

f. 网关，用于将现场总线的网段连到其他通信协议的网段，如以太网、Lon Works 网段等。

② 总线供电与网络配置　在网络上如果有两线制的总线供电现场设备，应该确保每个设备至少有 9V 的电压来驱动。为此，在配置现场总线网段时需要了解当前每个设备的功耗情况、设备在网络中的位置、电源在网络的位置、每段电缆的阻抗和电源电压等情况。每个现场设备的电压由直流回路的分析得到。

③ 现场总线的接地、屏蔽与极性　在现场总线网络中，将任何信号传输导体接地会引起这条总线上的所有设备失去通信能力。任何一根导线接地或两线接在一起，都会导致通信中断。

现场总线电缆最好采用屏蔽电缆，可使用多芯"仪器"电缆，其中有一条或多条双绞线，一个金属屏蔽和一根屏蔽线。也可使用有单一屏蔽的双绞线电缆。新安装工程可购买"现场总线电缆"。现场总线电缆的屏蔽沿着电缆的整个长度仅在一点接地，屏蔽线绝对不可用作电源的导线。当使用屏蔽电缆时，要把所有分支的屏蔽线和主干的屏蔽线连接起来，最后在同一点接地。为了达到本安要求的安装，接地点还需要按本安接地规定选择。

现场总线的信号是有极性的，现场设备必须接线正确才能得到正确的信号，所有的"＋"端必须互相连接，所有的"－"端也必须互相连接。无极性现场设备，可在网络上按任何方向连接。

6.7.4　现场总线控制系统的应用

图 6-39 为汽包水位三冲量控制系统的典型的控制方案，它把与水位控制相关的汽包水位、给水流量、蒸汽流量三个冲量引入到控制系统。这里采用的是由两个控制器按串级前馈控制系统。

（1）现场总线控制系统的设计

在控制系统方案选定之后，主要设计工作如下。

① 根据控制方案选择必需的现场总线仪表　三冲量控制系统需要一个液位变送器、

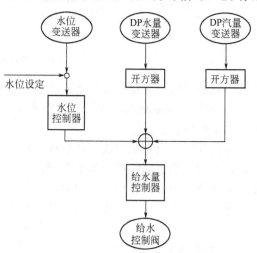

图 6-39　锅炉汽包水位三冲量控制方案

两个流量变送器和一个给水控制阀。现场总线仪表实现阻尼、开方、加减和 PID 运算等功能可完全靠嵌入在现场变送、执行器中的功能块软件完成。

② 选择计算机与网络配件　为满足现场设备组态、运行、操作的需求，一般需选择一台或多台与现场总线网段连接的计算机。PC 现场总线接口板可与几个现场总线通道集成连接。电源、终端器、缆线等也是现场总线的基本硬件。图 6-40(a) 为现场总线基本硬件构成图。图中显示两台冗余的相同工业 PC 机的配置。

考虑到方便现场配线等原因，另一种配置办法是设置通信控制器，其一侧与现场总线网段连接，另一侧采用 PC 机联网方式，完成现场总线网段与 PC 机之间的信息交换。图 6-40(b) 表示了这种控制系统的硬件配置。

为优化通信，减少信号的往返传递，应尽可能将同一控制系统中信号相关的现场设备就近安排在同一总线段上。除了上面提到的水位变送器、流量变送器、给水控制阀外，锅炉控制系统中还有用于联锁系统和开关量控制的 PLC，它需与现场设备等交换信息，因此采用 PLC 与现场总线网段接口，使 PLC 成为现场总线网段的节点成员。

作为工厂底层网络，还要考虑它与工厂网段间的连接。

③ 选择开发组态软件、控制操作的人机接口软件 MMI　在选择中要注意到 MMI 软件平台的开放性。组态软件是 FCS 的特色软件，采用图形化界面，易于操作，简单明了，便于用户熟悉掌握。它主要完成以下任务：在应用软件的界面上选中所连接的现场总线设备；对所选设备分配位号；从设备的功能库中选择功能块；实现功能块连接；按应用要求为功能

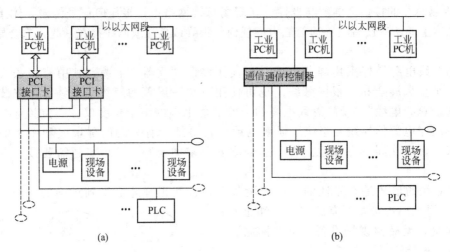

图 6-40　控制系统硬件配置示意图

块赋予特征参数；对现场设备下载组态信息等。

④ 根据控制系统结构和控制策略所需功能块以及现场总线设备具备的功能块库的条件，分配功能块所在位置。

分配在同一设备中的功能块连接属内部连接，其信号传输无需通过总线通信；而位于不同设备的功能块之间的连接属于外部连接，其信号传输须通过总线进行通信。分配功能块位置时应注意减少外部连接，优化通信流量。

对三冲量水位控制系统，功能块分配如下。

a. 汽包液位变送器 LT-101 内，选用 AI 模拟输入功能块，主控制器 PID 功能块；

b. 给水流量变送器 FT-103 内，选用 AI 模拟输入功能块，求和算法功能块；

c. 蒸汽流量变送器 FT-102 内，选用 AI 模拟输入功能块；

d. 阀门定位器 FV-101 内，选用副控制器 PID 功能块，AO 输出功能块，并实现现场总线信号到控制阀门的气压转换。

现场总线功能块的选用是任意的，系统设计具有较大柔性。通过组态软件，完成功能块之间的连接。按三冲量控制系统框图和功能块分配方案，功能块组态连接如图 6-41 所示。

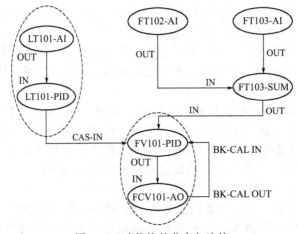

图 6-41　功能块的分布与连接

图中虚线表示物理设备，实线表示功能块，实线内标有位号和功能块名称。这里，

BK_CAL IN，BK_CAL OUT 分别表示控制器输入和阀位反馈信号的输出，用于反算；CAS_IN表示串级输入。实行组态时，只需在窗口式图形界面上选择相应设备的功能块，在功能块的输入输出间简单连线，便可建立信号传递通道，完成控制系统的连接组态。

⑤ 功能块特征化　组态的另一项任务就是要确定功能块中的特性与参数。图 6-42 为给水流量测量变送器的 AI 功能块，可以通过组态决定 AI 功能块的特征参数，如测量输入范围、输出量程、工程单位、滤波时间、是否需要开方处理等。

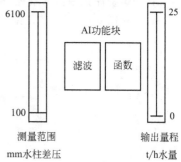

图 6-42　AI 功能块的特征化

⑥ 网络组态　网络组态包括现场总线网段和作为人机接口操作界面的 PC 机与它相连网段的组态。内容有网络节点分配，确定 LAS 主管、后备 LAS 主管等。

⑦ 下载组态信息　组态完成后，需下载组态信息，将组态信息代码送相应现场设备，并启动系统运行。

（2）现场总线控制系统软件

现场总线信号传入计算机后，还要进行一系列的处理。因此仍需具有类似于 DCS 或其他计算机控制系统那样的控制软件、人机接口软件。FCS 软件主要由以下部分组成。

① 组态软件　包括通信组态与控制系统组态，用来生成各种控制回路和通信关系。

② 维护软件　用于对现场控制系统软硬件运行状态进行监测、故障诊断及测试维护等。

③ 仿真软件　用于对现场总线控制系统的部件，如通信节点、网段、功能模块等进行仿真运行，作为对系统进行组态、调试、研究的工具。

④ 现场设备管理软件　它是对现场设备进行维护管理的工具。

⑤ 监控软件　是直接用于生产操作和监视的控制软件包，主要内容有实时数据采集、常规控制计算与数据处理、优化控制、逻辑控制、报警监视、运行参数的画面显示、报表输出、操作与参数修改。另外，文件管理、数据库管理等内容也是 FCS 监控软件的组成部分。一些监控软件中，还配备有实时统计质量控制软件。

思考题与习题 6

6-1　什么是控制器的控制规律？工业上有哪几种控制器？

6-2　什么是比例控制规律、积分控制规律和微分控制规律？它们有什么特点？试述它们的适用场合。

6-3　什么是比例度、积分时间和微分时间？它们对过渡过程有什么影响？

6-4　为什么积分控制规律一般不能单独使用，微分控制规律一定不能单独使用？

6-5　为什么说比例控制有余差，而积分控制能消除余差？

6-6　某比例调节器输入信号为 4～20mA，输出信号为 1～5V，当比例度 δ 为 60％ 时，输入变化 6mA 所引起的输出变化量是多少？

6-7　某 DDZ-Ⅲ 控制器的比例度为 50％，积分时间为 0.2min，微分时间为 2min，微分增益为 10，控制器输出值为 4mA。现突然施加 0.5mA 的阶跃信号，试写出此时控制器的输出表达式，并计算经过 12s 时该控制器的输出信号值。

6-8　一般控制器必须具有哪些基本功能？

6-9　DDZ-Ⅲ 控制器有哪些特点？

6-10　数字式控制器有哪些主要特点？

6-11　简述数字式控制器的基本构成以及各部分的主要功能。

6-12 YS1700 控制器有哪些功能特点?

6-13 可编程序控制器有哪些功能? 与一般的计算机控制相比, 有哪些特点?

6-14 可编程序控制器的硬件结构由哪些部分构成? 各起什么作用?

6-15 可编程序控制器的工作方式是什么样的?

6-16 编程序控制器的编程语言有哪几种?

6-17 对图 6-43 所示的复杂控制系统的梯形图, 编制相应的程序。

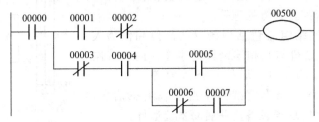

图 6-43　复杂控制系统的梯形图

6-18 集散控制系统有哪些特点?

6-19 集散控制系统一般由哪些部分构成?

6-20 什么叫集散控制系统的硬件组态?

6-21 集散控制系统应用软件组态有哪几种方式? 应用软件组态包括哪些内容?

6-22 TPS 系统结构由哪些部分构成? 基本的 TPS 系统由哪些部分组成?

6-23 万能操作站在 TPS 中起什么作用? 它有哪些功能?

6-24 万能控制网络由哪些部分组成? 各起什么作用?

6-25 现场总线系统有哪些特点? 现场总线控制系统与一般的控制系统相比有哪些优点?

6-26 常见的现场总线有哪些?

6-27 基金会现场总线的通信模型是什么样的? 各层分别起什么作用?

6-28 现场总线网段的基本构成有哪些?

7 简单控制系统

简单控制系统指的是单输入—单输出（SISO）的线性控制系统，是控制系统的基本形式。其特点是结构简单，而且具有相当广泛的适应性。在计算机控制已占主流的今天，即使在高水平的自动控制设计中，简单控制系统仍占控制回路的绝大多数，一般在85％以上。力求简单、可靠、经济与保证控制效果是控制系统设计的基本准则。

7.1 控制系统的组成

在生产过程中有各种控制系统，图7-1是几个简单控制系统的示例。在这些控制系统中都有一个需要控制的过程变量，例如，图中的温度、压力、液位、流量等，这些需要控制的变量称为被控变量。为了使被控变量与希望的设定值保持一致，需要有一种控制手段，例如，图中的蒸汽流量、回流流量和出料流量等，这些用于调节的变量称为操纵变量或操作变量。被控变量偏离设定值的原因是由于过程中存在扰动，例如，蒸汽压力、泵的转速、进料量的变化等。

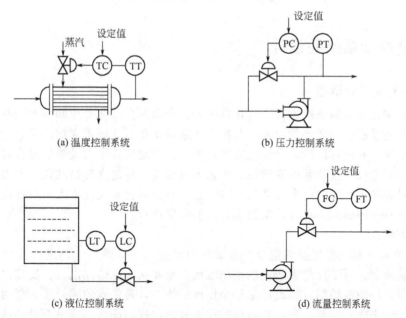

(a) 温度控制系统　　　　　　　　　　(b) 压力控制系统

(c) 液位控制系统　　　　　　　　　　(d) 流量控制系统

图 7-1　简单控制系统示例

在这些控制系统中，检测元件和变送器将被控变量检测和转换为标准信号，当系统受到扰动影响时，检测信号与设定值之间就有偏差，因此，检测变送信号在控制器中与设定值比较，其偏差值按一定的控制规律运算，并输出信号驱动执行机构改变操纵变量，使被控变量回复到设定值。

可见，简单控制系统由检测变送单元、控制器、执行器和被控对象组成。

检测元件和变送器用于检测被控变量，并将检测到的信号转换为标准信号输出。例如，热电阻或热电偶和温度变送器、压力变送器和液位变送器、流量变送器等。

控制器用于将检测变送单元的输出信号与设定值信号进行比较，按一定的控制规律对其偏差信号进行运算，运算结果输出到执行器。控制器可以采用模拟仪表的控制器或由微处理器组成的数字控制器，例如，用 DCS 中的控制功能模块等实现。

执行器是控制系统环路中的最终元件，直接用于控制操纵变量变化。执行器接收控制器的输出信号，通过改变执行器节流件的流通面积来改变操纵变量。它可以是气动薄膜控制阀、带电气阀门定位器的电动控制阀等。执行器也可用变频调速电机等实现。

被控对象是需要控制的设备，例如，图 7-1 中的换热器、泵、储罐和管道等。

控制系统的框图如图 7-2 所示。图 7-1 中用 TT、PT、LT 和 FT 分别表示温度、压力、液位和流量变送器，用 TC、PC、LC 和 FC 表示相应的控制器，图 7-1 中的执行器都用控制阀表示。结合图 7-1，图 7-2 中检测变送的一节可分别用 TT、PT、LT、FT 等表示温度、压力、液位、流量等检测变送器，而执行器可用控制阀表示。

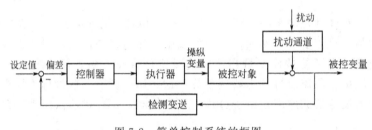

图 7-2　简单控制系统的框图

7.2　简单控制系统的设计

7.2.1　控制系统设计概述

首先，要求自动控制系统设计人员在掌握较为全面的自动化专业知识的同时，也要尽可能多地熟悉所要控制的工艺装置对象；其次，要求自动化专业技术人员与工艺专业技术人员进行必要的交流，共同讨论确定自动化方案；第三，自动化技术人员要切忌盲目追求控制系统的先进性和所用仪表及装置的先进性。工艺人员要进一步建立对自动化技术的信心，特别是一些复杂对象和大系统的综合自动化，要注意倾听自动化专业技术人员的建议；第四，设计一定要遵守有关的标准、行规，按科学合理的程序进行。

（1）基本内容

① 确定控制方案　首先要确定整个系统的自动化水平，然后才能进行各个具体控制系统方案的讨论确定。对于比较大的控制系统工程，更要从实际情况出发，反复多方论证，以避免大的失误。控制系统的方案设计是整个设计的核心，是关键的第一步。要通过广泛的调研和反复的论证来确定控制方案，它包括被控变量的选择与确认、操纵变量的选择与确认、检测点的初步选择、绘制出带控制点的工艺流程图和编写初步控制方案设计说明书等。

② 仪表及装置的选型　根据已经确定的控制方案进行选型，要考虑到供货方的信誉、产品的质量、价格、可靠性、精度、供货方便程度、技术支持、维护等因素。并绘制相关的图表。

③ 相关工程内容的设计　包括控制室设计、供电和供气系统设计、仪表配管和配线设计、联锁保护系统设计等，提供相关的图表。

（2）基本步骤

① 初步设计　初步设计的主要目的是上报审批，并为订货做准备。

② 施工图设计　是在项目和方案获批后，为工程施工提供有关内容详细的设计资料。

③ 设计文件和责任签字　包括设计、校核、审核、审定、各相关专业负责人员的会签等，以严格把关，明确责任，保持协调。

④ 参与施工和试车　设计代表应该到现场配合施工，并参加试车和考核。

⑤ 设计回访　在生产装置正常运行一段时间后，应去现场了解情况，听取意见，总结经验。

7.2.2　被控变量的选择

被控变量的选择是控制系统设计中的关键问题。在实践中，该变量的选择以工艺人员为主，自控人员为辅，因为对控制的要求是从工艺角度提出的。但自动化专业人员也应多了解工艺，多与工艺人员沟通，从自动控制的角度提出建议。工艺人员与自控人员之间的相互交流与合作，有助于选择好控制系统的被控变量。

在过程工业装置中，为了实现预期的工艺目标，往往有许多个工艺变量或参数可以被选择作为被控变量，也只有在这种情况下，被控变量的选择才是重要的问题。在多个变量中选择被控变量应遵循下列原则：

① 尽量选择能直接反映产品质量的变量作为被控变量；

② 所选被控变量能满足生产工艺稳定、安全、高效的要求；

③ 必须考虑自动化仪表及装置的现状。

7.2.3　操纵变量的选择

在选定被控变量之后，要进一步确定控制系统的操纵变量（或调节变量）。实际上，被控变量与操纵变量是放在一起综合考虑的。操纵变量的选取应遵循下列原则：

① 操纵变量必须是工艺上允许调节的变量；

② 操纵变量应该是系统中所有被控变量的输入变量中的对被控变量影响最大的一个。控制通道的放大系数 K 要尽量大一些，时间常数 T 要适当小些，滞后时间应尽量小；

③ 不宜选择代表生产负荷的变量作为操纵变量，以免产量受到波动。

7.2.4　控制规律及控制器作用方向的选择

在控制系统中，仪表选型确定以后，对象的特性是固定的，不好改变的；测量元件及变送器的特性比较简单，一般也是不可以改变的；执行器加上阀门定位器可有一定程度的调整，但灵活性不大；主要可以改变就是控制器的参数。系统设置控制器的目的，也是通过它改变整个控制系统的动态特性，以达到控制的目的。

控制器的控制规律对控制质量影响很大。根据不同的过程特性和要求，选择相应的控制规律，以获得较高的控制质量；确定控制器作用方向，以满足控制系统的要求，也是系统设计的一个重要内容。

（1）控制规律的选择

控制器控制规律主要根据过程特性和要求来选择。

① 位式控制　常见的位式控制有双位和三位两种。一般适用于滞后较小，负荷变化不大也不剧烈，控制质量要求不高，允许被控变量在一定范围内波动的场合，如恒温箱、电阻炉等的温度控制。

② 比例控制　它是最基本的控制规律。当负荷变化时，克服扰动能力强，控制作用及时，过渡过程时间短，但过程终了时存在余差，且负荷变化越大余差也越大。比例控制适用于控制通道滞后较小、时间常数不太大、扰动幅度较小、负荷变化不大、控制质量要求不高，允许有余差的场合。如储罐液位、塔釜液位的控制和不太重要的蒸汽压力的控制等。

③ 比例积分控制　引入积分作用能消除余差，故比例积分控制是使用最多、应用最广的控制规律，但是，加入积分作用后要保持系统原有的稳定性，必须加大比例度（削弱比例作用），以使控制质量有所下降，如最大偏差和振荡周期相应增大，过渡时间加长。对于控制通道滞后小，负荷变化不太大，工艺上不允许有余差的场合，如流量或压力的控制，采用比例积分控制规律可获得较好的控制质量。

④ 比例微分控制　引入了微分，会有超前控制作用，能使系统的稳定性增加，最大偏差和余差减小，加快控制过程，改善控制质量，故比例微分控制适用于过程容量滞后较大的场合。对于滞后很小和扰动作用频繁的系统，应尽可能避免使用微分作用。

⑤ 比例积分微分控制　微分作用对于克服容量滞后有显著效果，对克服纯滞后是无能为力的。在比例作用的基础上加上微分作用能提高系统的稳定性，加上积分作用能消除余差，又有 δ、T_I、T_D 三个可以调整的参数，因而可以使系统获得较高的控制质量，它适用于容量滞后大、负荷变化大、控制质量要求较高的场合，如反应器、聚合釜的温度控制。

（2）控制器作用方向的选择

控制系统各环节增益有正、负之别。各环节增益的正或负可根据在稳态条件下该环节输出增量与输入增量之比确定。当该环节的输入增加时，其输出增加，则该环节的增益为正，反之，如果输出减小则增益为负。

对象的增益可以是正，亦可以是负，例如在液位控制系统中，控制阀装在入口处对象的增益是正的；如果装在出口处，则对象的增益是负的。

气开控制阀的增益是正的；气关控制阀的增益是负的。

检测元件和变送器的增益一般是正。

控制器有正、反作用之分，正作用控制器的增益是负的；反作用控制器的增益是正的。这是因为在控制系统中偏差是设定值减测量值（$R-Y$），而控制器中偏差是测量值减设定值（$Y-R$）。

整个控制系统必须是一个负反馈系统，所以回路中各环节增益的乘积必须为正值。一个控制系统设计好后，对象、控制阀、检测元件和变送器的增益亦确定了，通过选择控制器作用方向来保证控制系统是一个负反馈系统。

在图 7-3 所示的液位控制系统中，如操纵变量是进料量并选择气开阀，确定控制器正、反作用。进料阀开度增加，液位升高，因此对象增益 K_O 为正；液位升高，检测变送环节的输出增加，检测变送环节 K_m 为正；而气开阀 K_v 为正；为保证负反馈，$K_{开}=K_cK_vK_OK_m>0$，因此应选择控制器增益 K_c 为正，即为反作用控制器。

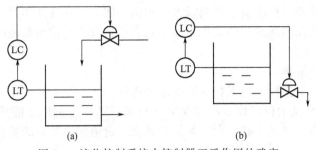

图 7-3　液位控制系统中控制器正反作用的确定

如操纵变量是出料量同样选择气开阀,此时出料阀开度增加,液位降低,因此对象增益 K_p 为负;应选择控制器增益 K_c 为负,即为正作用控制器。

7.2.5 执行器(气动薄膜控制阀)的选择

气动薄膜控制阀虽结构简单,但在自动控制系统中的作用却不容忽视。若选型或使用不当,往往会使控制系统运行不良。

(1)控制阀结构类型及材质的选择

气动薄膜控制阀有直通单座、直通双座、角形、隔膜、蝶阀和三通阀等不同结构形式,要根据操纵介质的工艺条件(温度、压力、流量等)及其特性(黏度、腐蚀性、毒性、介质状态形式等)和控制系统的不同要求来选用。表 7-1 列出了不同结构形式的控制阀特点及其适用场合,以供参考。

表 7-1　不同结构形式控制阀特点及适用场合

阀结构形式	特点及适用场合
直通单座阀	只有一个阀芯,阀前后压差小,适用于要求泄漏量小的场合
直通双座阀	有两个阀芯,阀前后压差大,适用于允许有较大泄漏量的场合
角阀	阀体呈直角,适用于高压差、高黏度、含悬浮物和颗粒状物质的场合
隔膜阀	适用于有腐蚀性介质的场合
蝶阀	适用于有悬浮物的介质、大流量、压差小、允许大泄漏量的场合
三通阀	适用于分流或合流控制的场合
高压阀	适用于高压控制的特殊场合

此外,还应根据操纵介质的工艺条件和特性选择合适的材质。

(2)控制阀气开、气关形式的选择

对于一个具体的控制系统来说,究竟选气开阀还是气关阀,即在阀的气源信号发生故障或控制系统某环节失灵时,阀是处于全开的位置安全,还是处于全关的位置安全,要由具体的生产工艺来决定,一般来说要根据以下几条原则进行选择。

① 首先要从生产安全出发,即当气源供气中断,或控制器出故障而无输出,或控制阀膜片破裂而漏气等使控制阀无法正常工作以致阀芯回复到无能源的初始状态(气开阀回复到全关,气关阀回复到全开),应能确保生产工艺设备的安全,不致发生事故。如生产蒸汽的锅炉水位控制系统中的给水控制阀,为了保证发生上述情况时不致把锅炉烧坏,控制阀应选气关式。

② 从保证产品质量出发,当发生控制阀处于无能源状态而回复到初始位置时,不应降低产品的质量,如精馏塔回流量控制阀常采用气关式,一旦发生事故,控制阀全开,使生产处于全回流状态,防止不合格产品的蒸出,从而保证塔顶产品的质量。

③ 从降低原料、成品、动力损耗来考虑,如控制精馏塔进料的控制阀就常采用气开式,一旦控制阀失去能源即处于气关状态,不再给塔进料,以免造成浪费。

④ 从介质的特点考虑,精馏塔塔釜加热蒸汽控制阀一般选气开式,以保证在控制阀失去能源时能处于全关状态避免蒸汽的浪费,但是如果釜液是易凝、易结晶、易聚合的物料时,控制阀则应选气关式以防调节阀失去能源时阀门关闭,停止蒸汽进入而导致釜内液体的结晶和凝聚。

(3)控制阀流量特性的选择

控制阀的流量特性直接影响到系统的控制质量和稳定性,需要正确选择。

制造厂提供的调节阀流量特性是理想流量特性，而在实际使用时，控制阀总是安装在工艺管路系统中，控制阀前后的压差是随着管路系统的阻力而变化的。因此，选择控制阀的流量特性时，不但要依据过程特性，还应结合系统的配管情况来考虑。

阀的工作特性应根据过程特性来选择，其目的是使广义过程特性为线性：如变送器特性为线性、过程特性也是线性时，应选用工作特性为线性；如果变送器特性为线性，而过程特性的放大系数 K。是随操纵变量的增加而减小时，则应选用对数工作特性。

依据工艺配管情况确定配管系数 S 值后，可以从所选的工作特性出发，确定理想特性。当 $S=1\sim0.6$ 时，理想特性与工作特性几乎相同；当 $S=0.6\sim0.3$ 时，无论是线性或对数工作特性，都应选对数的理想特性；当 $S<0.3$ 时，一般不适宜控制，但也可以根据低 S 阀来选择其理想特性。

（4）控制阀口径大小的选择

确定控制阀口径大小也是选用控制阀的一个重要内容，其主要依据阀的流通能力。正常工况下要求控制阀开度处于 $15\%\sim85\%$ 之间，因此，不宜将控制阀口径选的太小或过大，否则，会使控制阀可能运行在全开时的非线性饱和工作状态，系统失控；或使阀门经常处于小开度的工作状态，造成流体对阀芯、阀座严重冲蚀，甚至引起控制阀失灵。

7.3　简单控制系统的参数整定

系统投运之前，还需进行控制器的参数整定。所谓参数整定，就是对于一个已经设计并安装就绪的控制系统，选择合适的控制器参数（$\delta(K_C)$，T_I，T_D），来改善系统的静态和动态特性，使系统的过渡过程达到最为满意的质量指标要求。

控制器参数的整定方法很多，归纳起来可以分成两大类，即理论计算整定法和工程整定法。

理论计算整定法是在已知被控对象的数学模型的基础上，根据选取的质量指标，通过理论计算（微分方程、根轨迹、频率法等），来求得最佳的整定参数。这类方法计算较繁，工作量又大，而且由于用解析法或实验测定法求得的对象数学模型都只能近似地反映过程的动态特性，整定结果的精度是不高的，因而未在工程上受到广泛推广。但是，理论计算推导出的一些结果正是工程整定法的理论基础。

对于工程整定法，工程技术人员无需确切知道对象的数学模型，无需具备理论计算所必需的控制理论知识，就可以在控制系统中直接进行整定，因而简单、实用，在实际工程中被广泛使用。以下介绍几种常用的工程整定法。

7.3.1　经验整定法

这种方法实质上是一种经验凑试法，是工程技术人员在长期生产实践中总结出来的。它不需要进行事先的计算和实验，而是根据运行经验，先确定一组控制器参数（如表 7-2 中所示），并将系统投入运行，通过观察人为加入干扰（改变设定值）后的过渡过程曲线，根据各种控制作用对过渡过程的不同影响来改变相应的控制参数值，进行反复凑试，直到获得满意的控制质量为止。

由于比例作用是最基本的控制作用，经验整定法主要通过调整比例度 δ 的大小来满足质量指标。整定途径有以下两条。

① 先用单纯的比例（P）作用，即寻找合适的比例度 δ，将人为加入干扰后的过渡过程调整为 4∶1 的衰减振荡过程。

　　然后再加入积分（I）作用，一般先取积分时间 T_I 为衰减振荡周期的一半左右。由于积分作用将使振荡加剧，在加入积分作用之前，要先减弱比例作用，通常把比例度增大 $10\%\sim 20\%$。调整积分时间的大小，直到出现 $4:1$ 的衰减振荡。

　　需要时，最后加入微分（D）作用，即从零开始，逐渐加大微分时间 T_D。由于微分作用能抑制振荡，在加入微分作用之前，可把比例度调整到比纯比例作用时更小些，还可把积分时间也缩短一些。通过微分时间的凑试，使过渡时间最短，超调量最小。

　　② 先根据表 7-2 选取积分时间 T_I 和微分时间 T_D，通常取 $T_D=\left(\dfrac{1}{3}\sim\dfrac{1}{4}\right)T_I$，然后对比例度 δ 进行反复凑试，直至得到满意的结果。如果开始时 T_I 和 T_D 设置得不合适，则有可能得不到要求的理想曲线。这时应适当调整 T_I 和 T_D，再重新凑试，使曲线最终符合控制要求。

表 7-2　控制器参数经验数据

被控变量	规律的选择	比例度 $\delta/\%$	积分时间 $T_I/\min$	微分时间 $T_D/\min$
流量	对象时间常数小，参数有波动，δ 要大；T_I 要短；不用微分	$40\sim 100$	$0.3\sim 1$	
温度	对象容量滞后较大，即参数受干扰后变化迟缓，δ 应小；T_I 要长；一般需加微分	$20\sim 60$	$3\sim 10$	$0.5\sim 3$
压力	对象的容量滞后不算大，一般不加微分	$30\sim 70$	$0.4\sim 3$	
液位	对象时间常数范围较大，要求不高时，δ 可在一定范围内选取，一般不用微分	$20\sim 80$		

　　经验整定法适用于各种控制系统，特别适用对象干扰频繁、过渡过程曲线不规则的控制系统。但是，使用此法主要靠经验，对于缺乏经验的操作人员来说，整定所花费的时间较多。

7.3.2　临界比例度法

　　所谓临界比例度法，是在系统闭环的情况下，用纯比例控制的方法获得临界振荡数据，即临界比例度 δ_K 和临界振荡周期 T_K，然后利用一些经验公式，求取满足 $4:1$ 衰减振荡过渡过程的控制器参数。其整定计算公式如表 7-3 所示。具体整定步骤如下。

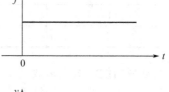

　　① 将控制器的积分时间放在最大值（$T_I=\infty$），微分时间放在最小值（$T_D=0$），比例度 δ 放在较大值后，让系统投入运行。

　　② 逐渐减小比例度，且每改变一次 δ 值时，都通过改变设定值给系统施加一个阶跃干扰，同时观察系统的输出，直到过渡过程出现等幅振荡为止，如图 7-4 所示。此时的过渡过程称为临界振荡过程，δ_K 为临界比例度，T_K 为临界振荡周期。

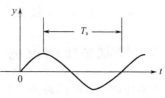

图 7-4　临界比例度法

　　③ 利用 δ_K 和 T_K 这两个试验数据，按表 7-3 中的相应公式，求出控制器的各整定参数。

　　④ 将控制器的比例度换成整定后的值，然后依次放上积分时间和微分时间的整定值。如果加入干扰后，过渡过程与 $4:1$ 衰减还有一定差距，可适当调整 δ 值，直到过渡过程满足要求。

表 7-3　临界比例度法控制器参数计算表（4：1 衰减比）

控 制 规 律	比例度 δ/%	积分时间 T_I/min	微分时间 T_D/min
P	$2\delta_K$		
PI	$2.2\delta_K$	$0.85T_K$	
PD	$1.8\delta_K$		$0.1T_K$
PID	$1.7\delta_K$	$0.5T_K$	$0.125T_K$

临界比例度法应用时简单方便，但必须注意如下两条。

① 此方法在整定过程中必定出现等幅振荡，从而限制了此法的使用场合。对于工艺上不允许出现等幅振荡的系统，如锅炉水位控制系统就无法使用该方法；对于某些时间常数较大的单容量对象，如液位对象或压力对象，在纯比例作用下是不会出现等幅振荡的，因此不能获得临界振荡的数据，从而也无法使用该方法。

② 使用该方法时，控制系统必须工作在线性区，否则得到的持续振荡曲线可能是极限环，不能依据此时的数据来计算整定参数。

7.3.3　衰减曲线法

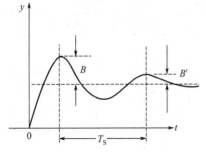

图 7-5　4：1 衰减曲线法

该方法与临界比例度法的整定过程有些相似，即也是在闭环系统中，先将积分时间置于最大值，微分时间置于最小值，比例时间置于较大值，然后让设定值的变化作为干扰输入，逐渐减小比例度 δ 值，观察系统的输出响应曲线。按照过渡过程的衰减情况改变 δ 值，直到系统出现 4：1 的衰减振荡，如图 7-5 所示。记下此时的比例度 δ_S 和衰减振荡周期 T_S，然后根据表 7-4 中相应的经验公式，求出控制器的整定参数。

表 7-4　衰减曲线法控制器参数计算表（4：1 衰减比）

控 制 规 律	比例度 δ/%	积分时间 T_I/min	微分时间 T_D/min
P	δ_S		
PI	$1.2\delta_S$	$0.5T_S$	
PID	$0.8\delta_S$	$0.3T_S$	$0.1T_S$

衰减曲线法对大多数系统均可适用，且由于试验过渡过程振荡的时间较短，又都是衰减振荡，易为工艺人员所接受。故这种整定方法应用较为广泛。

7.4　控制系统的投运

所谓控制系统的投运，是指当控制系统的设计、安装等工作已经就绪，或经过停车检修之后，使系统投入使用的过程。为了保证控制系统的顺利投运，以达到预期的效果，就必须正确掌握投运方法，严格地做好投运的各项工作。

（1）投运前的准备工作

① 熟悉工艺生产过程，即了解主要的工艺流程、设备的功能、各工艺参数间的关系、控制要求、工艺介质的性质等。

② 熟悉控制系统的控制方案，即掌握设计意图、明确控制指标、了解整个控制系统的

布局和具体内容、熟悉测量元件、变送器、执行器的规格及安装位置、熟悉有关管线的布局及走向等。

③ 熟悉各种控制装置，即熟悉所使用的测量元件、测量仪表、控制仪表、显示仪表及执行器的结构、原理，以及安装、使用和校验方法。

④ 综合检查，即检查电源电路有无短路、断路、漏电等现象，供电及供气是否安全可靠；检查各种管路和线路等的连接，如孔板的上下游接压导管与差压变送器的正负压输入端的连接、热电偶的正负端与相应的补偿导线的连接等，是否正确；检查引压和气动导管是否畅通，有无中间堵塞；检查控制阀气开、气关形式是否正确，阀杆运动是否灵活、能否全行程工作，旁路阀及上下游截止阀是否按要求关闭或打开；检查控制器的正反作用、内外设定开关是否设置在正确位置。

⑤ 现场校验，即现场校验测量元件、测量仪表、显示仪表和控制仪表的精度、灵敏度及量程，以保证各种仪表能正确工作。

（2）投运过程

控制系统投运次序如下。

① 根据经验或估算，设置 δ、T_I 和 T_D，或者先将控制器设置为纯比例作用，比例度放较大的位置。

② 确认控制阀的气开、气关作用后确认控制器的正、反作用。

③ 现场的人工操作：控制阀安装示意图如图 7-6 所示，将控制阀前后的阀门 1 和 2 关闭，打开阀门 3，观察测量仪表能否正常工作，待工况稳定。

④ 手动遥控：用手操器调整作用于控制阀上的信号 p 至一个适当数值，然后，打开

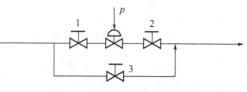

图 7-6 控制阀安装示意图

上游阀门 1，再逐步打开下游阀门 2，过渡到遥控，待工况稳定。

⑤ 投入自动：手动遥控使被控变量接近或等于设定值，观察仪表测量值，待工况稳定后，控制器切换到"自动"状态。至此，初步投运过程结束。但控制系统的过渡过程不一定满足要求，这是需要进一步调整 δ、T_I 和 T_D 三个参数。

7.5 简单控制系统设计案例

以喷雾式干燥设备控制系统设计作为案例介绍，图 7-7 是喷雾式干燥设备，工艺要求将浓缩的乳液用热空气干燥成奶粉。乳液从高位槽流下，经过滤器进入干燥器从喷嘴喷出。空气由鼓风机送到热交换器，通过蒸汽加热。热空气与鼓风机直接送来的空气混合以后，经风管进入干燥器，乳液中的水分被蒸发，成为奶粉，并随湿空气一起送出。干燥后的奶粉含水量不能波动太大，否则将影响奶粉质量。

（1）控制方案设计

① 确定被控变量 从工艺概况可知需要控制奶粉含水量。由于测水分的仪表精度不太高，因此不能直接选奶粉含水量作为被控变量。实际上，奶粉含水量与干燥温度密切相关，只要控制住干燥温度就能控制住奶粉含水量。所以选干燥温度作为被控变量。

② 确定操纵变量 影响干燥器温度的因素有乳液流量、旁路空气流量和加热蒸汽量。粗略一看，选其中任一变量作为操纵变量，都能构成温度控制系统。在图 7-7 中用控制阀位置代表可能的三种控制系统。

• 方案一　如果乳液流量作为操纵变量，则滞后最小，对干燥温度控制作用明显。但是乳液流量是生产负荷，如果选它作为操纵变量，就不可能保证其在最大值上工作，限制了该装置的生产能力。这种方案是为保证质量而牺牲产量，工艺上是不合理的。因此不能选乳液流量作为操纵变量，该方案不能成立。

• 方案二　如果选择蒸汽流量作为操纵变量，由于换热过程本身是一个多容过程，因此从改变蒸汽量，到改变热空气温度，再来控制干燥温度，这一过程时滞太大，控制效果差。

• 方案三　如果选择旁路空气流量作为操纵变量，旁路空气量与热风量的混合后经风管进入干燥器，其控制通道的时滞虽比方案一大，但比方案二小。

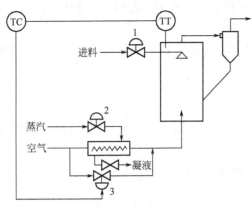

图 7-7　干燥器温度控制流程图

综合比较之后，确定将旁路控制流量作为操纵变量较为理想。其控制流程图见图 7-7。

（2）过程检测控制仪表的选用

根据生产工艺和用户要求，选用电动单元组合仪表。

① 由于被控温度在 600℃ 以下，选用热电阻作为测温元件，配用温度变送器。

② 根据过程特性和控制要求，选用对数流量特性的控制阀。根据生产工艺安全原则和被控介质特点，控制阀应为气关型。

③ 为减小滞后，控制器选用 PID 控制。控制器正反作用选择时，可假设干燥温度偏高（即乳液中水分减少），则要求减少空气流量，由于控制阀是气关型，因此要求控制器输出增加。这样控制器应选择正作用。

思考题与习题 7

7-1　简单控制系统定义是什么？并画出简单控制系统的典型方块图。

7-2　在控制系统的设计中，被控变量的选择应遵循哪些原则？

7-3　在控制系统的设计中，操纵变量的选择应遵循哪些原则？

7-4　常用的控制器的控制规律有哪些？各有什么特点？适用于什么场合？

7-5　有一蒸汽加热设备利用蒸汽将物料加热，并用搅拌器不停地搅拌物料，到物料达到所需温度后排出。试问

① 影响物料出口温度的主要因素有哪些？

② 如果要设计一温度控制系统，你认为被控量与操纵变量应选谁？为什么？

③ 如果物料在温度过低时会凝结，据此情况应如何选择控制阀的开闭形式及控制器的正反作用？

7-6　什么是气开阀？什么是气关阀？控制阀气开、气关型式的选择应从什么角度出发？
被控对象、执行器以及控制器的正、反作用是如何规定的？

7-7　图 7-8 所示为一锅炉汽包液位控制系统的示意图，要求锅炉不能烧干。试画出该系统的方块图，判断控制阀的气开、气关型式，确定控制器的正、反作用，并简述当加热室温度升高导致蒸汽蒸发量增加时，该控制系统是如何克服干扰的？

7-8　图 7-9 所示为精馏塔温度控制系统的示意图，它通过调节进入再沸器的蒸汽量实现被控变量的稳定。试画出该控制系统的方块图，确定控制阀的气开气关型式和控制器的正反作用，并简述由于外界干扰使精馏塔温度升高时该系统的控制过程（此处假定精馏塔的温度不能太高）。

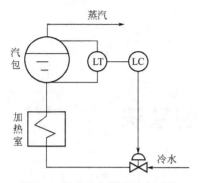

图 7-8　锅炉汽包液位控制系统

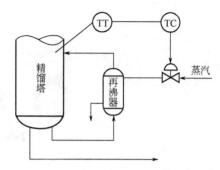

图 7-9　精馏塔温度控制系统

7-9　什么是控制器参数的工程整定？常用的控制器参数整定的方法有哪几种？

7-10　某控制系统用临界比例度法整定参数，已知 $\delta_K = 25\%$、$T_K = 5\text{min}$。请分别确定 PI、PID 作用时的控制器参数。

7-11　简单控制系统的投运步骤是什么？

8 复杂控制系统

单回路控制系统解决了大量的定值控制问题，它是控制系统中最基本和使用最广的一种形式。但是生产的发展，工艺的革新必然导致对操作条件的要求更加严格，变量间的相互关系更加复杂。为适应生产发展的需要，产生了复杂控制系统。

在单回路控制系统的基础上，再增加计算环节，控制环节或其他环节的控制系统称之为复杂控制系统。它们原来是经典控制理论的产物，当时用常规仪表来实现。但到现在，也可用现代控制理论来分析，更多用计算机来实现，在 DCS 装置中都备有很多种复杂控制系统的算法和模块。

在各自特定的条件下，采用复杂控制系统对提高控制品质，扩大自动化应用范围，起着关键性的作用。作粗略估计，通常复杂控制系统约占全部控制系统数的 10%，但是，对生产过程的贡献则达 80%。

依照系统的结构形式和所完成的功能来分，常用复杂控制系统有：串级、比值、均匀、分程、选择、前馈等控制系统。

8.1 串级控制系统

8.1.1 串级控制系统的基本原理和结构

采用不止一个控制器，而且控制器间相串接，一个控制器的输出作为另一个控制器的设定值的系统，称为串级控制系统。串级控制系统是按其结构命名的。

其作用可用图 8-1 所示的加热炉温度控制系统来说明。

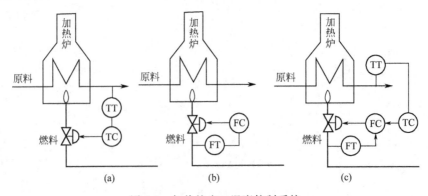

图 8-1　加热炉出口温度控制系统

该系统的被控变量是出料温度，用燃料气作为操纵变量。可以组成图 8-1(a) 所示的简单控制系统。在有些场合，燃料气上游压力会有波动，即使阀门开度不变，仍将影响流量，从而逐渐影响出料温度。因为加热炉炉管等热容较大，自操纵变量至被控变量的时间常数较大，等温度控制器发现偏差再进行控制，显然不够及时，出料温度的最大动态偏差必然很大。如果改用图 8-1(b) 所示的流量控制系统，则对温度来说是开环的，此时对于阀前压力等扰动，可以迅速克服，但对进料负荷，燃料气热值变化等扰动，却完全无能为力。人们日常操作经验是：当温度偏高时，把燃料气流量控制器的设定值减少一些；当温度偏低的时候，燃料气流量控制器的设定值应该增加一些。按照上述操作经验，把两个控制器串接起来，流量控制器的设定值由温度控制器输出决定，即流量控制器的设定值不是固定的，系统结构如图 8-1(c) 所示。这样能迅速克服影响流量的扰动作用，又能使温度在其他扰动作用下也保持在设定值。

串级控制系统的框图如图 8-2 所示。

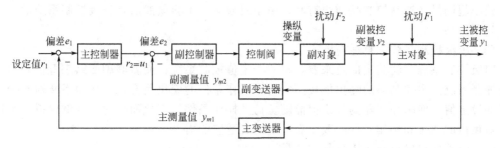

图 8-2　串级控制系统的框图

串级控制系统术语如下。

① 主被控变量 y_1　大多为工业过程中的重要操作参数，在串级控制系统中起主导作用的被控变量，如示例中的炉温。

② 副被控变量 y_2　大多为影响主被控变量的重要参数。通常为稳定主被控变量而引入的中间辅助变量，如示例中的燃料流量。

③ 主控制器　在系统中起主导作用，按主被控变量和其设定值之差进行控制运算并将其输出作为副控制器的设定值的控制器，简称为"主控"。

④ 主对象　大多为工业过程中所要控制的、由主被控变量表征其主要特性的生产设备或过程。

⑤ 副对象　大多为工业过程中影响主被控变量的、由副被控变量表征其特性的辅助生产设备或辅助过程。

⑥ 副控制器　在系统中起辅助作用，按所测得的副被控变量和主控输出之差来进行控制运算，其输出直接作用于控制阀的控制器，简称为"副控"。

⑦ 主变送器　测量并转换主被控变量的变送器。

⑧ 副变送器　测量并转换副被控变量的变送器。

⑨ 副回路　处于串级控制系统内部的，由副变送器、副控制器、控制阀和副对象所构成的闭环回路，又称为"副环"或"内环"。

⑩ 主回路　即整个串级控制系统，共包括由主变送器、主控制器、副回路等效环节、主对象所构成的闭环回路，又称为"主环"或"外环"。

串级控制系统是由两个或两个以上的控制器串联连接，一个控制器输出是另一个控制器设定。主控制回路是定值控制系统。对主控制器的输出而言，副控制回路是随动控制系统，对进入副回路的扰动而言，副控制回路是定值控制系统。

8.1.2　串级控制系统的特点

串级控制系统增加了副控制回路，使控制系统性能得到改善，表现在下列方面。

（1）能迅速克服进入副回路扰动的影响

当扰动进入副回路后，首先，副被控变量检测到扰动的影响，并通过副回路的定值控制作用，及时调节操纵变量，使副被控变量回复到副设定值，从而使扰动对主被控变量的影响减少。即副环回路对扰动进行粗调，主环回路对扰动进行细调。因此，串级控制系统能迅速克服进入副回路扰动的影响。

（2）串级控制系统由于副回路的存在，改善了对象特性，提高了工作频率

串级控制系统将一个控制通道较长的对象分为两级，把许多干扰在第一级副环就基本克服掉。剩余的影响及其他各方面干扰的综合影响再由主环加以克服。相当于改善了主控制器的对象特性即减少了容量滞后，因此对于克服整个系统的滞后大有帮助。从而加快系统响应、减小超调量、提高控制品质很有利。由于对象减少了容量滞后，串级控制系统的工作频率得到了提高。

（3）串级控制系统的自适应能力

串级控制系统，就其主回路来看，是一个定值控制系统；而就其副回路来看，则为一个随动控制系统。主控制器的输出能按照负荷或操作条件的变化而变化，从而不断地改变副控制器的设定值，使副控制器的设定值能随负荷及操作条件的变化而变化，这就使得串级控制系统对负荷的变化和操作条件的改变有一定的自适应能力。

（4）能够更精确控制操纵变量的流量

当副被控变量是流量时，未引入流量副回路，控制阀的回差、阀前压力的波动都会影响到操纵变量的流量，使它不能与主控制器输出信号保持严格的对应关系。采用串级控制系统后，引入流量副回路，使流量测量值与主控制器的输出一一对应，从而能够更精确控制操纵变量的流量。

（5）可实现更灵活的操作方式

串级控制系统可以实现串级控制、主控和副控等多种控制方式。其中，主控方式是切除副回路，以主被控变量作为被控变量的单回路控制，副控方式是切除主回路，以副被控变量为被控变量的单回路控制。因此，串级控制系统运行过程中，如果某些部件故障时，可灵活地进行切换，减少对生产过程的影响。

8.1.3　串级控制系统的设计

（1）主、副回路的设计

串级控制系统的主回路仍是一个定值控制系统。主被控变量的选择和主回路的设计，仍可用单回路控制系统的设计原则进行。

副回路的设计。由前面分析可知，串级控制系统副回路具有调节速度快、抑制扰动能力强等特点。所以在设计时，副回路应尽量包含生产过程中主要的、变化剧烈、频繁和幅度大的扰动，并力求包含尽可能多的扰动。这样可以充分发挥副回路的长处，将影响主被控变量最严重、频繁、激烈的干扰因素抑制在副回路中，确保主被控变量的控制品质。

前述图 8-1 加热炉出口温度与燃料流量串级控制系统对克服燃料流量上游压力是相当有效的，但对于燃料热值变化就无能为力了，此时可采用图 8-3 所示加热炉出口温度与炉膛温度串级控制系统，该串级控制系统包含生产过程中主要的、变化剧烈、频繁和幅度大的扰动，并包含尽可能多的扰动，是一个较好控制方案，但有的加热炉炉膛温度不好找。

设计副回路应注意工艺上的合理性。过程控制系统是为工业生产服务的，设计串级控制系统时，应考虑和满足生产

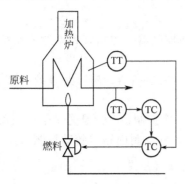

图 8-3　加热炉出口温度与炉膛
温度串级控制系统

工艺的要求。由串级控制系统的方块图可以看到，系统的操纵变量是先影响副被控变量，然后再去影响主被控变量的。所以，应选择工艺上切实可行，容易实现，对主被控变量有直接影响且影响显著的变量为副被控变量来构成副回路。

设计副回路应考虑经济性。设计副回路时，应同时考虑实施的经济性和控制质量的要求，统筹兼顾。

主、副对象的时间常数匹配。在选择副被控变量进行副回路设计时，必须注意主、副对象时间常数的匹配。因为它是串级控制系统正常运行的首要条件，是保证安全生产、防止系统"共振"的基础。设计时，为防止系统"共振"现象发生，应使主、副对象的时间常数和时滞时间错开，副对象的时间常数和时滞应比主对象小一些，一般选择 $T_{O1}/T_{O2}=3\sim10$ 为好。在投运时若发生"共振"现象，应使主、副回路工作频率拉开，如可以增加主控制器的比例度，这样虽然降低了控制系统的品质，但可以消除"共振"。

（2）串级控制系统中主、副控制器控制规律的选择

串级控制系统中，主、副控制器所起的作用是不同的。主控制器起定值控制作用，副控制器对主控制器输出起随动控制作用，而对扰动作用起定值控制作用，因此主被控变量要求无余差，副被控变量却允许在一定范围内变动。这是选择控制规律的基本出发点。

一般主控制器可采用比例、积分两作用或比例、积分、微分三作用控制规律，副控制器单比例作用或比例积分作用控制规律即可。

（3）主、副控制器正、反作用的选择

为保证所设计的串级控制系统的正常运行，必须正确选择主、副控制器的正、反作用。在具体选择时，先依据控制阀的气开、气关形式，副对象的放大倍数，决定副控制器正反作用方式，即必须使 $K_{c2}K_VK_{O2}K_{m2}$ 的乘积为正值，其中 K_{m2} 通常总是正值。然后，决定主控制器的正、反作用方式，主控制器的正、反作用主要取决于主对象的放大倍数，至于控制阀的气开、气关形式不影响主控制器正、反作用的选择，因为控制阀已包含在副回路内。总之，应使 $K_{c1}K_{O1}K_{m1}$ 的乘积为正值，通常 K_{m1} 总是正值，因此主控制器的正、反作用选择应使 $K_{c1}K_{O1}$ 为正值。

图 8-3 所示加热炉出口温度和炉膛温度串级控制系统中控制器正反作用的选择步骤如下。

① 主被控变量　加热炉出口温度。

② 副被控变量　炉膛温度。

③ 控制阀　从安全角度考虑，选择气开型控制阀，$K_V>0$。

④ 副被控对象　控制阀打开，燃料油流量增加，炉膛温度升高，因此，$K_{O2}>0$。

⑤ 副控制器　为保证负反馈，应满足：$K_{c2}K_VK_{O2}K_{m2}>0$。因 $K_{m2}>0$，应选 $K_{c2}>0$。即选用反作用控制器。

⑥ 主被控对象　当炉膛温度升高时，出口温度升高，因此，$K_{O1}>0$。

⑦ 主控制器　为保证负反馈，应满足：$K_{c1}K_{O1}K_{m1}>0$。因 $K_{m1}>0$，应选 $K_{c1}>0$。即选用反作用控制器。

⑧ 主控方式更换　由于副控制器是反作用控制器，因此，主控制器从串级切换到主控时，主控制器的作用方式不更换，保持原来的反作用方式。

该串级控制系统的调节过程如下：当扰动或负荷变化使炉膛温度升高时，因副控制器是反作用，因此，控制器输出减小，控制阀是气开型，因此，控制阀开度减小，燃料量减小，使炉膛温度下降；同时，炉膛温度升高，使出口温度升高，通过反作用的主控制器，使副控制器的设定降低，通过副控制回路的调节，减小燃料量，减低炉膛温度，进而降低出口温度，以保持出口温度恒定。

8.1.4 串级控制系统控制器参数的整定

参数整定，就是通过调整控制器的参数，改善控制系统的动、静态特性找到最佳的调节过程，使控制品质最好。串级控制系统常用的控制器参数整定方法有三种：逐步逼近法、两步法和一步法。对新型智能控制仪表和 DCS 控制装置构成的串级控制系统，可以将主控制器选为具备自整定功能。下面介绍逐步逼近的整定方法。

所谓逐步逼近法就是在主回路断开的情况下，求取副控制器的整定参数，然后将副控制器的参数设置在所求的数值上，使串级控制系统主回路闭合求取主控制器的整定参数。然后，将主控制器参数设置在所求的数值上，再进行整定，求出第二次副控制器的整定参数值。比较上述两次的整定参数和控制质量，如果达到了控制品质指标，整定工作结束。否则，再按此法求取第二次主控制器的整定参数值，依次循环，直至求得合适的整定参数值止。这样，每循环一次，其整定参数与最佳参数值就更接近一步，故名逐步逼近法。

具体整定步骤如下。

① 首先断开主回路，闭合副回路，按单回路控制系统的整定方法整定副控制器参数。

② 闭合主、副回路，保持上步取得的副控制器参数，按单回路控制系统的整定方法，整定主控制器参数。

③ 在闭合主、副回路及主控制器参数保持的情况下，再次调整副控制器参数。

④ 至此已完成一个循环，如控制品质未达到规定指标，返回②继续。

8.2 比值控制系统

8.2.1 基本原理和结构

工业过程中经常要按一定的比例控制两种或两种以上的物料量。例如：燃烧系统中的燃料与氧气量；参加化学反应的两种或多种化学物料量。一旦比例失调，将产生浪费，影响正常生产，甚至造成恶果。而比例得当，则可以保证优质、高产、低耗。为此，控制工程师们设计了比值控制系统。

比值控制系统中，需要保持比值关系的两种物料，必有一种处于主导地位，称此物料为主动量，通常用 F_1 表示，如燃烧比值系统中的燃料量；另一种物料称为从动量，通常用 F_2 表示，如燃烧比值系统中的空气量（氧含量）。比值控制系统就是要实现从动量 F_2 与主动量 F_1 的对应比值控制关系，即满足关系式：$F_2/F_1 = k$，k 为从动量与主动量的比值。

凡是用来实现两个或两个以上的物料按一定比例关系关联控制以达到某种控制目的的控制系统，称为比值控制系统。比值控制系统是以功能来命名的。比值控制系统主要有：单闭环比值控制系统、双闭环比值控制系统和变比值控制系统。

（1）单闭环比值控制系统

单闭环比值控制系统在结构上与单回路控制系统一样。常用的控制方案有两种形式：一种是把主动量的测量值乘以某一系数后作为从动量控制器的设定值，这种方案称之为相乘的方案，是一种典型的随动控制系统，如图 8-4（a）所示；另一种是把流量的

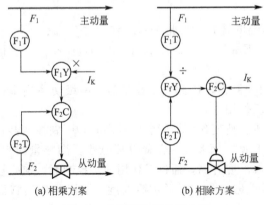

(a) 相乘方案　　　(b) 相除方案

图 8-4　单闭环比值控制系统

比值作为从动量控制器的被控变量，这种方案称之为相除方案，是典型的定值控制系统，如图 8-4(b) 所示。

（2）双闭环比值控制系统

双闭环比值控制系统如图 8-5 所示，图 8-5(a) 所示为相乘的方案，图 8-5(b) 所示为相除方案。常有人提出问题，这种控制方案采用两个独立的流量控制系统岂不更为简单？的确，在正常工况（指主动量和从动量都能充分供应时），也能起到双闭环比值控制系统相同的作用，然而，当由于供应的限制而使主动量达不到设定值时，或因特大扰动而使主动量偏离设定值甚远时，采用双闭环比值控制系统能使两者的流量比例保持一致。

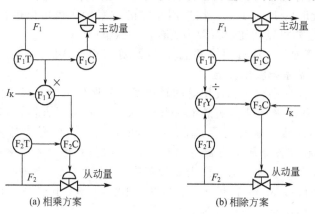

(a) 相乘方案   (b) 相除方案

图 8-5　双闭环比值控制系统

（3）变比值控制系统

变比值控制系统的比值是变化的，比值由另一个控制器设定。例如，在燃烧控制中，最终的控制目标是烟道气中的氧含量，而燃料与空气的比值实质上是控制手段，因此，比值的设定值由氧含量控制器给出。图 8-6 所示是用相乘的方案，从结构上看，这种方案是以比值控制系统为副回路的串级控制系统。

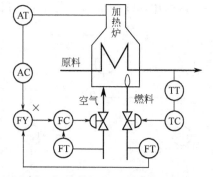

图 8-6　加热炉氧含量变比值控制系统

8.2.2　比值系数的计算

在此有必要把流量比值和设置于仪表的比值系数区别开来。虽然它们同属无量纲系数，但除了特定场合外，两者的数值是不相等的。

流量比值 k 是流量 F_2 与 F_1 的比值。F_2 与 F_1 可以同为质量流量、体积流量或折算成标准情况下的流量。

比值系数 K 是设置于比值函数模块或比值控制器 (RC) 的参数。

（1）采用线性流量检测单元情况

在正常工况下，主动量与从动量的输出值（无量纲）分别为

$$F_1/F_{1max}，F_2/F_{2max}$$

所以单元组合仪表的比值系数

$$K=\frac{F_2/F_{2max}}{F_1/F_{1max}}=\frac{F_2}{F_1}\left(\frac{F_{1max}}{F_{2max}}\right)=k\left(\frac{F_{1max}}{F_{2max}}\right) \tag{8-1}$$

由式(8-1) 可知，比值系数只与变送器的量程和所要求从动量与主动量的对应比例关系有关，它与变送器的电气零点无关。

（2）采用差压法未经开方的流量检测单元情况

此时主动量与从动量变送器的输出值分别为

$$(F_1/F_{1\max})^2, \quad (F_2/F_{2\max})^2$$

所以比值系数

$$K=\frac{(F_2/F_{2\max})^2}{(F_1/F_{1\max})^2}=\left(\frac{F_2}{F_1}\right)^2\left(\frac{F_{1\max}}{F_{2\max}}\right)^2=k^2\left(\frac{F_{1\max}}{F_{2\max}}\right)^2 \tag{8-2}$$

有几点值得指出。

① 采用线性流量检测单元情况时，只有在 $F_{1\max}=F_{2\max}$ 的场合，$k=K$。在采用差压法未经开方的流量检测单元情况时，只有在 $kF_{1\max}^2=F_{2\max}^2$ 的场合，$k=K$。

② 在采用相乘的方案中，比值函数部件也可以改接在 F_2 一侧，即实现 $K'=F_2/F_{2\max} \div F_1/F_{1\max}$ 的控制，此时的 $K'=1/K$。在采用相除的方案中，也可以进行类似的运算，同样是 $K'=1/K$。有时这样可以使比值系数为更合适的数值。

③ 在同样的比值 k 下，通过调整 $F_{1\max}$，$F_{2\max}$ 亦可以改变值。

下面举一比值控制系统应用实例。

合成氨一段转化反应中，为保证甲烷的转化率，需保持甲烷、蒸汽和空气三者的比值为 1∶3∶1.4。流量测量都采用节流装置和差压变送器，未装开方器，其中，蒸汽最大流量 $F_{s\max}=31100\text{m}^3/\text{h}$；天然气最大流量 $F_{h\max}=11000\text{m}^3/\text{h}$；空气最大流量 $F_{a\max}=14000\text{m}^3/\text{h}$；采用相乘方案，确定各差压变送器的量程，仪表比值系数 K_1 和 K_2，乘法器输入电流 I_{k1} 和 I_{k2}。从仪表精确度考虑，流量仪表测量范围分为 10 挡：1×10^n，1.25×10^n，1.6×10^n，2×10^n，2.5×10^n，3.2×10^n，4×10^n，5×10^n，6.3×10^n，8×10^n（n 为整数）。根据题意，各差压变送器的量程应选择为

$$F_{s\max}=32000\text{m}^3/\text{h}, \quad F_{h\max}=12500\text{m}^3/\text{h}, \quad F_{a\max}=16000\text{m}^3/\text{h}$$

采用蒸汽作为主动量，天然气和空气为从动量。防止水碳比过低造成析碳。

工艺比值系数为：$k_1=F_h/F_s=1/3$；$k_2=F_a/F_s=1.4/3$。

因采用非线性检测变送环节，仪表比值系数的计算公式为

$$K=k^2\frac{F_{\text{主max}}^2}{F_{\text{从max}}^2}$$

即

$$K_1=k_1^2\frac{F_{s\max}^2}{F_{h\max}^2}=\frac{1}{3^2}\frac{32000^2}{12500^2}=0.7282, \quad K_2=k_2^2\frac{F_{s\max}^2}{F_{a\max}^2}=\frac{1.4^2}{3^2}\frac{32000^2}{16000^2}=0.8711$$

计算所得仪表比值系数都小于 1，因此，应将比值函数环节设置在从动量设定回路，直接采用相应仪表比值系数。

假设采用电动Ⅲ型仪表，则乘法器输入电流（即恒流给定器输出）应为

$$I_{K1}=16K_1+4=15.65\text{mA}, \quad I_{K2}=16K_2+4=17.94\text{mA}$$

图 8-7 是甲烷转化过程比值控制系统的结构图，

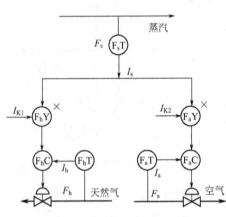

图 8-7 甲烷转化比值控制系统

图中未画出恒流给定器。

8.3 均匀控制系统

8.3.1 均匀控制系统的基本原理和结构

均匀控制系统是指一种控制方案所起的作用而言，因为就控制方案的结构来看，它可能

像是液位或压力的简单定值控制系统，也可能像是液位与流量或压力与流量的串级控制系统。因此，只能从本质上来认识它们。

在连续生产过程中为了节约设备投资和紧凑生产装置，往往设法减少中间储罐。这样，前一设备的出料往往就是后一设备的进料，大多前一设备要求料位稳定，而后一设备要求进料平稳。此时，若采用液位定值控制，液位稳定可以得到保证，但流量扰动较大；若采用流量定值控制，流量稳定可以得到保证，但液位会有大幅度的波动如图8-8所示。这就产生了矛盾。为协调此类矛盾，设计了均匀控制系统。由于均匀控制系统与前面所研究过的控制系统有所不同，所以，均匀控制系统应具有既允许表征前后供求矛盾的两个变量都有一定范围的变化，又要保证它们的变化不应过于剧烈的特点。

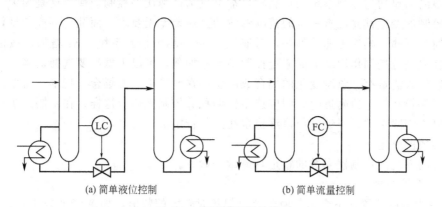

(a) 简单液位控制　　　　　(b) 简单流量控制

图 8-8　前后精馏塔的控制

（1）简单均匀控制系统

图8-9所示为精馏塔底的均匀控制系统。从方案外表上看，它像一个简单液位定值控制系统，并且常被误解为简单液位定值控制系统，使设计思想得不到体现。该系统与定值控制系统的不同是主要在控制器的控制规律选择和参数整定问题上。

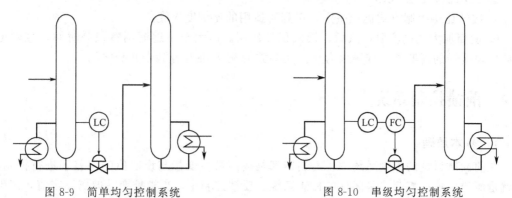

图 8-9　简单均匀控制系统　　　　　图 8-10　串级均匀控制系统

在均匀控制系统中不应该选择微分作用，有时还可能需要选择反微分作用。在参数整定上，一般比例度要大于100%，并且积分时间要长一些，这样才能满足均匀控制要求。

（2）串级均匀控制系统

图8-10所示为一精馏塔底与塔底流量的串级均匀控制系统。从外表上看，它与典型的串级控制系统没有区别，但是它的目的是实现均匀控制。

系统中副回路流量控制的目的是为了消除控制阀前后压力干扰及自衡作用对流量的影响。因此，副回路与串级控制中副回路一样，副控制器参数整定的要求与前面所讨论的串级控制对副回路的要求相同。而主控制器即液位控制器，则与简单均匀控制系统的控制器的参数整定相同，以满足均匀控制的要求，使液位与流量均可保证在较小的幅度内缓慢的变化。

在有些容器中，液位是通过进料阀来控制的，用液位控制器对进料的流量控制，同样可以实现均匀控制的要求。

当物料为气体时，前后设备的均匀控制是前者的气体压力与后面设备的进气流量之间的均匀。它既保证了前设备压力的稳定又保证了后设备进料的平稳。

8.3.2 均匀控制系统的控制规律的选择及参数整定

（1）控制规律作用的选择

对一般的简单均匀控制系统的控制器，都可以选择纯比例控制规律。这是因为：均匀控制系统所控制的变量都允许有一定的范围的波动且对余差无要求。而纯比例控制规律简单明了，整定简单便捷，响应迅速。例如，对液位-流量的均匀控制系统，K_C 增加，液位控制作用加强，反之液位控制作用减弱而流量控制稳定性加强，可以根据需要选择适当的比例度。

对一些输入流量存在急剧变化的场合或液位存在"噪声"的场合，特别是希望液位正常稳定工况时保持在特定值附近时，则应选用比例积分控制规律。这样，在不同的工作负荷情况下，都可以消除余差，保证液位最终稳定在某一特定值。

（2）参数的整定

均匀控制系统的控制器参数的整定具体做法如下。

① 纯比例控制规律

a. 先将比例度放置在不会引起液位超值但相对较大的数值，如 $\delta=200\%$ 左右。

b. 观察趋势，若液位的最大波动小于允许的范围，则可增加比例度。

c. 当发现液位的最大波动大于允许范围，则减小比例度。

d. 反复调整比例度，直至液位的波动小于且接近于允许范围止。一般情况 $\delta=100\%\sim200\%$。

② 比例积分控制规律

a. 按纯比例控制方式进行整定，得到所适用的比例度 δ 值。

b. 适当加大比例度值，然后，投入积分作用。由大至小逐渐调整积分时间，直到记录趋势出现缓慢的周期性衰减振荡为止。大多数情况 T_I 在几分到十几分之间。

8.4 前馈控制系统

8.4.1 基本原理

在前面所讨论的控制系统中，控制器都是按照被控变量与设定值的偏差来进行控制的，这就是所说的反馈控制，是闭环的控制系统。反馈控制中，当被控变量偏离设定值，产生偏差，然后才进行控制，这就使得控制作用总是落后于干扰对控制系统的影响。

前馈控制系统是一种开环控制系统，它是在前苏联学者所倡导的不变性原理的基础上发展而成的。20 世纪 50 年代以后，在工程上，前馈控制系统逐渐得到了广泛的应用。前馈控制系统是根据扰动或设定值的变化按补偿原理而工作的控制系统，其特点是当扰动产生后，被控变量还未变化以前，根据扰动作用的大小进行控制，以补偿扰动作用对被控变量的影响。前馈控制系统运用得当，可以使被控变量的扰动消灭于萌芽之中，使被控变量不会因扰动作用或设定值变化而产生偏差或者降低由于扰动而引起的控制偏差和产品质量的变化，它较之反馈控制能更加及时地进行控制，比反馈控制要及时，并且不受系统滞后的影响。

图 8-11 所示是换热器的前馈控制系统及其方块图。

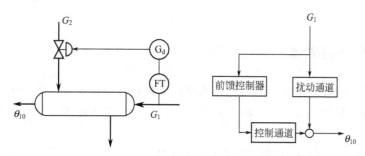

图 8-11 换热器的前馈控制系统及方块图

8.4.2 前馈控制的主要结构形式

（1）静态前馈

静态前馈是在扰动作用下，前馈补偿作用只能最终使被控变量回到要求的设定值，而不考虑补偿过程中的偏差大小。在有条件的情况下，可以通过物料平衡和能量平衡关系求得采用多大校正作用。

静态前馈控制不包含时间因子，实施简便。而事实证明，在不少场合，特别是控制通道和扰动通道的时间常数相差不大时，应用静态前馈控制可以获得很好的控制精度。

（2）前馈反馈控制系统

单纯的前馈控制是开环的，对补偿作用没有加以检验。在实际工业过程中单独使用前馈控制很难满足工艺的要求，因此前馈与反馈相结合构成前馈反馈控制系统。前馈反馈控制系统有两种结构，其一是前馈控制作用与反馈控制作用相乘，如图 8-12 所示精馏塔出口温度的进料前馈反馈控制系统。其二是前馈控制作用与反馈控制作用相加，这是前馈反馈控制系统中最典型的结构，如图 8-13 所示加热炉出口温度的进料前馈反馈控制系统。

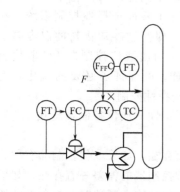
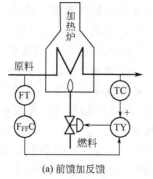
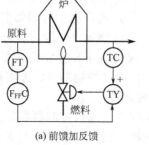
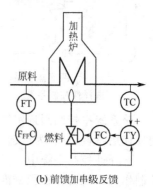

图 8-12 精馏塔前馈反馈控制系统（相乘型）

图 8-13 加热炉前馈反馈控制系统（相加型）

8.4.3 采用前馈控制系统的条件

前馈控制是根据扰动作用的大小进行控制的。前馈控制系统主要用于克服控制系统中对象滞后大、由扰动而造成的被控变量偏差消除时间长、系统不易稳定、控制品质差等弱点，因此采用前馈控制系统的条件如下。

① 扰动可测但是不可控。

② 变化频繁且变化幅度大的扰动。

③ 扰动对被控变量影响显著，反馈控制难以及时克服，且过程对控制精度要求又十分严格的情况。

8.5 选择性控制系统

在控制系统中含有选择单元的系统，通常称为选择性控制系统。常用的选择器是低选器和高选器，它们各有两个或更多个输入，低选器把低信号作为输出，高选器把高信号作为输出，即分别是

$$u_o = \min(u_{i1}, u_{i2}, \cdots)$$

和

$$u_o = \max(u_{i1}, u_{i2}, \cdots)$$

(8-3)

式中，u_{ij} 是第 j 个输入；u_o 是输出。选择性控制系统是将逻辑控制与常规控制结合起来，增强了系统的控制能力，可以完成非线性控制、安全控制和自动开停车等控制功能。选择性控制又称取代控制、超驰控制和保护控制等。

选择性控制系统是为使控制系统既能在正常工况下工作，又能在一些特定的工况下工作而设计的，因此，选择性控制系统应具备：

① 生产操作上有一定的选择性规律；

② 组成控制系统的各个环节中，必须包含具有选择性功能选择单元。

在控制器与控制阀之间引入选择单元的称为被控变量选择性控制。图 8-14 为液氨蒸发器的选择性控制系统，液氨蒸发器是一个换热设备，在工业生产上用得很多。液氨的汽化，需要吸收大量的汽化热，因此，它常可以用来冷却流经管内的被冷却物料。

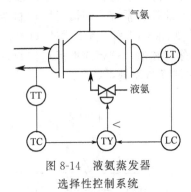

图 8-14 液氨蒸发器
选择性控制系统

在正常工况下，控制阀由温度控制器 TC 的输出来控制，这样可以保证被冷却物料的温度为设定值。但是，蒸发器需要有足够汽化空间，来保证良好的汽化条件以及避免出口氨气带液，为此又设计了液面选择性控制系统。在液面达到高限的工况，此时，即便被冷却物料的温度高于设定值，也不再增加氨液量，而由液位控制器 LC 取代温度控制器 TC 进行控制。这样，既保证了必要的汽化空间又保证了设备安全，实现了选择性控制。

该系统中控制阀选用气开阀，温度控制器 TC 选用正作用特性，液位控制器选用 LC 选用反作用特性，LS 为低选控制规律。

选择性控制系统中，正常工况下，取代控制器的偏差一直存在，如果取代控制器有积分控制作用，就会存在积分饱和现象。同样，取代工况下，正常控制器的偏差一直存在，如果正常控制器有积分控制作用，就会存在积分饱和现象。当存在积分饱和现象时，控制器的切换就不能及时进行。这里，偏差为零时，两个控制器的输出不能及时切换的现象称为选择性控制系统的积分饱和。

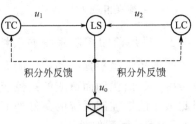

图 8-15 选择性控制系统的
防积分饱和措施

保持控制器切换时跟踪的方法是采用积分外反馈，即将选择器输出作为积分外反馈信号，分别送两个控制器。图 8-15 显示选择性控制系统防积分饱和的连接方法。

当控制器 TC 切换时，有

$$u_1 = K_{c1} e_1 + u_o$$

(8-4)

当控制器 LC 切换时，有

$$u_2 = K_{c2}e_2 + u_o \tag{8-5}$$

在控制器切换瞬间，偏差 e_1 或 e_2 为零，有 $u_1 = u_2$，实现了输出信号的跟踪和同步。

8.6 分程控制系统

一个控制器的输出同时送往两个或多个执行器，而各个执行器的工作范围不同，这样的系统称之为分程控制系统。例如，一个控制器的输出同时送往气动控制阀甲和乙，阀甲在气压 20～60kPa 范围内由全开到全关，而阀乙在气压 60～100kPa 范围内由全开到全关，控制阀分程工作。

8.6.1 不同工况需要不同的控制手段

间歇式搅拌槽反应器的温度控制，在开始时需要加热升温，而到反应开始并逐渐剧烈时，反应放热，又需要冷却降温。热水阀和冷却水阀由同一个温度控制器操纵，需要分程工作。图 8-16 所示是这一个例子的控制流程图。

8.6.2 扩大控制阀的可调范围

为了使控制系统在小流量和大流量时都能够精确控制，应扩大控制阀的可调范围 R，即

$$R = \frac{控制阀最大流通能力}{控制阀最小流通能力}$$

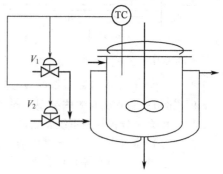

图 8-16　间歇式搅拌槽反应器的温度分程控制

国产控制阀的 R 一般为 30，如果采用两个口径不同的控制阀，实现分程后，总的可调范围可扩大。例如，大阀 A 的 $C_{Amax} = 100$，小阀 B 的 $C_{Bmax} = 4$，则 $C_{Bmin} = 4/30 = 0.133$；假设大阀泄漏量为 0，则分程控制后，最小总流通能力为 0.133，最大总流通能力为 $100 + 4$；系统的可调范围为 $(100 + 4)/0.133 = 780$。

采用两个控制阀的情况，分程动作可为同向与异向两大类，各自又有气开与气关的组合，因此共有四种组合，如图 8-17 所示。在采用三个或更多个控制阀时，组合方式更多。不过，总的分程数也不宜太多。否则每个控制阀在很小的输入区间内就要从全开到全关，要精确实现这样的规律相当困难。为了实现分程动作，一般需要引入阀门定位器。

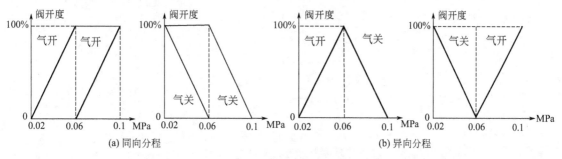

(a) 同向分程　　　　　　　　　　　　　(b) 异向分程

图 8-17　分程控制系统的分程组合

思考题与习题 8

8-1　什么是串级控制系统？画出串级控制系统的典型方块图。

8-2　与简单控制系统相比，串级控制系统有什么特点？

8-3 串级控制系统最主要的优点体现在什么地方？试通过一个例子与简单控制系统作一比较。

8-4 串级控制系统中的副被控变量如何选择？

8-5 在串级控制系统中，如何选择主、副控制器的控制规律？

8-6 对于如图 8-18 所示的加热器串级控制系统。要求：

① 画出该控制系统的方块图，并说明主变量、副变量分别是什么，主控制器、副控制器分别是哪个控制器；

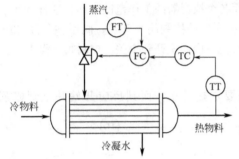

② 若工艺要求加热器温度不能过高，否则易发生事故，试确定控制阀的气开气关型式；

③ 确定主、副控制器的正反作用；

④ 当蒸汽压力突然增加时，简述该控制系统的控制过程；

⑤ 当冷物料流量突然加大时，简述该控制系统的控制过程。

图 8-18 加热器串级控制系统

8-7 为什么要采用均匀控制系统？均匀控制方案与一般的控制方案有什么不同？

8-8 为什么说均匀控制系统的核心问题是控制器参数的整定问题？

8-9 比值控制系统有哪些类型？各有什么特点？

8-10 什么是分程控制系统？它区别于一般的简单控制系统最大的特点是什么？

8-11 分程控制系统应用于哪些场合？请分别举例说明其控制过程。

8-12 选择性控制系统有什么类型？各有什么特点？

8-13 与反馈控制系统相比，前馈控制系统有什么特点？为什么控制系统中不单纯采用前馈控制，而是采用前馈-反馈控制？

9 先进控制技术

在工业生产过程中，一个良好的控制系统不但要保证系统的稳定性和整个生产的安全，满足一定的约束条件，而且应该带来一定的经济效益和社会效益。然而设计这样的控制系统会遇到许多困难，特别是复杂工业过程往往具有不确定性（环境结构和参数的未知性、时变性、随机性、突变性）、非线性、变量间的关联性以及信息的不完全性和大纯滞后性等，要想获得精确的数学模型是十分困难的。因此，对于过程系统的设计，已不能采用单一基于定量的数学模型的传统控制理论和控制技术，必须进一步开发高级的过程控制系统，研究先进的过程控制规律，以及将现有的控制理论和方法向过程控制领域移植和改造等方面越来越受到控制界的关注。

目前在控制领域中，虽然已逐步采用了电子计算机这个先进技术工具，特别是石油化工企业普遍采用了分散控制系统（DCS），但就其控制策略而言，占统治地位的仍然是常规的 PID 控制。DCS 提供了高级功能开发应用的优越环境，该环境具有通过先进控制、优化控制等开发才能充分挖掘 DCS 设备的潜能，提高过程控制水平，给企业带来明显经济效益。

为了克服控制理论和实际工业应用之间的脱节现象，尽快地将现代控制理论移植到过程控制领域，充分发挥计算机的功能，世界各国在加强建模理论、辨识技术、优化控制、最优控制、高级过程控制等方面进行研究，推出了从实际工业过程特点出发，寻求对模型要求不高，在线计算方便，对过程和环境的不确定性有一定适应能力的控制策略和方法。例如，自适应控制系统、预测控制系统、鲁棒控制系统、智能控制系统（专家系统、模糊控制……）等先进控制系统。本章就基于模型的预测控制、推断控制、软测量技术、双重控制、纯滞后补偿控制、解耦控制、自适应控制、智能控制等先进控制系统作一些介绍，以推动先进控制系统的应用。

9.1 基于模型的预测控制

自 20 世纪 60 年代蓬勃发展起来的以状态空间分析法为基础现代控制理论，在航空、航天、制导等领域取得了辉煌的成果。在过程控制领域亦有所移植，但实验室及学院式的研究远多于过程工业上的实际应用，这里面的主要原因是：工业过程的多输入—多输出的高维复杂系统难于建立精确的数学模型，工业过程模型结构、参数和环境都有大量不确定性；工业过程都存在着非线性，只是程度不同而已；工业过程都存在着各种各样的约束，而过程的最佳操作点往往在约束的边界上等。理论与工业应用之间鸿沟很大，为克服理论与应用之间的不协调，20 世纪 70 年代以来，针对工业过程特点寻找各种对模型精度要求低，控制综合质量好，在线计算方便的优化控制算法。预测控制是在这样的背景下发展起来的一类新型计算机优化控制算法。

预测控制的基本出发点与传统的 PID 控制不同。通常的 PID 控制，是根据过程当前的和过去的输出测量值和设定值的偏差来确定当前的控制输入。而预测控制不但利用当前的和过去的偏差值，而且还利用预测模型来预估过程未来的偏差值，以滚动优化确定当前的最优输入策略。因此，从基本思想看，预测控制优于 PID 控制。

9.1.1 预测控制的基本原理

各类预测控制算法都有一些共同特点，归结起来有三个基本特征，如图 9-1 所示。

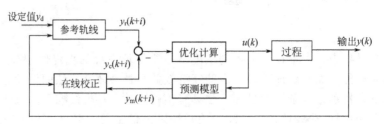

图 9-1 预测控制的基本结构

（1）预测模型

预测控制需要一个描述系统动态行为的模型称为预测模型。它应具有预测功能，即能够根据系统的现时刻的控制输入以及过程的历史信息，预测过程输出的未来值。在预测控制中各种不同算法，采用不同类型的预测模型，如最基本的模型算法控制（MAC）、动态矩阵控制（DMC）等，通常采用在实际工业过程中较易获得的脉冲响应模型和阶跃响应模型等非参数模型或传递函数。

预测模型具有展示过程未来动态行为的功能，这样就可像在系统仿真时那样，任意的给出未来控制策略，观察过程不同控制策略下的输出变化，从而为比较这些控制策略的优劣提供了基础。

（2）反馈校正

在预测控制中，采用预测模型进行过程输出值的预估只是一种理想的方式，对于实际过程，由于存在非线性、时变、模型失配和干扰等不确定因素，使基于模型的预测不可能准确地与实际相符。因此，在预测控制中，通过输出的测量值与模型的预估值进行比较，得出模型的预测误差，再利用模型预测误差来校正模型的预测值，从而得到更为准确的将来输出的预测值。正是这种由模型加反馈校正的过程，使预测控制具有很强的抗干扰和克服系统不确定性的能力。因此，预测控制中不仅基于模型，而且利用了反馈信息，因而预测控制是一种闭环优化控制算法。

（3）滚动优化

预测控制是一种优化控制算法。它是通过某一性能指标的最优化来确定未来的控制作用。这一性能指标还涉及过程未来的行为，它是根据预测模型由未来的控制策略决定的。

然而，预测控制中的优化与通常的离散最优控制算法不同，不是采用一个不变的全局最优目标，而是采用滚动式的有限时域优化策略。也就是说，优化过程不是一次离线完成的，而是反复在线进行的，即在每一采样时刻，优化性能指标只涉及从该时刻起到未来有限的时间，而到下一个采样时刻，这一优化时段会同时向前推移。因此，预测控制不是用一个对全局相同的优化性能指标，而是在每一个时刻有一个相对于该时刻的局部优化性能指标。

事实上，预测控制的三个基本特征：预测模型、反馈校正和滚动优化也不过是一般控制理论中模型、反馈和控制概念的具体表现形式。但是，由于预测控制对模型结构的不唯一性，使它可以根据过程的特点和控制要求，以最为方便的方法在系统的输入输出信息中，建立起预测模型。由于预测控制的优化模式和预测模式的非经典性，使它可以把实际系统中的不确定因素体现在优化过程中，形成动态优化控制，并可处理约束和多种形式的优化目标。因此，可以认为预测控制的预测和优化模式是对传统最优控制的修正，它使建模简化，并考虑了不确定性及其他复杂性因素，从而使预测控制能适合复杂工业过程的控制，这也正是预测控制首先广泛应用于过程控制领域的原因。

在预测控制中，考虑到过程的动态特性，为了使过程避免出现输入和输出的急剧变化，往往要求过程输出沿着一条期望的、平缓的曲线达到设定值 y_d。这条曲线通常称为参考轨线。它是设定值经过在线"柔化"后的产物。最广泛采用的参考轨线为一阶指数变化形式。

9.1.2 预测控制的优良性质

由于预测控制的一些基本特征使其产生许多优良性质：对数学模型要求不高且模型的形式是多样化的；能直接处理具有纯滞后的过程；具有良好的跟踪性能和较强的抗干扰能力；对模型误差具有较强的鲁棒性。

这些优点使预测控制更加符合工业过程的实际要求，这是 PID 控制或现代控制理论无法相比的。因此，预测控制在实际工业中已得到广泛重视和应用，而且必将获得更大的发展，特别是多变量有约束预测控制的推广应用将会改变过去传统的单变量设计方法，而展现多变量设计的新阶段，使工业过程控制出现新的面貌。

9.1.3 预测控制的应用

目前，国外已经形成许多以预测控制为核心思想的先进控制商品化软件包，最早的第一代模型预测控制软件包用于无约束的单变量系统。第二代模型预测控制软件包可以处理有约束的单变量系统。第三代模型预测控制技术主要特点——处理约束的多变量、多目标、多控制模式和基于模型预测的最优控制器，在国内应用较多有 IDCOM-M，DMC，SMCA 等控制软件包。第四代模型预测控制软件包是基于 Windows 的图形用户界面；采用多层优化，以实现不同等级目标控制；采用灵活的优化方法；直接考虑模型不确定性（鲁棒控制设计）；改进的辨识技术等。主要代表产品有 DMC-plus，RMPCT 等。第三、四代预测控制软件包已广泛应用于催化裂化装置、常减压装置，连续重整装置、延迟焦化装置、聚丙烯装置等石油化工生产过程，并取得明显经济效益。

9.2 推断控制

生产过程的被控变量（过程的输出）有时不能直接测得，因而就难于实现反馈控制。如果扰动可测，则尚能采用前馈控制。假若扰动也不能直接测得，则可以采用推断控制。

推断控制是利用数学模型由可测信息将不可测的输出变量推算出来实现反馈控制，或将不可测扰动推算出来以实现前馈控制。

假若不可测的被控变量，只需要采用可测的输入变量或其余辅助变量即可推算出来，这是推断控制中最简单的情况，习惯上称这种系统为"采用计算指标的控制系统"，例如热熔控制、内回流控制、转化率控制等。

对于不可测扰动的推断控制是美国学者 C. B. Brosilow 等于 1978 年提出来的。它利用过程的辅助输出,如温度、压力、流量等测量信息,来推断不可直接测量的扰动对过程主要输出(如产品质量、成分等)的影响。然后基于这些推断估计量来确定控制输入,以消除不可直接测量的扰动对过程主要输出的影响,改善控制品质。

推断控制系统的基本组成如图9-2所示。

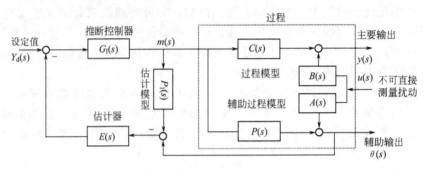

图 9-2 推断控制系统组成方块图

由于过程的主要输出 $y(s)$ 是不易测量的被控变量,因此引入易测量的过程辅助输出 $\theta(s)$。推断控制系统通常包括三个部分。

(1)信号分离

引入估计模型 $P_1(s)$ 将不可直接测量扰动 $u(s)$ 对辅助输出 $\theta(s)$ 的影响分离出来,若估计模型 $P_1(s)$ 与辅助过程模型 $P(s)$ 相同,则控制变量 $m(s)$ 经估计模型 $P_1(s)$ 对估计器 $E(s)$ 产生作用与控制变量 $m(s)$ 经辅助过程模型 $P(s)$ 产生作用相抵消,因而送入估计器 $E(s)$ 的信号仅为扰动变量对辅助过程的影响,从而实现了信号分离。

(2)信号分离

估计器 $E(s)$ 估计器 $E(s)$ 用于估计不可直接测量扰动 $u(s)$ 对过程主要输出 $y(s)$ 的影响。估计器选取合适算法如最小二乘法估计,使估计器的输出为不可直接测量扰动 $u(s)$ 对被控变量即主要输出影响估计值。

(3)推断控制器 $G_1(s)$

推断控制器的设计应能使系统对设定值变化具有良好的跟踪性能,对外界扰动具有良好的抗干扰能力,一般推断控制器 $G_1(s)$ 设计为过程模型的逆,在不可直接测量扰动 $u(s)$ 作用下,主要输出 $y(s)=0$,而在设定值发生变化时,$y(s)=y_d(s)$。

然而对于实际系统,这样设计的控制器有时难于实现(受元器件的物理约束),为此需加入滤波器 $F(s)$。很显然,加入滤波器 $F(s)$ 之后,要实现设定值变化的动态跟踪以及不可直接测量扰动的完全动态补偿是不可能的。但只要滤波器的稳态放大倍数为1,则系统的稳态性能就能够得到保证,实现稳态无差控制。

必须说明,推断控制系统的成功与否,在于是否有可靠的不可测变量(输出)估计器,而这又取决于对过程的了解程度。如果过程模型很精确,就能得到理想的估计器,从而实现完善的控制。当过程模型只是近似知道时,推断控制的控制品质将随过程模型的精度不同而不同。由于推断控制是基于模型的控制,要获得过程模型精确的难度较大,所以这类推断控制应用不多。

图9-2所示推断控制,其实质是估计出不可测的扰动以实现前馈性质的控制。从这个意义上讲它是开环的。因此要进行完全不可直接测量扰动的补偿以及实现无差调节,必须准确地已知过程数学模型以及所有扰动特性,然而这在过程控制中往往是相当困难的。为了克服模型误差以及其他扰动所导致的过程输出稳态误差,在可能的条件下,推断控制常与反馈控

制系统结合起来，以构成推断反馈控制系统。

9.3 软测量技术

一切工业生产的目的都是为了获得合格的产品，于是质量控制成了所有控制的核心。为了实现良好的质量控制，就必须对产品质量或与产品质量密切相关的重要过程变量进行严格的质量控制。然而，由于在线分析仪表（传感器）不仅价格昂贵，维护保养复杂，而且由于分析仪表滞后大，最终将导致控制质量的性能下降，难以满足生产要求，还有部分产品质量目前还无法测量。这在工业生产中实例很多，例如某些精（分）馏塔产品成分，塔板效率，干点、闪点，反应器中反应物浓度、转化率、催化剂活性，高炉铁水中的含硅量，生物发酵罐中的生物量参数等。近年来，为了解决这类变量的测量问题，各方面在深入研究，目前应用较广泛的是软测量方法。

软测量的基本思想是把自动控制理论与生产过程知识有机结合起来，应用计算机技术，对于难于测量或暂时不能测量的重要变量（或称之为主导变量），选择另外一些容易测量的变量（或称之为辅助变量），通过构成某种数学关系来推断和估计，以软件来代替硬件（传感器）功能。这类方法具有响应迅速，连续给出主导变量信息，且具有投资低，维护保养简单等优点。

图 9-3 所示为软测量结构，用以表明在软测量中各模块之间的关系。软测量技术的核心是建立工业对象的可靠模型。初始软测量模型是对过程变量的历史数据进行辨识而来的。在现场测量数据中可能含有随机误差甚至显著误差，必须经过数据变换和数据校正等预处理，将真实信号从含噪声的混合信号中分离出来，才能用于软测量建模或作为软测量模型的输入。软测量模型的输出就是软测量对象的实时估计值。在应用过程中，软测量模型的参数和结构并不是一成不变的，随时间迁移工况和操作点可能发生改变，需要对它进行在线或离线修正，以得到更适合当前状况的软测量模型，提高模型的适合范围。

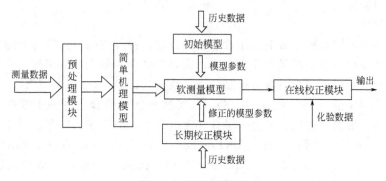

图 9-3　软测量结构图

软测量技术主要由辅助变量的选择，数据采集和处理，软测量模型建立及在线校正等部分，现简述如下。

9.3.1　机理分析与辅助变量的选择

首先明确软测量的任务，确定主导变量。在此基础上深入了解和熟悉软测量对象及有关装置的工艺流程，通过机理分析可以初步确定影响主导变量的相关变量——辅助变量。辅助变量的选择包括变量类型、变量数目和检测点位置的选择。这三个方面是互相关联、互相影响，由过程特性所决定的。在实际应用中，还受经济条件、维护的难易程度等外部因素制约。

辅助变量的选择应符合关联性、特异性、过程适用性、精确性和鲁棒性原则。而辅助变量数目的下限是被估计的主导变量数，然而最优数量的确定目前尚无统一的结论。可以从系统的自由度出发，确定辅助变量的最小数量，再结合具体生产过程的特点适当增加，以更好处理动态性质问题。

9.3.2 数据采集和处理

从理论上讲，过程数据包含了工业对象的大量相关信息。因此数据采集量多多益善，不仅可以用来建模，还可以检验模型。实际需要采集的数据是与软测量主导变量对应时间的辅助变量的过程数据。其次，数据覆盖面在可能条件下应宽一些，以便软测量具有较宽的适用范围。

为了保证软测量精度，数据正确性和可靠性十分重要。采集数据必须进行处理。数据处理包含两个方面，即换算（Scaling）和数据误差处理。换算包括标度、转换和权函数三个方面。

9.3.3 软测量模型的建立

软测量模型是软测量技术的核心。建立的方法有机理建模，实验测试以及将两者结合起来。

（1）机理建模

从机理出发，也就是从过程内在的物理和化学规律出发，通过物料平衡与能量平衡和动量平衡建立数学模型。为了获得软测量模型，只要把主导变量和辅助变量作相应调整就可以了。对于简单过程可以采用解析法，而对于复杂过程，特别是需要考虑输入变量大范围变化的场合，采用仿真方法。典型化工过程的仿真程序已编制成各种现成软件包。

机理模型优点是可以充分利用已知的过程知识，从事物的本质上认识外部特征；有较大的适用范围，操作条件变化可以类推。但亦有缺点，对于某些复杂的过程难于建模。必须通过输入输出数据验证。

（2）经验建模

通过实测或依据积累操作数据，用数学回归方法、神经网络方法等得到经验模型。

回归分析是一种最常用的经验建模方法，为寻找多个变量之间的函数关系或相关关系提供了有效的手段。经典的回归分析方法是最小二乘法（Least Squares，LR），为了避免矩阵求逆运算可以采用递推最小二乘法（RLS），为了防止数据饱和还可采用带遗忘因子的最小二乘法。在最小二乘法的基础上又提出了许多改进算法，如逐步回归等。近年来比较流行的方法是主元分析和主元回归（Principal Componet Analysis and Regression，PCA、PCR）以及部分最小二乘法（Partial Least Square，PLS）。PCR 可以解决共线性问题，PLS 同时考虑了输入输出数据集。

进行测试，理论上有很多实验设计方法，如常用的正交设计等，在工程实施上可能会遇到困难。因为工艺上可能不允许操作条件作大幅度变化。如果选择变化区域过窄，不仅所得模型的适用范围不宽，而且测量误差亦相对上升。模型精度成问题。有一种办法是吸取调优操作经验，即逐步向更好的操作点移动，这样可能一举两得，既扩大了测试范围，又改进了工艺操作。测试中另一个问题是稳态是否真正建立，否则会带来较大误差。还有数据采样与产品质量分析必须同步进行。

最后是模型检验，检验分自身检验与交叉检验。建议和提倡使用交叉检验。

经验建模的优点与缺点与机理建模正好相反，特别是现场测试，实施中有一定难处。

（3）机理建模与经验相结合

把机理建模与经验建模结合起来，可兼容两者之长，补各自之短。结合方法有：主体上按照机理建模，但其中部分参数通过实测得到；通过机理分析，把变量适当结合，得出数学模型函数形式，这样使模型结构有了着落，估计参数就比较容易，其次可使自变量数目减少；由机理出发，通过计算或仿真，得到大量输入数据，再用回归方法或神经网络方法得到模型。

机理与经验相结合建模是一个较实用的方法，目前被广泛采用。

9.3.4 软测量模型的在线校正

由于软测量对象的时变性、非线性以及模型的不完整性等因素，必须考虑模型的在线校正，才能适应新工况。软测量模型的在线校正可表示为模型结构和模型参数的优化过程，具体方法有自适应法、增量法和多时标法。对模型结构的修正往往需要大量的样本数据和较长的计算时间，难以在线进行。为解决模型结构修正耗时长和在线校正的矛盾，提出了短期学习和长期学习的校正方法。短期学习由于算法简单、学习速度快便于实时应用。长期学习是当软测量仪表在线运行一段时间积累了足够的新样本模式后，重新建立软测量模型。

9.3.5 软测量技术工业应用

软测量技术工业应用成功实例不少。国外有 Inferential Control、Setpoint、DMC、Profimatics、Simcon、Applied Automation 等公司以商品化软件形式推出各自的软测量仪表，例如，测量 10％、50％、90％和最终的 ASTM 沸点、闪点、倾点、黏点和雷得蒸汽压等，这些已广泛应用于常减压塔、FCCU 主分馏塔、焦化主分馏塔、加氢裂化分馏塔、汽油稳定塔、脱乙烷塔等先进控制和优化控制。它增加了轻质油收率，降低了能耗并减少了原油切换时间，取得了明显经济效益。

国内引进催化裂化、常减压等装置的先进控制软件亦有软测量技术，但这些引进软件价格昂贵。国内有关高等院校、科研院所等自行开发了不少软测量技术工业应用。例如气分装置丙烯丙烷塔塔顶丙烯成分软测量；催化裂化装置分馏塔轻柴油凝固点和粗汽油干点软测量；常减压装置常压塔柴油凝固点软测量；加氢裂化装置第一分馏塔航煤干点软测量；延迟焦化装置分馏塔粗汽油干点软测量；连续重整装置中重整产品辛烷值、待生催化剂结焦含量、重整产品 C5＋液收率的软测量；丙烯腈收率软测量；高压聚乙烯生产过程中的重要参数——熔融指数（MI）的软测量；合成乙酸乙烯的空时得率和催化剂选择性的软测量；乙烯装置裂解炉出口乙烯收率、丙烯收率、裂解深度的软测量；丁二烯装置的 DA106 塔塔底的水含量、塔顶的甲基乙炔（MA）和 DA107 塔塔底的丁二烯（BD-1,3），塔顶的丁二烯（BD-1,3）和总炔（主要是乙基乙炔，用 EA 表示）的软测量等。

9.4 双重控制系统

对于一个被控变量采用两个或两个以上的操纵变量进行控制的控制系统称为双重或多重控制系统。这类控制系统采用不止一个控制器，其中有一个控制器的输出作为另一个称为阀位控制器的测量信号。

系统操纵变量的选择是从操作优化的要求综合考虑的。它既要考虑工艺的合理和经济，又要考虑控制性能的快速性。而这两者又常常在一个生产过程中同时存在。双重控制系统就是综合这些操纵变量的各自优点，克服各自的弱点进行优化控制的。

图 9-4 是双重控制系统的应用实例。在蒸汽减压系统中，高压蒸汽通过两种控制方法减

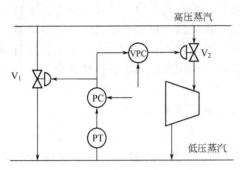

图 9-4　蒸汽减压系统

压为低压蒸汽。一种方法是直接通过减压阀 V₁。这种控制方法动态响应快速，控制效果很好，但是能量消耗在减压阀上，经济上不够合理。另一种方法是通过蒸汽透平，回收了能量，同时使蒸汽压力降低到用户所需压力。这种方法可以有效地回收能量，但是动态响应迟缓。图 9-4 所示的双重控制就是从操作优化的观点出发而设计的。图中 VPC 是阀位控制器，PC 是低压侧的压力控制器。正常工况下，大量蒸汽通过透平减压，既回收了能量又达到了减压的目的。控制阀 V₁ 的

开度处于具有快速响应条件下的尽可能小的开度（例如 10％ 开度）。一旦蒸汽用量发生变化，在 PC 偏差开始阶段，主要通过动态响应快速的操纵变量（即控制阀 V₁）来迅速消除偏差，与此同时，通过阀位控制器 VPC 逐渐改变控制阀 V₂ 的开度，使控制阀 V₁ 的开度平缓地回复到原来的开度。因此，双重控制系统即能迅速消除偏差，又能最终回复到较好的静态性能指标。

　　双重控制系统使用一个变送器，两个控制器及两个控制阀。与串级控制系统相比，双重控制系统少用一个变送器多用一个控制阀。它们都有两个控制回路，但串级控制系统两者是串联的，双重控制系统中却是并联的。它们都有"急则治标，缓则治本"的功能，但解决的问题不同。

9.5　纯滞后补偿控制系统

　　从广义角度来说，所有的工业过程控制对象都是具有纯滞后（时滞）的对象。衡量过程具有纯滞后的大小通常采用过程纯滞后 τ 和过程惯性时间常数 T 之比 τ/T。$\tau/T < 0.3$ 时，称生产过程是具有一般纯滞后的过程。当 $\tau/T > 0.3$ 时，称为具有大纯滞后的过程。一般纯滞后过程可通过常规控制系统得到较好的控制效果。而当纯滞后较大时，则用常规控制系统常较难奏效。目前克服大纯滞后的方法主要有史密斯预估补偿控制，自适应史密斯预估补偿控制，观测补偿器控制，采样控制，内部模型控制（IMC），双控制器，达林算法等。在此介绍史密斯预估补偿控制。

9.5.1　史密斯预估补偿控制

　　史密斯（O. J. M. Smith）在 1957 年提出了一种预估补偿控制方案。它针对纯滞后系统中闭环特征方程含有纯滞后项，在 PID 反馈控制基础上，引入了一个预估补偿环节，从而使闭环特征方程不含纯滞后项，提高了控制质量。

　　图 9-5 是史密斯预估补偿控制方案的框图。图中，$G_K(s)$ 是史密斯引入的预估补偿器传递函数。经过预估补偿后，闭环特征方程中已消去了 $e^{-\tau s}$ 项即纯滞后项，也就是消除了纯滞后对控制品质的不利影响。

　　为了实施史密斯预估补偿控制，必

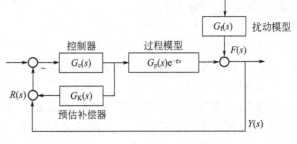

图 9-5　史密斯预估补偿控制系统

须求取补偿器的数学模型。若模型与过程特性不一致，则闭环特征方程中还会存在纯滞后项，两者严重不一致时，甚至会引起系统稳定性变差。

实际工业过程的被控对象通常是参数时变的。当参数变化不大时可近似作为常数处理，采用史密斯预估补偿控制方案有一定效果。

9.5.2 史密斯预估补偿控制实施中若干问题

史密斯预估补偿控制是预估了控制变量对过程输出将产生的延迟影响，所以称为史密斯预估器。但预估是基于过程模型已知的情况下进行的，因此，实现史密斯预估补偿必须已知动态模型即已知过程的传递函数和纯滞后时间，而且在模型与真实过程一致时才有效。

由于经预估补偿后，系统闭环特征方程已不含纯滞后项，因此，常规控制器的参数整定与无纯滞后环节的控制器参数相同。但是由于纯滞后环节一般采用近似式表示，实施时也会造成误差，以及补偿器模型与对象参数之间存在偏差，因此，通常应适当减小控制器的增益，减弱控制作用，以满足系统的稳定性要求。

史密斯预估补偿控制在模型非常精确时，对过程纯滞后的补偿效果十分令人满意。但这种控制方案对模型的误差十分敏感。一般当过程参数，尤其是 k_0 和 τ，变化 $10\%\sim15\%$ 时，史密斯预估补偿就失去了良好的控制效果。在工业生产过程中要获得精确的广义对象模型是十分困难的，况且对象特性又往往随着运行条件变化而改变。因此，虽然理论上证明了史密斯预估补偿的良好补偿功能，但在工程应用上仍存在着一定的局限性。为此很多研究者提出了不同的改进方案。

9.6 解耦控制系统

9.6.1 系统的关联分析

在一个生产装置中，往往需要设置若干个控制回路，来稳定各个被控变量。在这种情况下，几个回路之间，就可能相互关联，相互耦合，相互影响，构成多输入—多输出的相关（耦合）控制系统。图 9-6 所示流量、压力控制方案就是相互耦合的系统。在这两个控制系统中，单把其中任一个投运都是不成问题的，生产上亦用得很普遍。然而，若把两个控制系统同时投运，问

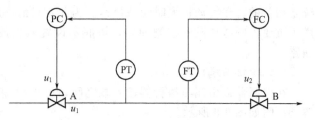

图 9-6 关联严重的控制系统

题就出现了。控制阀 A 和 B 对系统压力的影响程度同样强烈，对流量的影响程度亦相同。因此，当压力偏低而开大控制阀 A 时，流量亦将增加，如果通过流量控制器作用而关小阀 B，结果又使管路的压力上升。阀 A 和阀 B 相互间就是这样互相影响着。

在一个装置或设备上，如果设置多个控制系统，关联现象就可能出现。然而，有些系统间的关联并不显著。系统间的关联程度是不一样的。那么如何来表征系统的关联程度呢？可以采用"相对增益"的方法来分析。

9.6.2 减少与解除耦合途径

（1）被控变量与操纵变量间正确匹配

对有些系统来说，减少与解除耦合的途径可通过被控变量与操纵变量间的正确匹配来解

决，这是最简单的有效手段。

例如图 9-7 所示混合器系统，浓度 C 要求控制 75%，现在来分析这个系统关联程度，这样匹配是否合理。

由计算得系统的相对增益阵列为

$$
\begin{array}{ccc}
 & Q_A & Q_B \\
C & 0.25 & 0.75 \\
Q & 0.75 & 0.25
\end{array}
$$

由相对增益阵列可知图 9-7 所示匹配是不合理的，可以重新匹配，组成按出口浓度 C 来控制物料 Q_B，而 Q 由 Q_A 来控制的系统。

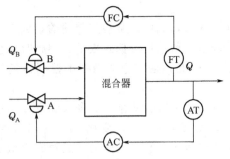

图 9-7　混合器浓度和流量控制系统

（2）控制器的参数整定

在上一方法无能为力或尚嫌不够时，一条出路是在动态上设法通过控制器的参数整定，使两个控制回路的工作频率错开，两个控制器作用强弱不同。在图 9-6 所示的压力和流量控制系统中，如果把流量作为主要被控变量，那么流量控制回路像通常一样整定，要求响应灵敏；而把压力作为从属的被控变量，压力控制回路整定得"松"些，即比例度大一些，积分时间长一些。这样，对流量控制系统来说，控制器输出对被控流量变量的作用是显著的，而该输出引起的压力变化，经压力控制器输出后对流量的效应将是相当微弱的。这样就减少了关联作用。当然，在采用这种方法时，次要的被控变量的控制品质往往较差，这在有些情况下是个严重的缺点。

（3）减少控制回路

把上一方法推到极限，次要控制回路的控制器取无穷大的比例度，此时这个控制回路不再存在，它对主要控制回路的关联作用也就消失。例如，在精馏塔的控制系统设计中，工艺对塔顶和塔底的组分均有一定要求时，若塔顶和塔底的组分均设有控制系统，这两个控制系统是相关的，在扰动较大时无法投运。为此，目前一般采用减少控制回路的方法来解决。如塔顶重要，则塔顶设置控制回路，塔底不设置质量控制回路而往往设置加热蒸汽流量控制回路。

（4）串接解耦控制

在控制器输出端与执行器输入端之间，可以串接入解耦装置 $D(s)$，双输入双输出串接解耦框图如图 9-8 所示。

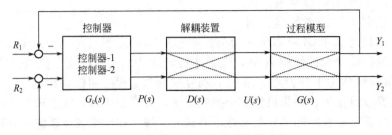

图 9-8　双输入双输出串联解耦系统

由图 9-8 得

$$Y(s) = G(s)U(s)$$
$$U(s) = D(s)P(s)$$

故 $$Y(s)=G(s)D(s)P(s)$$

由上式可知，只要能使 $G(s)D(s)$ 相乘后成为对角阵，就解除了系统之间耦合，两个控制回路不再关联。

9.7 差拍控制系统

对已知控制系统，研究控制器参数对系统控制性能的影响称为控制系统的分析。而根据期望的控制性能（品质）来求取控制系统的结构或控制算法，则称为控制系统的综合（设计）。用常规仪表来实施控制系统的设计时，若按期望的控制性能来求取控制算法，由于实施困难，一般不采用，而用计算机来实施就很方便。差拍控制就是按期望的控制性能来设计的控制系统。

9.7.1 差拍控制系统

数字计算机组成的控制系统如图 9-9 所示。其中，$G_c(z)$ 是通过数字计算机来实施的数字控制器脉冲传递函数。$HG_p(z)$ 是广义对象的脉冲传递函数，它包含了保持器（通常采用零阶保持器）。

像连续控制系统一样，数字控制器的控制算法可以采用离散化的常规控制规律

图 9-9　计算机控制系统

来实施，也可以如上所述，采用根据闭环控制品质来设计数字控制器。

设 $HG_p(z)$ 含时滞项 z^{-d}，那么不管 $HG_p(z)$ 的输入是什么，在 dT_s 时间内系统将不能响应（T_s 是采样周期），至少需在 $(d+1)$ 拍（即时间 $(d+1)T_s$）才能响应。因此，$C(z)/R(z)$ 必须含有时滞项，即 $C(z)$ 与 $R(z)$ 之间至少有 $(d+1)$ 拍的时滞。这种控制称为差拍控制。

现在规定的差拍数 $(d+1)$ 是最小的，因此又称为最小拍控制。

在这种系统中，$G_c(z)$ 的输出有时会上下波动很剧烈，称为"跳动"现象。其原因也应从脉冲传递函数来寻找，"跳动"取决于 $G_c(z)$ 的极点分布。从控制理论可知，当一个环节的脉冲传递函数的极点在负实轴上时，遇到阶跃函数输入，输出将出现上下波动。当极点 $z=-1.0$ 时，就出现不衰减的振荡。

最小拍控制系统达到稳态值的时间是最短的。从这个意义上说，它是一种最优控制系统。但是，按照算法要求，控制作用可能超过界限值。同时由于存在前述的一些问题，应用范围有限，需加改进。

9.7.2 达林控制算法

在设定值作阶跃变化时，最小拍控制系统要求输出在 $(d+1)$ 拍起就跟上，这对大多数工业生产过程来说，是相当严格要求，而实际过程是希望 $C(t)$ 的输出变化平缓些，以减少跳动，提高稳定性。基于这些考虑，达林（Dahlin）在 1968 年提出了一种控制算法。他选取一个具有纯滞后的一阶非周期特性作为所需的闭环特性。

这表示在输入的设定值信号作阶跃变化时，输出 $C(t)$ 先延滞时间 τ，然后按指数曲线趋近于设定值。

9.7.3 V. E. 控制算法

在上述控制算法中，闭环系统输出 $C(t)$ 变化平稳，品质指标有所改善，但这类控制算法采用了控制器与广义对象的零极点相消的方法来实施所需闭环特性要求。因此，当对象具

有跳动特性的零点时，为了进行对消，控制器 $G_c(z)$ 就会含有这类极点，从而使控制器输出出现跳动，影响使用效果。沃格尔和埃德加（Vogel & Edgar）提出的 V. E. 控制算法为了不发生这类零极点的相消，让闭环脉冲传递函数保留这些有跳动特性的对象的零点，从而从根本上消除了跳动现象。

9.8 自适应控制

自适应控制是建立在系统数学模型参数未知的基础上，而且随着系统行为的变化，自适应控制也会相应地改变控制器的参数，以适应其特性的变化，保证整个系统的性能指标达到令人满意的结果。自适应控制的研究始于 20 世纪 50 年代，近 10 年来随着控制理论与计算机技术的迅速发展，自适应控制亦得到了很大发展，形成了独特的方法与理论，而且在工业生产过程中的应用亦逐渐广泛。

自适应控制系统是一个具有适应能力的系统，它必须能够辨识过程参数与环境条件变化，在此基础上自动地校正控制规律。一个自适应控制系统至少应有下述三个部分。

① 具有一个测量或估计环节，能对过程和环境进行监视，并有对测量数据进行分类以及消除数据中噪音的能力。这通常体现为：对过程的输入输出进行测量，以此进行某些参数的实时估计。

② 具有衡量系统的控制效果好坏的性能指标，并且能够测量或计算性能指标，判断系统是否偏离最优状态。

③ 具有自动调整控制规律或控制器参数的能力。

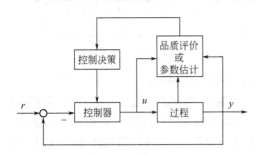

图 9-10　自适应控制的一般系统框图

实质上，自适应控制是辨识与控制技术的结合，自适应控制系统的一般框图如图 9-10 所示。自适应控制的结构可以非常简单，亦可以相当复杂。主要有简单自适应控制系统、模型参考型自适应控制系统、自校正控制系统三种类型。

9.8.1 简单自适应控制系统

这类系统对环境条件或过程参数的变化用一些简单的方法辨识出来，控制算法亦很简单。在不少情况下，实际上是一种非线性控制系统或采用自整定调节器的控制系统。

自 20 世纪 70 年代以来，自整定调节器发展相当迅速，特别是随着计算机技术、人工智能、专家系统技术的发展，利用专家经验规则进行 PID 参数的自整定。目前不少分散控制系统或可编程调节器中有自整定调节器，采用各种方法实现 PID 参数自整定。例如：山武-霍尼韦尔公司 TDC-3000SCC 系统中的自整定调节器采用临界比例度法，福克斯波罗公司 EXCAT 自整定调节器是基于特性曲线识别方法；横河-北辰公司 YEWSERIES-80 专家自整定调节器等。

9.8.2 模型参考型自适应控制系统

这类系统主要用于随动控制，人们期望随动控制的过渡过程符合一种理想模式。典型的模型参考型自适应控制系统是参考模型和被控系统并联运行，如图 9-11 所示。

参考模型表示了控制系统的性能要求，输入 $r(t)$ 一方面送到控制器，产生控制作用，对过程进行控制，系统的输出为 $y(t)$；另一方面 $r(t)$ 送往参考模型，其输出为 $y_m(t)$，体现了预期品质的要求。把 $y(t)$ 和 $y_m(t)$ 进行比较，其偏差送往适应机构，进而改变控制器参数，使 $y(t)$ 能更好地接近 $y_m(t)$。设计控制规律的方法目前有三种：参数最优化方法，基于李雅普诺夫稳定性理论的方法，利用超稳定性来设计自适应控制系统的方法。

9.8.3 自校正控制系统

自校正控制系统是典型的辨识与控制的结合体。辨识部分采用最小二乘法，依据过程的输入、输出数据，得到数学模型的各个参数。控制部分采用最小方差控制，目标是求 u 使 $J = E[y^2(k+1)]$ 达到最小。

自校正控制系统的基本结构如图 9-12 所示。

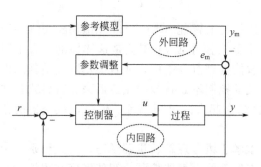

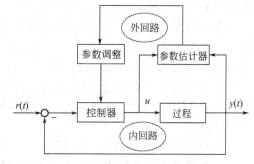

图 9-11　模型参考型自适应控制系统　　图 9-12　自校正控制器的基本结构

自校正控制系统也有两个回路组成。内回路包括过程和普通线性反馈控制器。外回路用来调整控制器参数，它由递推参数估计器和控制器参数调整机构组成。

9.9　鲁棒控制

从本来的意义来说，不确定性指的是事物的特性中含有不确定性。对过程数学模型，往往将实际特性与数学模型在某些场合下的差别都看作不确定性。从产生不确定性原因看，可以分为两大类：一类是对象特性的确具有不确定性，有些场合是这样，有些场合是那样，具有偶然性、随机性或不可预估性；另一类是数学模型未能完全符合客观实际，有许多简化模型就是这样，例如用线性化模型来描述非线性对象，在离原定工作点较远时就会产生偏差。又如用确定性模型来描述时变性对象，在不同时间将会有不同偏差。还有在建立模型时作了一些假设、略去了一些次要的因素，这些因素的变化也将引起偏差。这些不确定性应该是可以预见的，然而，如果导致对象数学模型过于复杂，仍无法用现代控制理论。

鲁棒控制的任务是设计一个固定控制器，使得相应的闭环系统在指定不确定性扰动作用下仍能维持预期的性能，或相应的闭环系统在保持预期的性能前提下，能允许最大的不确定性扰动。鲁棒控制的研究是近年来非常热门的研究课题。鲁棒控制的研究历史可追溯到 20 世纪 40 年代的单变量控制系统设计，利用奈奎斯特图等经典工具可以容易地解决单变量系统的鲁棒控制问题，多变量系统低灵敏度控制器的设计也是旨在使闭环系统对不确定性扰动不敏感。一般认为，多变量系统鲁棒控制的研究始于 1976 年，其研究的最重要的特点是讨论参数在有界扰动（而不是无穷小扰动）下系统性能保持的能力。

根据所研究基于模型的不同，系统鲁棒性研究方法主要有两类：研究对象是闭环系统的状态矩阵或特征多项式的，一般用代数方法；研究是从系统的传递函数或传递函数矩阵出发的，常采用频率域的方法。

9.10 智能控制系统

9.10.1 智能控制简介

智能控制（Intelligent Control，IC）是 20 世纪 80 年代以来极受人们关注的一个领域。学术界有不少人认为智能控制方法将是继经典控制理论方法和现代理论控制方法之后，新一代的控制理论方法。理论和应用研究很多，在国内外都是受人瞩目的热点。加上近年来在洗衣机、空调、摄像机等家电产品中采用模糊控制，而像智能仪表、智能大厦等术语在一般报刊上常会看到，智能控制已走进千家万户。

什么是智能控制呢？最直观的定义显然是引入人工智能（Artificial Intelligence，AI）的控制，也就是人工智能与自动控制的结合。傅京孙教授在 1971 年就是这样提的。人工智能与自动控制两者是不可或缺的。它一方面表明智能控制范围很广，而且会不断接纳新的内容；另一方面也给出明显的界限，与人工智能无关的控制不是智能控制。后来还有各式各样的提法，如美国的 Saridis 教授提出了把运筹学也结合起来的思想等等。但是，从交集的角度看，还是以二元结构为宜。

人工智能的内容很广泛，如知识表示、问题求解、语言理解、机器学习、模式识别、定理证明、机器视觉、逻辑推理、人工神经网络、专家系统、智能控制、智能调度和决策、自动程序设计、机器人学等都是人工智能的研究和应用领域。人工智能是指智能机器所执行的通常与人类智能有关的功能，如判断、推理、证明、识别、感知、理解、设计、思考、规划、学习和问题求解等思维活动。

人工智能中有不少内容可用于控制，当前最主要的是三种形式：专家系统，模糊控制，人工神经网络控制。它们可以单独应用，也可以与其他形式结合起来；可以用于基层控制，也可用于过程建模、操作优化、故障检测、计划调度和经营决策等不同层次。

9.10.2 专家系统

专家系统（Expert System）越来越普遍的获得应用，其领域要求高度可靠，并具有快速决策和不同功能。这些功能包括解释、预测、分析、诊断、调试、设计、规划、控制、监视、教学、检测、咨询、管理、评估和决策支持等。

专家系统主要指的是一个智能计算机程序系统，其内部含有大量的某个领域专家水平的知识与经验，能够利用人类专家的知识和解决问题的经验方法来处理该领域的高水平难题。

专家系统的基本功能取决于它所含有的知识，因此，有时也把专家系统称为基于知识的系统（Knowledge-Based System）。

专家系统的结构是指专家系统各组成部分的构造方法和组织形式。一般由六个部分组成，如图 9-13 所示。

① 人机接口 利用人机接口，专家可以将自己的新知识、新经验加入到知识库中，也可以方便地对知识库中的规则进行修改；操作员可以在操作中随时得到专家系统的帮助，了解系统，并应用系统，像领域专家一样解决问题。

② 知识库 用以存储某个具体领域的专门知识，包括理论知识和经验知识。专家系统的性能在很大程度上取决于知识库中知识的完备性和知识表示的正确性，一致性和独立性。常

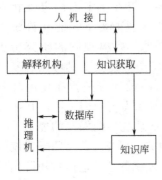

图 9-13 专家系统的组成部分

用的知识表示方法有逻辑因果图，产生式规则，语义网络，框架理论和概念从属等，尤以产生式规则构成的产生式知识库（即规则库）使用最多。产生式规则的一般形式是 IF（前提）THEN（动作）。将规则与数据库中的数据相匹配，一旦匹配成功，就执行相应动作或得出某个结论。

③ 知识获取　要保证知识库能对应用对象所有状态的描述具有完全性和正确性，往往需要新知识的获取。一方面是将专家的知识和经验进行描述并写入；另一方面是进行机器自学习，增添新知识。

④ 数据库　用以存储表征应用对象的特性数据、状态数据、求解目标和中间状态数据等，供推理机和解释机构使用。

⑤ 解释机构　用以检验和解释知识库中相应规则的条件部分，即用推理得到的中间结果对规则的条件部分中的变量加以约束，并将该规则所预言的变化（由动作引起）返回推理机。

⑥ 推理机　承担控制并执行专家推理的过程。从数据库来的数据经过一定的推理和计算形成事实，然后与知识库中的相应规则进行匹配，找出可用的规则集，根据一定的优先级别应用各条规则，同时执行各规则的动作（或结论）部分，并更新数据库。在整个推理过程中，如何快速查找并正确应用可用规则，是决定推理速度和正确性的关键。推理方法又与知识描述方式密切有关，如对语义网络知识库用匹配和继承推理方法，对神经网络知识库用模式识别推理方法，对产生式规则库用链式逻辑推理方法。链式逻辑推理具体又分为正向推理（数据驱动策略）、逆向推理（目标驱动策略）与正反向混合推理三类方式。

在过程控制中，专家系统能够做的事情很多。但需注意，过程控制是在现场实时进行的，因此在专家系统的实时性和可靠性方面有很高的要求，并希望有良好的开放性。专家系统在自动化中的应用至少有三大方面。

① 用于控制　依据负荷、进料情况、环境条件和系统工作情况等因素，决定控制作用 u，决定控制器参数，或决定控制系统类型或结构等。

② 用于工况监测、故障诊断和区域优化　这是诊断型任务，与控制型任务不同。依据系统工作情况和环境条件等因素，判定工况是否正常，判定工矿不正常的根源，和判定如何使工作情况进入优良区域。

③ 用于计划和调度。

已有不少实际应用，例如乙烯精馏塔优化专家系统，专家系统在催化裂化装置应用，工业聚酯装置开停车过程助专家控制系统，DCS 故障诊断专家系统等。

9.10.3　模糊逻辑控制

模糊逻辑控制（Fuzzy Logic Control，FLC）的核心是控制器输出与输入间的模糊关系准则，也就是说，由输入的模糊变量，按照某种模糊推理合成规则，求取作为输出的模糊变量。

反馈控制器总是以偏差 e 及其导数 e_c 作为输入的，这是手工操作时的经验，也是各种经典控制规律的做法。从物理概念看，就是既要依据偏差的量（正负及大小），又要依据偏差的变化速度（趋势）来确定应该采取的控制作用。当然，也可考虑参考二阶或更高阶次的导数，但由于噪声的存在，引入高阶导数并不相宜。在 FLC 中，也同样以偏差 e 及其变化率 e_c 作为输入信号。输入信号的个数称为 FLC 的维数，这样可叫做二维模糊控制。

控制器的输出通常是控制作用的增量 Δu。取 Δu 与控制作用 u 相比，至少有两个优点：

①虽然模糊控制的推理规则往往不是线性的，但是 u 与 e 间将形成类似 P＋I 关系，而不是 P＋D 关系，有利于消除余差；②不会产生积分饱和现象。

模糊逻辑控制器的框图见图 9-14。因为获得的测量值一般不是模糊量，要求送往执行机构的信号一般也不是模糊量，所以从控制器的输入到输出，要经过输入信号的模糊化，在模糊控制规则下的决策，以及对模糊信号的精确化等步骤。

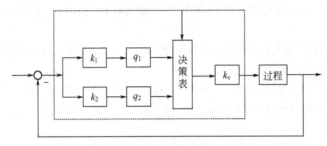

图 9-14　模糊逻辑控制器的框图

上面介绍的是二维模糊控制系统，应用最为广泛。正像传统控制中有 P、I、D 三种形式一样，也可构成三维模糊控制系统。仍只要输入 e 和 e_c，但输出则以控制的绝对量 u 及其增量 Δu 两种形式给出，规律较二维的要复杂一些。

模糊集和模糊控制的概念，不仅可以用在基层控制级，也可用在先进和优化控制以及调度、计划和决策等层次。美国的 Saridis 教授曾指出，在递阶控制的结构上，越往上的层次越需要智能。

9.10.4　神经网络控制

人脑极其复杂，是由一千多亿个神经元构成的网络状结构。人们一开始进行神经网络控制，是想通过微电子技术来模拟人脑。尽管已有多年历史，但人脑仿真依然是一个难题。然而，从研究神经元所得到的一些特性，导致了人工神经网络（Artificial Neural Network，ANN）的诞生，到今天已有几十种类型。神经网络在工程上的应用，似乎已与人脑的设想逐渐远离，而是作为强有力的非线性函数转换器来看待。从 20 世纪 40 年代起，几十年的发展，历经盛衰，发现了新的问题或不足之处，ANN 热潮变冷，作了改进，提出新的结构和算法，ANN 的研究和应用又由冷变热，走了一条马鞍形的曲折道路。

（1）神经网络模型

在对大脑神经元的主要功能和特性进行抽象基础上，给出了多输入单输出单个神经元模型如图 9-15 所示，此时各输入为 $x_i(i=1,2,\cdots,n)$，输出为 y，y 与 x_i 间的关系将是

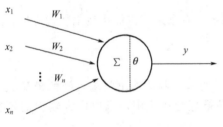

图 9-15　单个神经元模型

$$y(t)=f(\sum_{i=1}^{n} W_i x_i(t) - \theta)$$

式中，θ 为神经元的阈值；W_i 是权系数，反映了连结强度，也表明突触的负载。函数 $f(*)$ 通常取 1 和 0 的双值函数，或取 sigmoid 函数。z 的 sigmoid 函数是

$$f(z)=\frac{1}{1+e^{-z}}$$

它是一个可微的正函数。此外，也有用高斯函数的。

若干个神经元连结起来，构成网络。神经网络具有自组织性、层次性和并行处理能力。

在对其功能和特性抽象的基础上，开发了各种人工神经网络。

最常用一种人工神经网络称为反向传播（Back Propagation，BP）网络。在结构上，从信号的传输方向看，它是一种多层前向网络，图9-16 是它的结构示意图。它由若干层构成，有输入层、输出层，以及一个或若干个隐层。

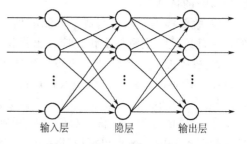

BP 网络有很好的逼近非线性函数的能力。已经证明，三层的网络可以实现任何非线性连续函数的转换。

另一种在自动化中很有价值的 ANN 是径向基函数（Redical Basis Function，RBF）网络，它在结构上很像 BP 网络，也是静态网络，但是

图 9-16　BP 网络结构示意图

它只有相当于隐层的一层，而且节点的激发函数是径向基函数 $\psi\|I-I_i\|$，式中 I 是输入，I_i 是该径向基函数的中心。在各种径向基函数中，以高斯函数使用最广。

RBF 网络也有很好的非线性函数逼近能力。它另一个优点是学习比较简捷。

RBF 网络被称为局部模型，而 BP 网络则为全局模型。RBF 网络的泛化性（即数据内插和外推的正确性）要比 BP 网络差。

其他常用的 ANN 有：Hopfield 网络，动态递归神经网络，模糊神经网络（FNN）。

（2）人工神经网络在自动化中的应用

神经网络由于它很强的非线性函数逼近能力并具有并行处理工作方式等特点，已在很多应用领域受到了关注，在自动化中的应用主要有下列诸方面：过程建模及软测量；人工神经网络可被用作故障监测和诊断的工具；用于控制，逆动态控制，基于模型的控制，用神经网络作为在线估计器的控制；用于优化，利用 Hopfield 网络在稳态时其能量函数达极小值的性质，可以求解约束优化问题。

9.11　故障检测诊断和容错控制

9.11.1　故障检测和诊断

故障检测与诊断技术（Fault Detection and Diagnosis Technology）是发展于 20 世纪中叶的一门科学技术，是指对系统的异常状态的检测、异常状态原因的识别以及包括异常状态预测在内的各种技术的总称。

随着现代工业及科学技术的迅速发展，生产设备日趋大型化、高速化、自动化和智能化，系统的安全性、可靠性和有效性日益变得重要化和复杂化，故障检测与诊断技术也愈来愈受到人们的重视。

故障诊断技术是一门综合性技术，它的开发涉及多门学科，如现代控制理论、可靠性理论、数理统计、模糊集理论、信号处理、模式识别、人工智能等学科理论。

故障的类型一般分为三类。被控过程（对象）的故障：对象的某部分器件失效，如容器或管道的漏堵现象。仪表器件的故障：包括检测元件、变送器、执行器、联接管线、控制装置和计算机接口的故障。软件故障：计算机诊断程序和控制程序的故障，也包括染入计算机病毒的故障。

故障产生的原因大体是：系统设计错误，包括测量和控制软件不完善导致的故障；设备性能退化，包括对象和仪表的性能退化；操作人员的误操作。

故障检测与诊断（Fault Detection and Diagnosis，FDD）的任务是识别故障有没有，在

哪里，怎么办。由低级到高级，可分为四个方面的内容。

① 故障建模　按照先验信息和输入输出关系，建立系统故障的数学模型，作为故障检测与诊断的依据。

② 故障检测　从可测或不可测的估计变量中，判断运行的系统在某一时刻是否发生故障，一旦系统发生意外变化，应发出报警。

③ 故障的分离与估计　如果系统发生了故障，给出故障源的位置，区别出故障原因是执行器、传感器、被控对象等或者是特大扰动。故障估计是在弄清故障性质的同时，计算故障的程度、大小及故障发生的时间等参数。

④ 故障的分类、评价与决策　判断故障的严重程度，以及故障对系统的影响和发展趋势，针对不同的工况提出相应的措施和方法，包括软件补偿和硬件替换，来抑制和消除故障的影响，使系统恢复到正常工况。

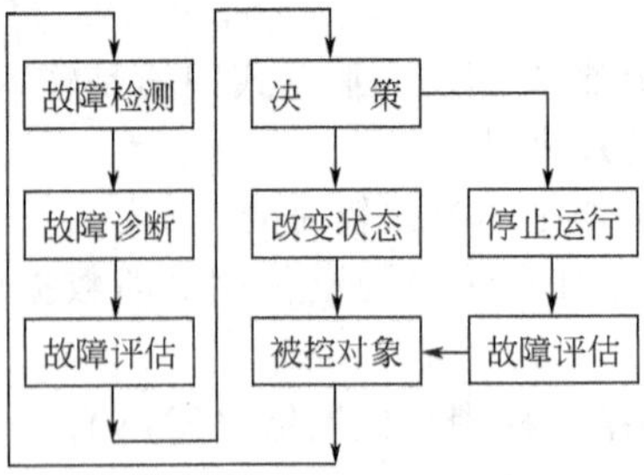

图 9-17　故障检测与诊断流程图

图 9-17 为故障检测与诊断流程图。

任何一种系统都会存在误差，故障检测与诊断系统也不例外。对故障检测诊断系统的可靠性要求要高于一般的控制系统。故障检测诊断系统要提高故障的正确检测率。要降低故障的漏报率和误报率，漏报指发生了故障未报警，误报指未发生故障反而报警。

故障诊断技术经过十几年的迅速发展，到目前为止已经出现了基于各种不同原理的众多的方法。同以前相比，这些方法不论是检测性能、诊断性能，还是鲁棒性都有很大提高，而且对于线性时不变系统已经形成了相对较为完整的体系结构。

对于基于解析冗余的方法，国际故障诊断权威，德国的 P. M. Frank 教授认为所有的故障诊断方法可以划分为基于知识的方法、基于解析模型的方法和基于信号处理的方法。

9.11.2　容错控制

容错控制系统是在元部件（或分系统）出现故障时仍具有完成基本功能能力的系统，要尽量保证动态系统在发生故障时仍然可以稳定运行，并具有可以接受的性能指标。

容错控制是提高系统安全性和可靠性的一种新的途径，由于任何系统都不可避免地会发生故障，因此，容错控制可以看成是保证系统安全运行的最后一道防线。从目前发展看，控制系统的故障诊断和容错控制有着密切的关系，故障诊断是容错控制的基础和准备，容错控制则为故障诊断研究注入了新的活力。容错控制的研究目前尚处于初创阶段，从理论到应用也将需要一个发展过程。

容错控制器的设计方法有硬件冗余方法和解析冗余方法两大类。硬件冗余方法是通过对重要部件及易发生故障部件提供备份，以提高系统的容错性能。解析冗余方法主要是通过设计控制器来提高整个控制系统的冗余度，从而改善系统的容错性能。

① 基于硬件结构上的考虑　对于某些子系统，可以采用双重或更高重备份的办法来提高系统的可靠性，这也是一种有效的容错控制方法，在控制系统中得到了广泛的应用。只要能建立起冗余的信号通道，这种方式可用于对任何硬件环节失效的容错控制。

② 基于解析冗余上的考虑　与"硬件冗余"相对的是"软件冗余"，软件冗余又可分为解析冗余、功能冗余和参数冗余三种，它是利用系统中不同部件在功能上的冗余性，通过估计，以实现故障容错。

通过估计技术或其他软件算法来实现控制系统容错性，具有性能好、功能强、成本低和易实现等特点，因而近年来得到研究者们的广泛关注。

基于"解析冗余"的容错控制器设计方法通常有控制器重构方法、完整性设计、基于自适应控制的容错控制器设计方法、基于专家系统和神经元网络的容错控制器设计方法。

9.12 综合自动化系统

9.12.1 综合自动化的意义

综合自动化、计算机集成制造系统（Computer Integrated Manufacturing Systems，CIMS）、和计算机集成过程系统（Computer Integrated Process Systems，CIPS）是三个涵义基本相同的术语。

先从 CIM 说起。美国的 Joseph Harrington 于 1973 年在《Computer Integrated Manufacturing》一书中提出这个术语，并阐述了两个基本概念。

① 企业生产的各个环节，即从市场分析、产品设计、加工制造、经营管理、到销售直至服务，是连接在一起的整体，需要统一考虑。

② 整个生产过程实质上是一个数据采集、传递和加工的过程，最后形成的产品可看作是数据的物质表现。

在机电制造行业，贯彻这种思想的，用计算机和网络集成的，包括决策计划、生产调度、产品生产控制以及经营销售、物流输送、直至售后服务管理在内的自动化系统已发展起来了，在 20 世纪 80 年代已形成一定规模。显然 CIMS 技术尚不够成熟，但代表了当代的一种技术浪潮，一种发展趋势。

在过程工业中，需要不需要建立 CIMS 呢？回答是肯定的，理由如下。

① 在市场经济条件下，企业一方面要追求产品高质量低成本，另一方面更要注意市场需要，由单纯的按上级规定的计划，按企业生产能力转为按市场按需要来组织生产。经营管理越来越变得重要。对产品的计划和调度决定具体生产过程的产品类型和数量，而过程的工况信息又反过来影响于经营和生产管理系统，例如，生产工况优良时可适当增产，而当出现不正常工况则可能要缩减产量计划的数字。经营管理与运行控制组成一个整体，由计算机持续地进行通讯、分析和决策，这显然是很有好处的。

② 计算机技术突飞猛进。通过网络技术，使信息的传送速度与区域无比扩大，正进入信息时代。数字化、智能化和网络化是信息技术的时代特征。今天，一个企业的技术领导人不仅应能在办公室的计算机屏幕上读出全厂的运行状态，不用每天一早就到各个车间逐一巡视，甚至身在外地时，也很易通过网络系统做到这一点。

③ 自动化的理论与方法有了许多新的成果。在控制方面，除了基层控制以外，以约束多变量预测控制为代表的先进控制有了很大的进步，操作优化与工况监测的技术也日趋成熟。在生产管理方面，计划和调度也已有很多算法。而且，它们几者在信息通道上正好是递阶的关系。同时，对这样一个综合自动化系统，可以从整体的角度去考虑优化问题，整体的优化并不简单地是各个系统优化的集合，其经济效益将优于各个孤立的优化子系统。

④ 自动化控制装置已引入了计算机技术，DCS、PLC 与工业用微机在今天是控制装置的主流，如用网络连接，已具备了实现 CIMS 的物质条件。对全数字化的现场总线系统，许多仪表制造厂商都表现出了极大的积极性，现场总线系统品质优越，投资却低于 DCS 等系统，对 CIMS 更显得合适。

⑤ 机电制造行业 CIMS 发展的道路和效果，也吸引了过程工业界人士。

在过程工业中的 CIMS，有人将其中的 M（制造）字改为 P（过程），称之为 CIPS（计

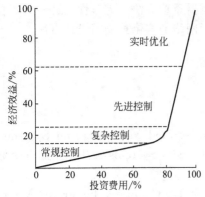

图 9-18　一个典型企业在各层的投资
与经济收益比例

算机集成过程系统）。这里的过程集成这个术语更早就出现了，是指设计中按优化的要求选择生产流程，把若干个单元组合在一起，以实现规定的生产要求。

在我国，还有一个可能是更合适的名词，那就是综合自动化系统，综合意味着管理与控制一体化，意味着这类系统具有综合性的功能，意味着这类系统综合地考虑问题，追求整体的优化。

正由于综合自动化能带来巨大的经济效益，各国都对之十分关注，努力把各个自动化孤岛联结成为一个有机的整体。大多数企业都有计划或打算，但由于技术复杂，工作规模大，投资金额高，故只能分步进行。至今似乎都只完成了一部分，还没有哪个企业说已很好实现了综合自动化。我国从八五期间开始了推广试点，现在已在若干大型过程工业企业逐步开展工作。

一个典型企业在各层的投资与经济收益比例见图 9-18。

9.12.2　综合自动化系统的特点

以下是这类系统得到公认的几个特点。

① 系统主线采用递阶系统结构的形式。人的介入程度是自上而下逐步增加的，人工智能的应用程度也是自上而下逐步增加的，但是，工作频率的周期却是自上而下逐步减少的，如基层控制层的周期在秒级，操作优化的周期在小时级，调度的周期以天计，计划的周期以月、季年计。

② 系统的主线是控制与管理两个方面。综合自动化系统需要选择合适的计算机和网络，实行结构集成。通常由 DCS 或现场总线系统完成控制任务，由中、小型机或微机完成管理任务。

③ 对于物流储运、劳动工资和财务会计等方面，也可建立相应的计算机系统，与系统主线并行连接。

④ 系统的信息集成也至关重要。现在，生产控制系统已大量地应用了计算机控制装置，管理方面的管理信息系统（Management Information System，MIS）也已纷纷建立。在综合自动化系统中，必须使两个方面的信息能灵活方便地相互传送，合适的网络系统，编程方便的软件平台和良好的数据库都是在设计时须缜密考虑的关键技术。

⑤ 除了系统的结构集成和信息集成外，系统的功能集成是取得经济效益的关键一环。可以认为，在系统之内，信息贯通是前提，可靠运行是基础，整体优化是目标。整体优化算法贵在画龙点睛，出奇制胜，从十分复杂的情况中找到关键命题，用力求简单的方法去解决。

⑥ 综合自动化系统涉及的领域相当宽，工作的进行需要有一个各类专门人才组成的班子，特别是自动化专业、工艺专业和计算机专业的技术专家。

为了使 CIMS 的设计能有完整的规范可循，以建立一个合理且有效的系统结构和一套知道设计实施和运行的有效方法体系，现在已有多种关于 CIM 体系结构的研究成果。他们的思路是对系统模型集、方法体系、建模方法和工具、基础结构这样共同需要解决的问题，用通用的方式开发，并综合起来供企业使用。以求极大地降低集成工程的成本，减少复杂性，缩短开发周期，减少风险。并保证技术、人、经营等要素的真正有机集成。为了通用性，体系结构是抽象化、模块化和开放性的。

9.12.3 工业生产过程计算机集成控制系统的构成

工业过程计算机集成控制系统是一种综合自动化系统。目的是使企业用最短的周期、最低的成本、最优的质量，生产出适合销路的产品，以获取最大的经济效益，增强国内外市场的竞争能力。其实质就是将过程控制、计划调度、经营管理和市场销售等信息进行集成，并求得全局优化，也就是实现企业中信息的集成和利用，为各级领导、管理和生产部门提供辅助决策与优化的手段，进行经营决策、优化调度和优化操作，并将这些决策和优化与生产控制联结起来，成为一体化的信息集成系统。它可由信息、优化、控制和对象模型等组成，具体可由六级构成，如图 9-19 所示，即决策级、经营管理级、计划调度级、车间或装置的优化操作级、单元过程的先进控制（APC）与优化级（APS）和最基础的基本控制级（DCS）。前三级是全厂级，后三级是车间（或装置）和单元过程级。

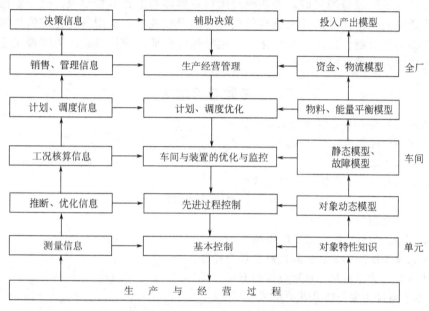

图 9-19　计算机集成系统功能框图

① 基本控制级　即直接控制级，它用于实现对生产装置的直接控制，由 PID、串级、比值、均匀、分程、选择性和前馈等基本控制算法构成。硬件实现一般由集散控制系统（DCS）或工业 PC 或 STD、单回路和多回路控制器等工业计算机或采用常规电动单元组合仪表。

② 先进控制与估计级　它用于在基本控制级的基础上，实现多变量约束控制、各种预测控制、推断控制、解耦控制、自适应控制、人工神经元网控制、智能控制和不可测输出变量的估计等先进控制算法。算法一般是基于对象的动态模型。本级通常由上位机（PC486、586 等）来实现。上位机与 DCS 等基本控制级通过通讯实现数据交换。

③ 装置优化级　它用于实现生产装置的最优工况运行，故障的预报与诊断。它是以下面各级控制系统作为广义对象，寻求生产装置的稳定优化。本级的功能也是在上位机实现的，并通过通讯与 DCS 及全厂级管理计算机联系。本级的上位机可与先进控制所用的上位机合用一台。

④ 计划调度级　它主要用于逐月落实生产计划、组织日常的均衡与优化生产。它以各车间或装置作为调度对象，保持全厂的生产平衡与优化。本级的硬件实现一般由全厂调度计算机来完成。

⑤ 管理级　主要分为经营管理、生产管理和人文管理。主要任务是按部门落实综合计划。它考虑全厂的资金、物流的运转与存储、供销渠道的畅通、合同的管理和生产任务的完成。它由全厂管理计算机来完成。

⑥ 辅助决策级　以整个工厂作为广义对象，按市场情况制定发展规划和年度综合计划，辅助厂长作出决策，寻求全厂的整体优化。

工业过程计算机集成系统的核心是信息的获取、处理与加工。来自基本控制级的直接测量信息，经过浓缩处理及加工后变成高级控制的不可测变量的估计信息以及车间核算信息和工况信息，经统计、分析和汇总后送到调度级和管理级，再经深度加工后进入决策级作为企业领导决策的依据。决策级除来自企业内部的综合信息外，还要掌握市场信息、同行信息等外部信息。

改革开放和市场经济的发展，必然使封闭市场解体和世界市场形成，把企业推向激烈的国内、国际竞争之中。面对这种机遇与危机并存的严峻挑战，采用各种先进的控制技术，有利于企业提高经济效益，适应市场变化。一定要抓住机遇，迎接挑战，为实现工业过程计算机集成系统奠定良好的基础。

思考题与习题 9

9-1　预测控制与 PID 控制有什么不同？

9-2　简述预测控制的三个特征。

9-3　何时采用推断控制？

9-4　软测量技术主要由哪几部分组成？

9-5　什么是双重控制系统？它与串级控制系统有何区别？

9-6　什么是差拍控制系统？

9-7　简述 Smith 预估补偿器及应用场合。

9-8　什么是系统间的关联？简述解除耦合途径。

9-9　什么是自适应控制？自适应控制有哪三类？

9-10　专家系统主要由哪几部分组成？

9-11　模糊逻辑控制的核心是什么？

9-12　最常用人工神经网络是什么？

9-13　什么是故障检测与诊断技术？

9-14　什么是容错控制？

9-15　综合自动化系统的特点是什么？

10 生产过程控制

本章以流体输送设备、传热设备、锅炉设备、工业窑炉、精馏塔、化学反应器、生化过程、炼钢转炉、造纸过程等若干代表性装置或过程为例，从工艺要求和自动控制角度出发，介绍和探讨这些装置和过程常用控制系统。

10.1 流体输送设备的控制

在生产过程中，用于输送流体和提高流体压头的机械设备，通称为流体输送设备。其中输送液体、提高压力的机械称为泵；输送气体并提高压力的机械称为风机或压缩机。

在工艺生产过程中，要求平稳生产，往往希望流体的输送量保持为定值，这时如系统中有显著的扰动，或对流量的平稳有严格的要求，就需要采用流量定值控制系统。在另一些过程中，要求各种物料保持合适的比例，保证物料平衡，就需要采用比值控制系统。此外，有时要求物料的流量与其他变量保持一定的函数关系，就采用以流量控制系统为副环的串级控制系统。

流量控制系统的主要扰动是压力和阻力的变化，特别是同一台泵分送几支并联管道的场合，控制阀上游压力的变动更为显著，有时必须采用适当的稳压措施。至于阻力的变化，例如管道积垢的效应等，往往是比较迟缓的。

10.1.1 泵的控制

（1）离心泵的控制

离心泵是使用最广的液体输送机械。泵的压头 H 和流量 Q 及转速 n 间的关系，称为泵的特性，大体如图 10-1 所示，亦可由下列经验公式来近似

$$H = k_1 n^2 - k_2 Q^2$$

式中，k_1 和 k_2 是比例系数。

当离心泵装在管路系统时，实际的排出量与压头是多少呢？那就需要与管路特性结合起来考虑。管路特性就是管路系统中流体的流量和管路系统阻力的相互关系，如图 10-2 所示。

图中 h_L 表示液体提升一定高度所需的压头，即升扬高度，这项是恒定的；h_p 表示克服管路两端静压差的压头，即为 $(p_2 - p_1)/\gamma$ 这项也是比较平稳的；h_f 表示克服管路摩擦损耗的压头，这项与流量的平方近乎成比例；h_V 是控制阀两端的压头，在阀门的开启度一定时，也与流量的平方值成比例。同时，h_V 还取决于阀门的开启度。设

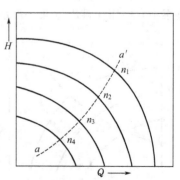

图 10-1　离心泵的特性曲线

aa'—相应于最高效率的工作点

轨迹，$n_1 > n_2 > n_3 > n_4$

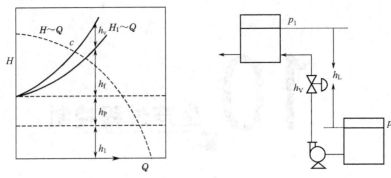

图 10-2　管路特性

$$H_L = h_L + h_P + h_f + h_V$$

则 H_L 和流量 Q 的关系称为管路特性，图 10-2 所示为一例。

当系统达到平稳状态时，泵的压头 H 必然等于 H_L，这是建立平衡的条件。从特性曲线上看，工作点 c 必然是泵的特性曲线与管路特性曲线的交点。

工作点 c 的流量应符合预定要求，它可以通过以下方案来控制。

① 改变控制阀开启度，直接节流　改变控制阀的开启度，即改变了管路阻力特性，图 10-3(a) 所示表明了工作点变动情况。图 10-3(b) 所示直接节流的控制方案是用得很广泛的。

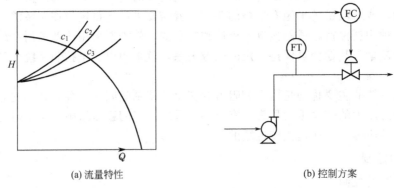

(a) 流量特性　　　　　　　　　　　　　　(b) 控制方案

图 10-3　直接节流以控制流量

这种方案的优点是简便易行，缺点是在流量小的情况下，总的机械效率较低。所以这种方案不宜使用在排出量低于正常值 30% 的场合。

② 改变泵的转速　泵的转速有了变化，就改变了特性曲线形状，图 10-4 就表明了工作点的变动情况，泵的排出量随着转速的增加而增加。

改变泵的转速以控制流量的方法有：用电动机作原动机时，采用电动调速装置；用汽轮机作原动机时，可控制导向叶片角度或蒸汽流量；采用变频调速器；也可利用在原动机与泵之间的联轴变速器，设法改变转速比。

采用这种控制方案时，在液体输送管线上不需装设控制阀，因此不存在 h_V 项的阻力损耗，相对来说机械效率较高，所以在大功率的重要泵装置中，有逐渐扩大采用的趋势。但要具体实现这种方案，都比较复杂，所需设备费用

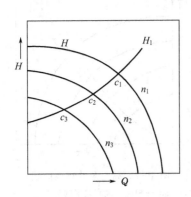

图 10-4　改变泵的转速以控制流量

亦高一些。

③ 通过旁路控制　旁路阀控制方案如图 10-5 所示，可用改变旁路阀开启度的方法，来控制实际排出量。

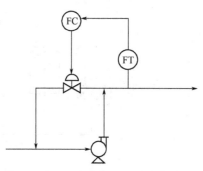

图 10-5　采用旁路以控制流量

这种方案颇简单，而且控制阀口径较小。但亦不难看出，对旁路的那部分液体来说，由泵供给的能量完全消耗于控制阀，因此总的机械效率较差。

（2）容积式泵的控制

容积式泵有两类：一类是往复泵，包括活塞式、柱塞式等；另一类是直接位移旋转式，包括椭圆齿轮泵、螺杆式等。由于这类泵的共同特点是泵的运动部件与机壳之间的空隙很小，液体不能在缝隙中流动，所以泵的排出量与管路系统无关。往复泵只取决于单位时间内的往复次数及冲程的大小，而旋转泵仅取决于转速。它们的流量特性大体如图 10-6 所示。

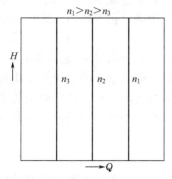

图 10-6　往复泵的特性曲线

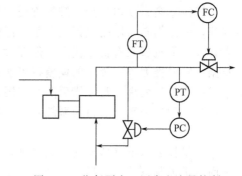

图 10-7　往复泵出口压力和流量控制

既然它们的排出量与压头 H 的关系很小，因此不能在出口管线上用节流的方法控制流量，一旦将出口阀关死，将产生泵损、机毁的危险。

往复泵的控制方案有以下几种。

① 改变原动机的转速　此法与离心泵的调转速相同。

② 改变往复泵的冲程　在多数情况下，这种控制冲程方法机构复杂，且有一定难度，只有在一些计量泵等特殊往复泵上才考虑采用。

③ 通过旁路控制　此方案与离心泵相同，是最简单易行的控制方式。

④ 利用旁路阀控制　稳定压力，再利用节流阀来控制流量（如图 10-7 所示），压力控制器可选用自立式压力控制器。这种方案由于压力和流量两个控制系统之间相互关联，动态上有交互影响，为此有必要把它们的振荡周期错开，压力控制系统应该慢一些，最好整定成非周期的调节过程。

10.1.2　压缩机的控制

压缩机是指输送压力较高的气体机械，一般产生高于 300kPa 的压力。压缩机分为往复式压缩机和离心式压缩机两大类。

往复式压缩机适用于流量小，压缩比高的场合，其常用控制方案有：汽缸余隙控制；顶开阀控制（吸入管线上的控制）；旁路回流量控制；转速控制等。这些控制方案有时是同时使用的。例如图 10-8 所示是氮压缩机汽缸余隙及旁路控制的流程图，这套控制系统允许负荷波动的范围为 60%～100%，是个分程控制系统，即当控制器输出信号在 20～60kPa 时，

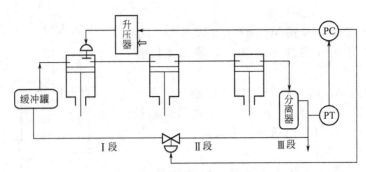

图 10-8　氮压缩机汽缸余隙及旁路阀控制流程图

余隙阀动作。当余隙阀全部打开，压力还下不来时，旁路阀动作，即输出信号在 60%～100%时，"三回一"旁路阀动作，以保持压力恒定。

　　近年来由于石油及化学工业向大型化发展，离心式压缩机急剧地向高压、高速、大容量、自动化方向发展。离心式压缩机与往复式压缩机比较有下述优点：体积小，流量大，重量轻，运行效率高，易损件少，维护方便，汽缸内无油气污染，供气均匀，运转平稳，经济性较好等，因此离心式压缩机得到了很广泛的应用。

　　离心式压缩机虽然有很多优点，但在大容量机组中，有许多技术问题必须很好地解决：例如喘振，轴向推力等，微小的偏差很可能造成严重事故，而且事故的出现又往往迅速、猛烈，单靠操作人员处理，常常措手不及。因此，为保证压缩机能够在工艺所要求的工况下安全运行，必须配备一系列的自控系统和安全联锁系统。一台大型离心式压缩机通常有下列控制系统。

　　（1）气量控制系统（即负荷控制系统）

　　常用气量控制方法有：出口节流法；改变进口导向叶片的角度，主要是改变进口气流的角度来改变流量，它比进口节流法节省能量，但要求压缩机设有导向叶片装置，这样机组在结构上就要复杂一些；改变压缩机转速的控制方法，这种方法最节能，特别是大型压缩机现在一般都采用蒸汽透平作为原动机，实现调速较为简单，应用较为广泛。除此之外，在压缩机入口管线上设置控制模板，改变阻力亦能实现气量控制，但这种方法过于灵敏，并且压缩机入口压力不能保持恒定，所以较少采用。

　　压缩机的负荷控制可以用流量控制来实现，有时也可以采用压缩机出口压力控制来实现。

　　（2）压缩机入口压力控制

　　入口压力控制方法有：采用吸入管压力控制转速来稳定入口压力；设有缓冲罐的压缩机，缓冲罐压力可以采用旁路控制；采用入口压力与出口流量的选择控制。

　　（3）防喘振控制系统

　　离心式压缩机有这样的特性：当负荷降低到一定程度时，气体的排送会出现强烈的震荡，因而机身亦剧烈振动，这种现象称为喘振。喘振会严重损坏机体，进而产生严重后果，压缩机在喘振状态下运行是不允许的，在操作中一定要防止喘振的产生。

　　（4）压缩机各段吸入温度以及分离器的液位控制

　　（5）压缩机密封油、润滑油、调速油的控制系统

　　（6）压缩机振动和轴位移检测、报警、联锁

10.1.3　变频调速器的应用

　　在工业生产装置中，不少泵出口的流量均随工况的改变而频繁波动。在控制系统中执行

器一般采用控制阀，但在工艺流程中，由于控制阀的压降（约 0.02～2.5MPa 左右）占工艺系统压降的比例较大，从而导致泵的能量在调节阀上的损失亦较大，为此变频调速器替代控制系统中控制阀逐渐增加。

变频调速器是采用正弦波 PWM 脉宽调制电路，并能接受控制器的输出信号。变频调速器具有大范围平滑无级变速特性，频率变化范围宽达 2.4～400Hz，调速精度可达 ±0.5%，变频调速器作为执行器，与工艺介质不接触，具有无腐蚀、无冲蚀的优点。因为电机的消耗功率与转速的立方成正比，所以当电机转速降低、泵的出口流量减少时，相应消耗的功率便大幅度下降，从而达到显著节电效果。

目前，在生产装置中有的采用变频调速器与控制阀并存的控制方式，一般情况下采用变频调速，异常情况下采用控制阀控制。其原因有：在变频调速控制效果不佳或出现意外时，可及时切换至控制阀控制，保证安全生产；能够利用控制阀进行流量微调；当管线要求压力一定时，可以通过控制阀实现。

虽然使用变频调速器的一次性投资较大，但由于其高效节能，例如某蒸馏装置共有 15 台机泵、总额定功率为 1061kW，调节阀平均开度按最大值 70% 计算，指标内电价每千瓦 0.37 元，全年可节约电费 130 万元，节能效果显著。一般投资回收期为 0.5～1 年左右，因此值得推广应用。

10.1.4 防喘振控制系统

离心式压缩机的特性曲线如图 10-9 所示。

由图 10-9 所示可知，只要保证压缩机吸入流量大于临界吸入流量 Q_P，系统就会工作在稳定区，不会发生喘振。

为了使进入压缩机的气体流量保持在 Q_P 以上，在生产负荷下降时，须将部分出口气从出口旁路返回到入口或将部分出口气放空，保证系统工作在稳定区。

目前工业生产上采用两种不同的防喘振控制方案：固定极限流量（或称最小流量）法与可变极限流量法。

（1）固定极限流量防喘振控制

这种防喘振控制方案是使压缩机的流量始终保持大于某一固定值即正常可以达到最高转速下的临界流量 Q_P，从而避免进入喘振区运行。显然压缩机不论运行在哪一种转速下，只要满足压缩机流量大于 Q_P 的条件，压缩机就不会产生喘振，其控制方案如图 10-10 所示。压缩机正常

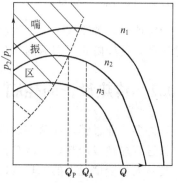

图 10-9 离心式压缩机
的特性曲线

运行时，测量值大于设定值 Q_P，则旁路阀完全关闭。如果测量值小于 Q_P，则旁路阀打开，使一部分气体返回，直到压缩机的流量达到 Q_P 为止，这样压缩机向外供气量减少了，但可以防止发生喘振。

固定极限防喘振控制系统应与一般控制中采用的旁路控制法区别开来。主要差别在于检测点位置不一样，防喘振控制回路测量的是进压缩机流量，而一般流量控制回路测量的是从管网送来或是通往管网的流量。

固定极限流量防喘振控制方案简单，系统可靠性高，投资少，适用于固定转速场合。在变转速时，如果转速低到 n_2，n_3 时，流量的裕量过大，能量浪费很大。

（2）可变极限流量防喘振控制

为了减少压缩机的能量消耗，在压缩机负荷有可能经常波动的场合，采用可变极限流量防喘振控制方案。

假如在压缩机吸入口测量流量，只要满足下式即可防止喘振产生

$$\frac{p_2}{p_1} \leqslant a + \frac{bK_1^2}{\gamma}\frac{p_{1d}}{p_1} \quad \text{或} \quad p_{1d} \geqslant \frac{\gamma}{bK_1^2}(p_2 - ap_1)$$

式中，p_1 是压缩机吸入口压力，绝对压力；p_2 是压缩机出口压力，绝对压力；p_{1d} 是入口流量 Q_1 的压差；$\gamma = \frac{M}{ZR}$ 为常数（M 为气体分子量，Z 为压缩系数，R 为气体常数）；K_1 是孔板的流量系数；a，b 为常数。

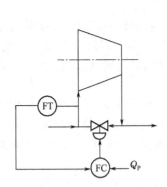

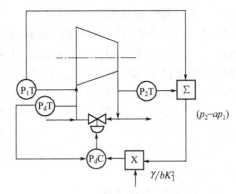

图 10-10　固定极限流量防喘振控制系统图　　　图 10-11　可变极限流量防喘振控制系统

按上式可构成如图 10-11 所示的防喘振控制系统，这是可变极限流量防喘振控制系统。该方案取 p_{1d} 作为测量值，而取 $\frac{\gamma}{bK_1^2}(p_2 - ap_1)$ 为设定值，是一个随动控制系统。当 p_{1d} 大于设定值时，旁路阀关闭；当小于设定值时，将旁路阀打开一部分，保证压缩机始终工作在稳定区，这样防止了喘振的产生。

10.2　传热设备的控制

许多工业过程，如蒸馏、蒸发、干燥结晶和化学反应等均需要根据具体的工艺要求，对物料进行加热或冷却，即冷热流体进行热量交换。冷热流体进行热量交换的形式有两大类：一类是无相变情况下的加热或冷却；另一类是在相变情况下的加热或冷却（即蒸汽冷凝给热或液体汽化吸热）。热量传递的方式有热传导、对流和热辐射三种，而实际的传热过程很少是以一种方式单纯进行的，往往由两种或三种方式综合而成。

10.2.1　传热设备的静态数学模型

对一个已有的设备，研究静态特性的意义是为了搞好生产控制，具体来说，有以下三个作用。

① 作为扰动分析、操纵变量选择及控制方案确定的基础。

② 求取放大倍数，作为系统分析及调节器参数整定的参考。

③ 分析在各种条件下的放大系数 K_0 与操纵变量（调节介质）流量的关系，作为调节阀选型的依据。

传热过程工艺计算的两个基本方程式是热量衡算式与传热速率方程式，它们是构成传热设备的静态特性的两个基本方程式。

热量的传递方向总是由高温物体传向低温物体，两物体之间的温差是传热的推动力，温差越大，传热速率亦越大。传热速率方程式是

$$q = UA_m \Delta\theta_m$$

式中，q 为传热速率，J/h；U 为传热总系数，J/(m²·℃·h)；A_m 为平均传热面积，m²；$\Delta\theta_m$ 为平均温度差，℃（是换热器各个截面冷、热两流体温度差的平均值）。U 是衡量热交换设备传热性能好坏的一个重要指标，U 值越大，设备传热性能越好。U 的数值取决于三个串联热阻（即管壁两侧对流给热的热阻以及管壁自身的热传导热阻）。这三个串联热阻中以管壁两侧对流给热系数 h 为影响 U 的最主要因素，因此，凡能影响 h 的因素均能影响 U 值。

在各种不同情况下 $\Delta\theta_m$ 的计算方法是不同的，需要时可参考有关资料。

10.2.2 一般传热设备的控制

一般传热设备在这里是指以对流传热为主的传热设备，常见的有换热器、蒸汽加热器、氨冷器、再沸器等间壁式传热设备，在此就它们控制中的一些共性作一些介绍。一般传热设备的被控变量在大多数情况下是工艺介质的出口温度，至于操纵变量的选择，通常是载热体流量。然而在控制手段上有多种形式，从传热过程的基本方程式知道，为保证出口温度平稳，满足工艺要求，必须对传热量进行控制，要控制传热量有以下几条途径。

（1）控制载热体流量

改变载热体流量的大小，将引起传热系统 U 和平均温差 $\Delta\theta_m$ 的变化。对于载热体在传热过程中不起相变化的情况下，如不考虑 U 的变化，从前述热量平衡关系式和传热速率关系式来看，当传热面积足够大时，热量平衡关系式可以反映静态特性的主要方面。改变载热体流量，能有效地改变传热平均温差 $\Delta\theta_m$，亦即改变传热量，因此控制作用能满足要求。而当传热面积受到限制时，要将热量平衡关系式和传热速率关系式结合起来考虑。

对于载热体有相变时情况要复杂得多，例如对于氨冷器，液氨汽化吸热。传热面积有裕量时，进入多少液氨，汽化多少，即进氨量越多，带走热量越多。不然的话，液氨的液位要升高起来，如果仍然不能平衡，液氨液位越来越高，会淹没蒸发空间，甚至使液氨进至出口管道损坏压缩机。所以采用这种方案时，应设有液位指示、报警或联锁装置，确保安全生产。还可以采用图 10-12 所示出口温度与液位的串级控制系统，其实该系统是改变传热面积的方案，应用这种方案时，可以限制液位的上限，保证有足够的蒸发空间。

图 10-13 是控制载热体流量方案之一，这种方案最简单，适用于载热体上游压力比较平稳及生产负荷变化不大的场合。如果载热体上游压力不平稳，则采取稳压

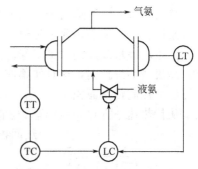

图 10-12　氨冷器出口温度与液位的串级控制系统

措施使其稳定，或采用温度与流量（或压力）的串级控制系统，如图 10-14 所示。

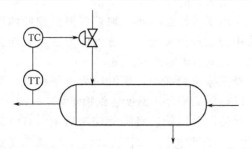

图 10-13　调载热体流量单回路控制方案

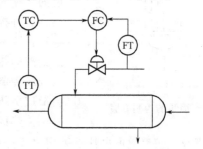

图 10-14　调载热体流量串级控制方案

（2）控制载热体的汽化温度

控制载热体的汽化温度亦即改变了传热平均温差 $\Delta\theta_m$，同样可以达到控制传热量的目

的。图 10-15 所示氨冷器出口温度控制就是这类方案的一例。控制阀安装于气氨出口管道上，当阀门开度变化时，气氨的压力将起变化，相应的汽化温度也发生变化，这样亦就改变了传热平均温差，从而控制了传热量。但光这样还不行，还要设置一液位控制系统来维持液位，从而保证有足够的蒸发空间。这类方案的动态特点是滞后小，反应迅速，有效，应用亦较广泛。但必须用两套控制系统，所需仪表较多；在控制阀两端气氨有压力损失，增大压缩机的功率；另外，要行之有效，液氨需有较高压力，设备必须耐压。

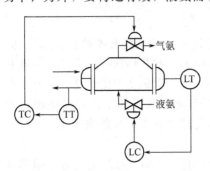

图 10-15　氨冷器控制载热体汽化温度的方案

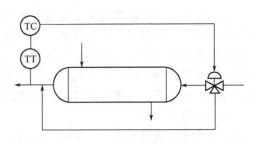

图 10-16　将工艺介质分路的控制方案

（3）将工艺介质分路

可以想到，要使工艺介质加热到一定温度，也可以采用同一介质冷热直接混合的办法。将工艺介质一部分进入换热器，其余部分旁路通过，然后两者混合起来，是很有效的控制手段，图 10-16 所示是采用三通控制阀的流程。

然而本方案亦不适用于工艺介质流量 G_1 较大的情况，因为此时静态放大系数亦较小。该方案还有一个缺点是要求传热面积有较大裕量，而且载热体一直处于最大流量下工作，这在专门采用冷剂或热剂时是不经济的，然而对于某些热量回收系统，载热体亦是某种工艺介质，总流量不好控制，这时便不成为缺点了。

（4）控制传热面积

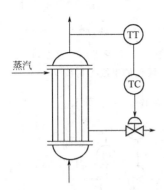

图 10-17　控制传热面积的控制方案

从传热速率方程 $q=UA_m\Delta\theta_m$ 来看，使传热系数和传热平均温差基本保持不变，控制传热面积 A_m 可以改变传热量，从而达到控制出口温度的目的。图 10-17 所示是这种控制方案的一例，其控制阀装在冷凝液的排出管线上。控制阀开度的变化，使冷凝液的排出量发生变化，而在冷凝液液位以下都是冷凝液，它在传热过程中不起相变化，其给热系数远小于液位上部气相冷凝给热，所以冷凝液位的变化实质上等于传热面积的变化。

这种控制方案主要用于传热量较小，被控制温度较低的场合；在这种场合若采用控制载热体量——蒸汽的方法，可能会使凝液的排出发生困难，从而影响控制质量。

将控制阀装在冷凝液排出管线上，蒸汽压力有了保证，不会形成负压，这样可以控制工艺介质温度达到稳定。

传热面积改变过程的滞后影响，将降低控制质量，有时需设法克服。较有效的办法是采用串级控制方案，将这一环节包括于副回路内，以改善广义对象的特性。例如温度对凝液的液位串级，见图 10-18（a）；或者温度对蒸汽流量串级，而将控制阀仍装在凝液管路上，见图 10-18（b）。

因为传热设备是分布参数系统，近似地说，是具有时滞的多容过程，所以在检测元件的

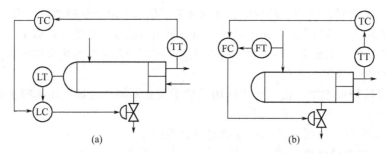

图 10-18 控制阀装在凝液管线上的两种串级控制方案

安装上需加注意，应使测量滞后减到最低程度。正因为过程具有这样的特性，在控制器选型上，适当引入微分作用是有益的，在有些时候是必要的。

10.2.3 管式加热炉的控制

在生产过程中有各式各样的加热炉，在炼油化工生产中常见的加热炉是管式加热炉。对于加热炉，工艺介质受热升温或同时进行汽化，其温度的高低会直接影响后一工序的操作工况和产品质量，同时当炉子温度过高时会使物料在加热炉内分解，甚至造成结焦，而烧坏炉管。加热炉的平稳操作可以延长炉管使用寿命，因此加热炉出口温度必须严加控制。

加热炉的对象特性一般从定性分析和实验测试获得。从定性角度出发，可看出其热量的传递过程是：炉膛炽热火焰辐射给炉管，经热传导，对流穿热给工艺介质。所以与一般传热对象一样，具有较大的时间常数和纯滞后时间。特别是炉膛，它具有较大的热容量，故滞后更为显著，因此加热炉属于一种多容量的对象。

（1）加热炉的简单控制

加热炉的最主要控制指标是工艺介质的出口温度。对于不少加热炉来说，温度控制指标要求相当严格，例如允许波动范围为±(1%～2%)。影响炉出口温度的干扰因素有：工艺介质进料的流量、温度、组分，燃料方面有燃料油（或气）的压力、成分（或热值），燃料油的雾化情况，空气过量情况，燃料嘴的阻力，烟囱抽力等。在这些干扰因素中有的是可控的，有的是不可控的。为了保证炉出口温度稳定，对干扰因素应采取必要的措施。

图 10-19 所示是加热炉控制系统示意图，其主要控制系统是以炉出口温度为被控变量，燃料油（或气）流量为操纵变量组成的简单控制系统。其他辅助控制系统如下。

① 进入加热炉工艺介质的流量控制系统，如图中 FC 控制系统。

② 燃料油（或气）总压调节，总压一般调回油量，如图中 P_1C 控制系统。

③ 采用燃料油时，还需加入雾化蒸汽（或空气），为此设有雾化蒸汽压力系统，如图中 P_2C 控制系统，以保证燃料油的良好雾化。

采用雾化蒸汽压力控制系统后，在燃料油阀变动不大的情况下是可以满足雾化要求的。目前炼厂中大多数是采用这种方案的。

采用简单控制系统往往很难满足工艺要求，因为加热炉需要将工艺介质（物料）从几十度升温到数百度，其热负荷较大。当燃料油（或气）的压力或

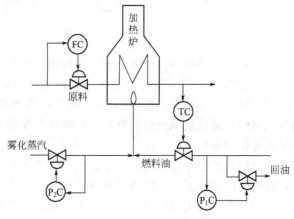

图 10-19 加热炉温度控制系统示意图

热值（组分）有波动时，就会引起炉口温度的显著变化。采用简单控制时，当热变量改变后，由于传递滞后和测量滞后较大，作用不及时，而使炉出口温度波动较大，满足不了工艺生产的要求。为了改善品质，满足生产的需要，石油化工、炼厂中加热炉大多采用串级控制系统。

（2）加热炉的串级控制系统

加热炉的串级控制方案，由于干扰作用及炉子型式不同，可以选用不同被控变量组成不同的串级控制系统，主要有以下方案。

① 炉出口温度对燃料油（或气）流量的串级控制。

② 炉出口温度对燃料油（或气）阀后压力的串级控制。

③ 炉出口温度对炉膛温度的串级控制。

④ 采用压力平衡式调节阀（浮动阀）的控制方案。

如果主要干扰在燃料的流动状态方面，例如阀前压力的变化，炉出口温度对燃料油流量的串级控制似乎是一种很理想的方案。但是燃料流量的测量比较困难，而压力测量比较方便，所以炉出口温度对燃料油（或气）阀后压力的串级控制系统应用很广泛。值得指出的是，如果燃烧嘴部分阻塞也会使阀后压力升高，此时副控制器的动作将使控制阀关小，这是不合适的，运行中必须防止这种现象的发生。

当主要干扰是燃料油热值变化时，上述两种串级控制的副回路无法感受，此时采用炉出口温度对炉膛温度串级控制的方案更好些。但是，选择具有代表性、反应较快的炉膛温度检测点较困难，测温元件及其保护套管必须耐高温。

10.3 锅炉设备的控制

由于锅炉设备所使用的燃料种类、燃烧设备、炉体形式、锅炉功能和运行要求的不同，锅炉有各种各样的流程。常见的锅炉设备主要工艺流程如图 10-20 所示。

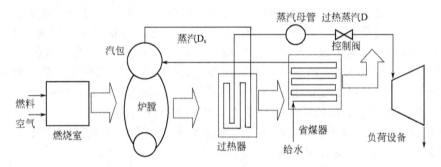

图 10-20 锅炉设备主要工艺流程图

由图可知，燃料和热空气按一定比例进入燃烧室燃烧，产生的热量传给蒸汽发生系统，产生饱和蒸汽 D_s，然后经过热器，形成一定汽温的过热蒸汽 D，汇集至蒸汽母管。压力为 p_M 的过热蒸汽，经负荷设备控制阀供给生产负荷设备使用。与此同时，燃烧过程中产生的烟气，将饱和蒸汽变成过热蒸汽后，经省煤器预热锅炉给水和空气预热器预热空气，最后经引风机送往烟囱排入大气。

锅炉设备的控制任务主要是根据生产负荷的需要，供应一定规格（压力、温度等）的蒸汽，同时使锅炉在安全，经济的条件下运行。

锅炉设备控制主要控制系统有：①给水自动控制系统（即锅炉汽包水位的控制）；②锅炉燃烧的自动控制；③过热蒸汽系统的自动控制。

10.3.1 锅炉汽包水位的控制

汽包水位是锅炉运行的主要指标，是一个非常重要的被控变量，维持水位在一定的范围内是保证锅炉安全运行的首要条件，这是因为：①水位过高会影响汽包内汽水分离，饱和水蒸气带水过多，会使过热器管壁结垢导致损坏，同时过热蒸汽温度急剧下降。该过热蒸汽作为汽轮机动力的话，将会损坏汽轮机叶片，影响运行的安全与经济性。②水位过低，则由于汽包内的水量较少，而负荷很大时，水的汽化速度加快，因而汽包内的水量变化速度很快，如不及时控制就会使汽包内的水全部汽化，导致水冷壁烧坏，甚至引起爆炸。因此，锅炉汽包水位必须严加控制。

（1）汽包水位的动态特性

汽包水位不仅受汽包（包括循环水管）中储水量的影响，亦受水位下气泡容积的影响。而水位下气泡容积与锅炉的负荷、蒸汽压力、炉膛热负荷等有关。因此，影响水位变化的因素很多，其中主要是锅炉蒸发量（蒸汽流量 D）和给水流量 W。下面着重讨论在给水流量作用下和蒸汽流量扰动下的水位过程的动态特性。

① 汽包水位在给水流量作用下的动态特性　图 10-21 所示是给水流量作用下，水位的阶跃响应曲线。把汽包和给水看作单容量无自衡过程，水位阶跃响应曲线如图 10-21 中 H_1 线。

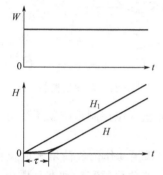

图 10-21　给水流量阶跃下锅炉
汽包水位的响应曲线

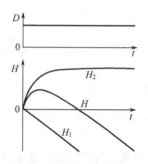

图 10-22　蒸汽流量阶跃下锅炉
汽包水位的响应曲线

但是由于给水温度比汽包内饱和水的温度低，所以给水流量增加后，从原有饱和水中吸取部分热量，这使得水位下气泡容积有所减少。当水位下气泡容积的变化过程逐渐平衡时，水位变化就完全反映了由于汽包中储水量的增加而逐渐上升。最后当水位下气泡容积不再变化时，水位变化就完全反映了由于储水量的增加而直线上升。因此，实际水位曲线如图 10-21中 H 线，即当给水量作阶跃变化后，汽包水位一开始不立即增加，而要呈现出一段起始惯性段，它近似于一个积分环节和时滞环节的串联。

给水温度低，时滞 τ 亦越大。对于非沸腾式省煤器的锅炉，$\tau=30\sim100s$，对于沸腾式省煤器的锅炉，$\tau=100\sim200s$。

② 汽包水位在蒸汽流量扰动下的动态特性　在蒸汽流量 D 扰动作用下，水位的阶跃响应曲线如图 10-22 所示。当蒸汽流量 D 突然增加时，从锅炉的物料平衡关系来看，蒸汽量 D 大于给水量 W，水位应下降，如图 10-22 中曲线 H_1。但实际情况并非这样，由于蒸汽用量的增加，瞬时间必然导致汽包压力的下降。汽包内的水沸腾突然加剧，水中气泡迅速增加，由于气泡容积增加而使水位变化的曲线如图 10-22 中 H_2 所示。而实际显示的水位响应曲线 H 为 H_1+H_2。从图上可以看出，当蒸汽负荷增加时，虽然锅炉的给水量小于蒸发量，

但在一开始时，水位不仅不下降反而迅速上升，然后再下降（反之，蒸汽流量突然减少时，则水位先下降，然后上升），这种现象称为"虚假水位"。应该指出：当负荷变化时，水位下气泡容积变化而引起水位的变化速度是很快的，图中 H_2 的时间常数只有 10～20s。

"虚假水位"变化的幅度与锅炉的工作压力和蒸发量有关。例如，一般 100～200t/h 的中高压锅炉，当负荷变化10％时，"虚假水位"可达30～40mm。"虚假水位"现象属于反向特性，这给控制带来一定困难，在设计控制方案时，必须加以注意。

（2）单冲量水位控制系统

图 10-23 所示是一单冲量水位控制系统。这里的冲量一词指的是变量，单冲量即汽包水位。这种控制系统结构简单，是典型的单回路定值控制系统，在汽包内水的停留时间较长，负荷又比较稳定的场合，这样的控制系统再配上一些联锁报警装置，也可以保证安全操作。

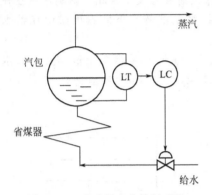

图 10-23　单冲量水位控制系统

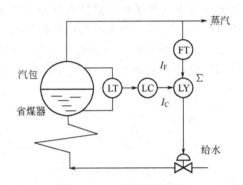

图 10-24　双冲量控制系统

然而，在停留时间较短，负荷变化较大时，采用单冲量水位控制系统就不能适用。原因如下。

① 负荷变化时产生的"虚假水位"，将使控制器反向错误动作，负荷增大时反而关小给水控制阀，一到闪急汽化平息下来，将使水位严重下降，波动很厉害，动态品质很差。

② 从负荷变化到水位下降要有一个过程，再由水位变化到阀动作已滞后一段时间。如果水位过程时间常数很小，偏差必然相当显著。

③ 给水系统出现扰动时，动作作用缓慢。假定给水泵的压力发生变化，进水流量立即变化，然而到水位发生偏差而使控制阀动作，同样不够及时。

为了克服上述这些矛盾，可以不仅依据水位，同时也参考蒸汽流量和给水流量的变化，来控制给水控制阀，能收到很好的效果，则就构成了双冲量或三冲量控制系统。

（3）双冲量控制系统

在汽包的水位控制中，最主要的扰动是负荷的变化。那么引入蒸汽流量来校正，不仅可以补偿"虚假水位"所引起的误动作，而且使给水控制阀的动作及时，这就构成了双冲量控制系统，如图 10-24 所示。

从本质上看，双冲量控制系统是一个前馈（蒸汽流量）加单回路反馈控制系统的复合控制系统。

图 11-24 所示连接方式中，加法器的输出 I 是

$$I = C_1 I_C \pm C_2 I_F \pm I_0$$

式中，I_C 为水位控制器的输出；I_F 为蒸汽流量变送器（一般经开方器）的输出；I_0 为初始偏置值；C_1，C_2 为加法的系数。

双冲量控制系统对于给水系统的扰动不能直接补偿。为此将给水流量信号引入，构成三冲量控制系统。

（4）三冲量控制系统

① 三冲量控制方案之一　图 10-25 所示是三冲量控制方案之一。该方案实质上是前馈（蒸汽流量）加反馈控制系统。这种三冲量控制方案结构简单，只需要一台多通道控制器，整个系统亦可看作三冲量的综合信号为被控变量的单回路控制系统，所以投运和整定与单回路一样；但是如果系统设置不能确保物料平衡，当负荷变化时，水位将有余差。

系数 α_D 和 α_W 起什么作用呢？

第一是用来保证物料平衡即在 $\Delta W = a\Delta D$ 的条件下，多道控制器蒸汽流量信号 $\alpha_D\Delta I_F$ 与给水流量信号 $\alpha_W\Delta I_C$ 应相等。

图 10-25　三冲量控制方案之一

第二是用来确定前馈作用的强弱，因为上式仅知道 α_W 和 α_D 的比值，其大小依据过程特性确定，其大小反映了前馈作用的强弱。α_D 越大其前馈作用越强，则扰动出现时，控制阀开度的变化亦越大。

② 三冲量控制方案之二　三冲量控制方案之二如图 10-26 所示，该方案与方案之一相类似，仅是加法器位置从控制器前移至控制器后。该方案相当于前馈－串联控制系统，而副回路的控制器比例度为 100％。该方案不管系数 α_D 和 α_W 如何设置，当负荷变化时，液位可以保持无差。

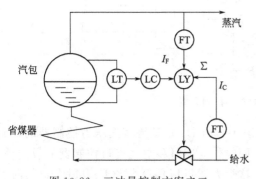

图 10-26　三冲量控制方案之二

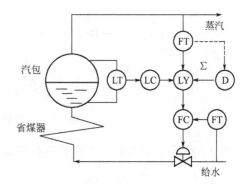

图 10-27　三冲量控制方案之三

③ 三冲量控制方案之三　图 10-27 所示是三冲量控制方案之三。这是一种比较新型的接法，可以清楚地看出，这是前馈（蒸汽流量）与串级控制组成的复合控制系统。

在汽包停留时间较短，"虚假水位"严重时，需引入蒸汽流量信号的微分作用，如图 10-27 中虚线所示。这种微分作用应是负微分作用，起一个动态前馈补偿作用，以避免由于负荷突然增加或减少时，水位偏离设定值过高或过低而造成锅炉停车。

10.3.2　锅炉燃烧系统的控制

锅炉燃烧系统的自动控制与燃料种类，燃烧设备以及锅炉形式等有密切关系。本节重点讨论燃油锅炉的燃烧系统控制方案。

（1）燃烧过程自动控制任务

燃烧过程自动控制的任务相当多。第一是要使锅炉出口蒸汽压力稳定。因此，当负荷扰动而使蒸汽压力变化时，通过控制燃料量（或送风量）使之稳定。第二是保证燃烧过程的经济性。在蒸汽压力恒定的条件下，要使燃料量消耗最少，且燃烧尽量完全，使热效率最高，为此燃料量与空气量（送风量）应保持在一个合适的比例。第三保持炉膛负压恒定。通常用控制引风量使炉膛负压保持在微负压（20～80Pa），如果炉膛负压太小甚至为正，则炉膛内热烟气甚至火焰将向外冒出，影响设备和操作人员的安全。反之，炉膛负压太大，会使大量冷空气漏进炉内，从而使热量损失增加，降低燃烧效率。

与此同时，还须加强安全措施。例如，烧嘴背压太高时，可能燃料流速过高而脱火；烧嘴背压过低时又可能回火，这些都应设法防止。

（2）蒸汽压力控制和燃料与空气比值控制系统

蒸汽压力的主要扰动是蒸汽负荷的变化与燃料量的波动。当蒸汽负荷及燃料波动较小时，可以采用蒸汽压力来控制燃烧量的单回路控制系统。而当燃料量波动较大时，可以采用蒸汽压力对燃料流量的串级控制系统。

燃料流量是随蒸汽负荷而变化的，所以作为主流量，与空气流量组成单闭环比值控制系统，以使燃料与空气保持一定比例，获得良好燃烧。

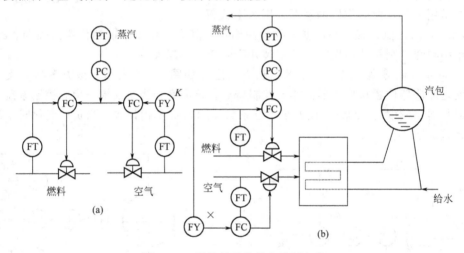

图 10-28　燃烧过程的基本控制方案

图 10-28 所示是燃烧过程的基本控制方案。图 10-28(a) 方案是蒸汽压力控制器的输出同时作为燃料和空气流量控制器的设定值。这个方案可以保持蒸汽压力恒定，同时燃料量和空气量的比例是通过燃料控制器和送风控制器的正确动作而得到间接保证的。图 10-28(b) 方案是蒸汽压力对燃料流量的串级控制，而送风量随燃料量变化而变化的比值控制，这样可以确保燃料量与送风量的比例。但是这个方案在负荷发生变化时，送风量的变化必然落后于燃料的变化。为此可设计为图 10-29 所示的燃烧过程改进控制方案。

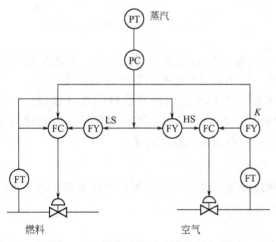

图 10-29　燃烧过程的改进控制方案

该方案在负荷减少时，先减燃料量，后减空气量；而负荷增加时，在增加燃料量之前，先加大空气量。以使燃烧完全。

（3）炉膛负压控制与有关安全保护系统

炉膛负压一般通过控制引风量来保持在一定范围内。但对锅炉负荷变化较大时，采用单回路控制系统就比较难于保持。因为负荷变化后，燃料及送风控制器控制燃料量和送风量与负荷变化相适应。由于送风量变化时，引风量只有在炉膛负压产生偏差时，才由引风控制器去控制，这样引风量的变化落后于送风量，必然造成炉膛负压的较大波动。为此，可设计成图 10-30 所示的炉膛负压前馈-反馈控制系统。图 10-30（a）中送风控制器输出作为前馈信号，而图 10-30（b）中用蒸汽压力变送器输出作为前馈信号。这样可使引风控制器随着送风量协调动作，使炉膛负压保持恒定。

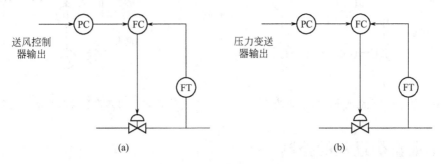

图 10-30　炉膛负压前馈-反馈控制系统

在此以图 10-31 所示的锅炉燃烧控制系统为例，来说明燃烧过程中的有关安全保护系统。如果燃料控制阀阀后压力过高，可能会使燃料流速过高，而造成脱火危险，此时由过压控制器 P_2C 通过低选器 LS 来控制燃料控制阀，以防止脱火的产生；如果燃料控制阀阀后压力过低，可能有回火的危险，由 PSA 系统带动联锁装置，将燃料控制阀上游阀切断，以防止回火。图中 P_1C 是蒸汽压力控制系统，依据蒸汽压力来控制燃料量。图中还有一炉膛负压的前馈-反馈控制系统。

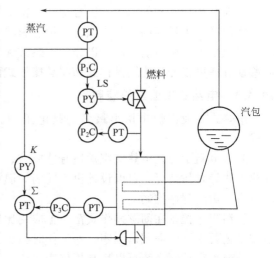

10.3.3　蒸汽过热系统的控制

蒸汽过热系统包括一级过热器、减温器、二级过热器。蒸汽过热系统自动控制的任务是使过热器出口温度维持在允许范围内，并且保护过热器使管壁温度不超过允许的工作温度。

图 10-31　锅炉燃烧控制系统

影响过热气温的扰动因素很多，例如蒸汽流量、燃烧工况、引入过热器蒸汽的热焓（即减温水量）、流经过热器的烟气温度和流速等的变化都会影响过热汽温。在各种扰动下，汽温控制过程动态特性都有时滞和惯性，且较大，这给控制带来一定困难，所以要选择好操纵变量和合理控制方案，以满足工艺要求。

目前广泛选用减温水流量作为控制汽温的手段，但是该通道的时滞和时间常数还太大。如果以汽温作为被控变量，控制减温水流量组成单回路控制系统往往不能满足生产上的要求。因此，设计成图 10-32 所示串级控制系统。这是以减温器出口温度为副被控变量的串级控制系统，对于提前克服扰动因素是有利的，这样可以减少过热汽温的动态偏差，以满足工艺要求。

过热汽温的另一种控制方案是双冲量控制系统，如图 10-33 所示，这种控制方案实际上是串级控制的变形。

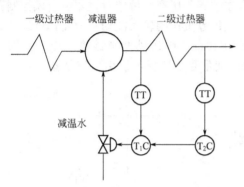

图 10-32　过热汽温度串级控制系统

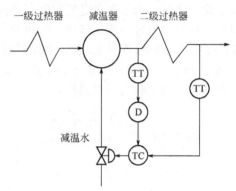

图 10-33　过热汽温度双冲量控制系统

10.4　工业窑炉过程的控制

工业窑炉过程控制包括窑炉内温度（炉温）控制、窑炉内气体压力（窑压）控制等。炉温是决定制品烧成、熔制或退火等质量的主要参数，也是与窑炉的使用寿命、生产的安全性和经济性有密切关系的因素。正常生产对窑炉温度控制的要求，是以保证工艺设定的整个窑内温度的稳定为目标的。窑内压力对炉温影响很大，生产上要求保持窑内压力相对稳定。

工业窑炉按照热能来源可以分为电热式和燃烧式两大类，按照炉膛结构形式和制品在炉内移动方式可以分为连续操作式和间歇操作式两大类。各类窑炉都有其特定的控制要求。

10.4.1　电热式工业窑炉控制

电热式工业窑炉中用得最多的是电阻炉。电阻炉的炉温控制有连续和断续两种控制方式。

除了电阻炉外，电热式窑炉还有感应炉、电弧炉等。根据电路的种类、电热元件特性、加热方式等具体情况，可以设计出不同的炉温控制方案，以获取不同的控制效果。

（1）炉温程序控制

炉温程序控制在间歇操作式窑炉上应用比较多。窑炉启动后，温度的升、降、保持，可以按工艺要求预先编制出程序，即工作时间-温度曲线，如图 10-34 所示。

炉温程序控制系统可以用常规仪表构成，将温度控制器的设定开关置于"外设定"，且外设定信号由专门的程序信号设定仪提供；也可以用可编程序控制器通过编写软件程序来达到炉温程序控制目的。

（2）炉温位式控制

在电阻炉位式控制系统中，常用接触器或可控硅交流开关作为执行器。电热元件可按自身特性和窑炉结构及工艺要求分为单组或多组。单组电热元件直接与电源通、断控制炉温；多组电热元件的电炉可用其中部分

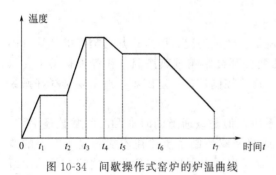

图 10-34　间歇操作式窑炉的炉温曲线

电热元件与电源通、断的控制方式控制炉温，也可用与电源串联、并联等不同组合方式，变换加热电功率的控制方式来控制炉温。

炉温位式控制有二位式或三位式控制，采用位式控制器。还有一种时间比例控制，它采用连续式的控制器，选择比例控制规律，使炉温控制与电炉温度时间成比例关系。当炉温低于设定值且处于比例作用范围内时，交流接触器主触点在一个周期中闭合（或开启）的时间与温度偏差成比例，电炉升温（或保温）；炉温高于设定值且超出比例作用范围时，主触点断开，电炉降温。这样，电炉在保温期间的平均输入功率与温度偏差成比例，从而提高了炉温位式控制质量。

（3）炉温的 PID 控制

炉温的位式控制虽然简单，但控制精度不高。目前大量采用连续 PID 控制器和可控硅功率调整器对电炉供电，一般电压在 0～380V（或 0～220V）范围内连续可调，实现炉温的 PID 控制，这样能明显提高控制质量。采用 PID 控制时一般控制精度可达 0.5%，而位式控制精度仅为百分之几。

（4）炉温的分区控制

连续性生产是窑车式、推板式和辊道式窑炉的主要操作特征。炉温变化与窑炉工作区域有关。工作区域一般划分为预热带、加热带和冷却带。随着窑炉的大型化、窑长和窑炉容积的增大，电加热元件个数增多，需要较多的热电偶分别测量窑炉工作区域各部位的温度，并采取分区加热（或冷却）、分区温度定值控制的方法，来满足生产工艺要求。

在炉温分区控制时，由于窑炉内热流与物流难以分割，必定使各个电加热区温度相互影响，特别是相邻两个控制点之间耦合关联严重，因此需要设置解耦环节，组成解耦控制系统，以消除关联影响。

（5）玻璃直接电热式加热装置的温度控制

在玻璃电熔窑投入生产时，可以通过燃烧器供热使玻璃熔融，然后在电熔窑内安置的若干对电极上通入电流，并用玻璃通电后发出的热量来维持和进一步提高熔融玻璃的温度。

玻璃电熔窑的温度测量比较特殊。由于电熔窑的热量发自玻璃液内部，其表面覆盖有几厘米厚的尚未熔化的配合料，使得窑炉空间温度大大低于玻璃液温度，所以炉温检测点不能选在炉膛空间，而必须选在玻璃液内部。通常将特制的带有铂保护套管的热电偶插入玻璃熔融液中测量玻璃液温度。

玻璃电熔窑的温度控制一般直接根据热电偶的测温信号，采用温度定值控制。另外，还可以根据玻璃电阻率与温度关系，采用以检测电流和稳定电流的手段来达到间接控制温度的控制方案。

10.4.2 燃烧式工业窑炉控制

燃烧式窑炉包括炉温控制和最佳燃烧工况的控制（空/燃比控制；空/燃比闭环修正；窑压控制；燃油压力、温度、雾化气和助燃空气压力、温度等辅助参数控制）。下面介绍回转窑和隧道窑控制系统。

（1）回转窑控制系统

① 入回转窑煤气总热量控制系统　入回转窑煤气总热量控制，就是对混合煤气的流量进行温度、密度和热值修正后的流量定值控制。回转窑的燃料为焦炉和转炉煤气的混合煤气，两种煤气是在能源中心（混合站）按一定比例（焦炉煤气的混合比为 74%～100%，转炉煤气的混合比为 26%～0%）混合的。但由于各种原因从能源中心送来的混合煤气热值并不是恒定不变的。为了稳定入窑的总热量，控制产品的烧成质量，采用根据混合煤气密度与热值变化，控制入窑总热量。

在图 10-35 所示的煤气总热量控制系统中，运算器装有微处理器，输入运算器的焦炉和转炉煤气流量信号都是来自能源中心，是从混合前的焦炉和转炉煤气流量检测系统取来的流量信号。

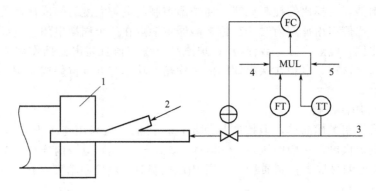

图 10-35 入回转窑煤气总热量控制系统

1—回转窑；2——次空气；3—混合煤气；4—由能源中心来的混合前焦炉
煤气流量信号；5—由能源中心来的混合前转炉煤气流量信号

② 入回转窑的空气与煤气流量配比控制系统 入回转窑参与煤气流量配比的空气量，是指二次空气，并非进入烧嘴的一次空气。根据煤气成分可以计算出单位体积燃料所需的理论空气量。采用焦炉煤气加热时，$1m^3$ 焦炉煤气需 $4.6m^3$ 空气量才能完成燃烧。空气与煤气量配比控制，可以使过剩空气系数稳定、合理，煤气充分燃烧。

在焦炉煤气压力波动较大时，应首先稳定煤气压力，设一套煤气稳压控制系统，以消除压力波动的干扰。

本控制系统适用于以焦炉煤气为燃料的回转窑，控制系统图见图 10-36。

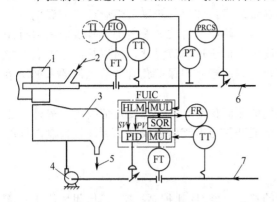

图 10-36 入回转窑的空气和煤气流量配比控制系统

1—回转窑；2——次空气；3—冷却机；4—风机；
5—出料；6—焦炉煤气；7—二次空气

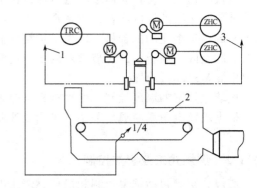

图 10-37 回转窑预热机下部气体
温度控制系统

1—至气体冷却器；2—冷却机；3—至湿式集尘器

③ 回转窑预热机下部气体温度控制系统 从窑头来的约 800℃ 燃烧烟气，透过预热上的料层后，从炉篦子下部经除尘器等到设备后由烟囱排出。当炉篦子上布料层不均或窑内烟气温度过高时，都会使炉篦子下部烟气温度过高，导致炉篦子被烧坏，甚至烧坏除尘器内的布袋。所以设置了预热机下部气体温度的控制系统。

为了更加可靠，炉篦子下部选取四个测温点，用 4 支热电偶。其中任一点温度超过规定值就进行报警，同时按预定的角度自动打开旁通阀，直到温度恢复正常时才自动关闭旁通阀。回转窑预热机下部气体温度控制系统见图10-37。

（2）隧道窑控制系统

隧道窑按烧成过程分为预热、烧成和冷却三个带。装制品的窑车从预热带进入，对制品进一步干燥和预热，随着窑车前进方向逐步升温。烧成带有的窑分为升温、保温和降温三个区段，也有的窑分为高温和低温两个区段。烧嘴都设在烧成带两侧，烧成带温度就是制品需要的烧成温度。制品进入冷却带后逐步降温，放出的热量被冷却风带出。

窑内压力是稳定隧道窑操作和稳定烧成温度的先决条件，所以对窑内压力的控制很有必要，一般是控制烧成带前、后两点窑压稳定。一点取靠近烧成带的预热带零压车位压力，控制窑的排烟量，另一点取靠近烧成带的冷却带正压车位压力，控制进窑冷风量。

但是，窑压的稳定并不能完全消除烧成带温度干扰因素，所以不需要在烧成带选取一定数量的温度控制点。具体点数可根据不同类型窑来确定，如烧成带分三个区最好在每个区设一点。控制手段是根据窑内温度控制进入烧嘴的燃料量。

图10-38所示的隧道窑控制系统，表示以油为燃料，将烧成带分成三个区控制的高温隧道窑。选择窑同一侧25号、28号为30号车位三个测温点，分别作为在三个区的被控变量，控制三个区的烧嘴进油量。

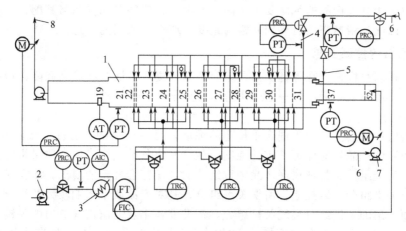

图10-38　隧道窑控制系统图

1—隧道窑；2—油泵；3—油加热器；4—雾化空气；5—喷射空气；6—空气；7—风机；8—至烟囱

窑内压力控制，一是取21号车位压力控制排烟量，另一点取37号车位压力控制进窑冷却空气量。

燃料油、空气总管及雾化空气分别设有压力控制系统。为了尽量保证入窑油量与空气量的合理比例，在19号车位装有氧化锆氧量分析仪，根据废气中氧含量来校正油、空气量的比例。

10.5　精馏塔的控制

精馏是化工、石油化工、炼油生产中应用极为广泛的传质传热过程，其目的是将混合物中各组分分离，达到规定的纯度。例如，石油化工生产中的中间产品裂解气，需要通过精馏操作进一步分离成纯度要求很高的乙烯、丙烯、丁二烯及芳烃等化工原料。精馏过程的实质，就是利用混合物中各组分具有不同的挥发度，即在同一温度下各组分的蒸汽压不同这一性质，使液相中的轻组分转移到汽相中，而汽相中的重组分转移到液相中，从而实现分离的

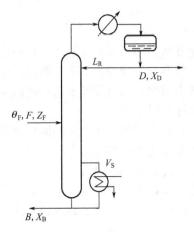

图 10-39　精馏塔的物料流程图

目的。

一般精馏装置由精馏塔塔身、冷凝器、回流罐以及再沸器等设备组成，如图 10-39 精馏塔的物料流程图中所示。

精馏塔从结构上分，有板式塔和填料塔两大类。而板式塔根据结构不同，又有泡罩塔、浮阀塔、筛板塔、穿流板塔、浮喷塔、浮舌塔等，各种塔板的改造趋势是提高设备的生产能力，简化结构，降低造价，同时提高分离效率，填料塔是另一类传质设备，它的主要特点是结构简单，易用耐蚀材料制作，阻力小等，一般适用于直径小的塔。

在实际生产过程中，精馏操作可分为间歇精馏和连续精馏两种，对石油化工等大型生产过程，主要采用连续精馏。

随着石油化工的迅速发展，精馏操作应用越来越广泛。由于所分离的物料组分不断增多，对分离产品的纯度要求亦不断提高，这就对精馏的控制提出了更高的要求。此外，对于精密精馏，由于所分离产品的纯度要求很高，若没有相应的自动控制与其配合，就难于达到预期的效果。因此，精馏塔的自动控制极为重要，亦很受人们的注意。

10.5.1　精馏塔的控制要求

精馏塔的控制目标是，在保证产品质量合格的前提下，回收率最高和能耗最低，或使塔的总收益最大，或总成本最小，一般来讲应满足如下三方面要求。

（1）质量指标

塔顶或塔底产品之一应该保证合乎规定的纯度，另一产品的成分亦应维持在规定范围；或者塔顶和塔底的产品均应保证一定的纯度。就二元组分精馏塔来说，质量指标的要求就是使塔顶产品中的轻组分含量和塔底产品中重组分的含量符合规定的要求。而在多元组分精馏塔中，通常仅关键组分可以控制。所谓关键组分，是对产品质量影响较大的组分。把挥发度较大而由塔顶馏出的关键组分称轻关键组分，挥发度较小从而由塔底流出的关键组分称为重关键组分。所以，对多元组分精馏塔可以控制顶产品中轻关键组分和塔底中重关键组分的含量。

（2）物料平衡和能量平衡

塔顶馏出液和塔底釜液的平均采出量之和应该等于平均进料量，而且这两个采出量的变动应该比较和缓，以利于上下工序的平稳操作，塔内及顶、底容器的蓄液量应介于规定的上、下限之间。

精馏塔的输入、输出能量应平衡，使塔内操作压力维持恒定。

（3）约束条件

为保证精馏塔的正常、安全操作，必须使某些操作参数限制在约束条件之内，常用的精馏塔限制条件为液泛限、漏液限、压力限及临界温差限等。液泛限又称气相速度限，即塔内气相速度过高时，雾沫夹带十分严重，实际上液相将从下面塔板倒流到上面塔板，产生液泛破坏正常操作。漏液限亦称最小气相速度限，当气相速度小于某一值时，将产生塔板漏液，板效率下降。最好在稍低于液泛的流速下操作。流速的控制，还要考虑塔的工作弹性。对于浮阀塔来说，由于工作范围较宽，通常很易满足条件。但对于某些工作范围较窄的筛板塔和乳化填料塔就必须很好地注意。防止液泛和漏液，可以塔压降或压差来监视气相速度。压力限是塔的操作压力的限制，一般最大操作压力限，即塔操作压力不能过大，否则会影响塔内的汽液平衡，严重越限甚至会影响安全生产。临界温差限主要是指再沸器两侧间的温差，当这一温差低于临界温差时，给热系数急剧下降，传热量也随之下降，不能保证塔的正常传热的需要。

10.5.2 精馏塔的扰动分析

影响精馏塔的操作因素很多，和其他化工过程一样，精馏塔是建立在物料平衡和热量平衡的基础上操作的，一切因素均通过物料平衡和热量平衡影响塔的正常操作。影响物料平衡的因素主要是进料流量、进料组分和采出量的变化等。影响热量平衡的因素主要是进料温度（或热焓）的变化，再沸器的加热量和冷凝器的冷却量变化，此外还有环境温度的变化等。同时，物料平衡和热量平衡之间又是相互影响的。

在各种扰动因素中，有些是可控的，有些则是不可控的。现作如下分析。

① 进料流量 F 在很多情况下是不可控制的，它的变化通常难以完全避免。如一个精馏塔位于整个工艺生产过程的起点，要使流量 F 恒定，并无困难，可采用定值控制。然而，在多数情况下，精馏塔的处理量是由上一工序规定的。如要使进料量 F 恒定，势必需要很大的中间容器或储槽。工艺上新的趋势是尽量减小或取消中间储槽，而上一工序采用液位均匀控制系统来控制出料，以使进塔流量 F 的变动不至于剧烈。

② 进料成分 Z_F 一般是不可控的，它的变化也是难以避免的，它由上一工序或原料情况所确定。

③ 进料温度（或热焓）θ_F 一般是可控的。进料温度在有些情况下本来就较恒定，例如在将上一塔的釜液送往下一塔继续精馏时。在其余情况下，可先将进料预热，并对进料温度 θ_F 进行定值控制。进料通常是液态，亦可以是气态，有时亦会遇到汽液混合物的情况，此时汽液两相的比例宜恒定，也就是说，进料的热焓要恒定。

④ 对蒸汽压力的变动，可以通过总管压力控制的方法消除扰动，也可以在串级控制系统的副回路中（如采用对蒸汽流量的串级控制系统）予以克服。

⑤ 冷却水的压力波动，也可以用类似方式解决。

⑥ 冷却水温度的变化，通常比较和缓，主要受季节的影响。

⑦ 环境温度的变化，一般影响较小。但也有特殊情况，近年来，直接用大气冷却的冷凝器使用已较多，一遇气候突变，特别是暴风骤雨，对回流液温度有很大影响，为此可采用内回流控制。

总之，在多数情况下，进料流量 F 和进料成分 Z_F 是精馏操作的主要扰动，然而还需结合具体情况加分析。

为了克服扰动的影响，就需进行控制，常用的方法是改变馏出液采出量 D、釜液采出量 B、回流量 L_R、蒸汽量 V_S 及冷剂量 Q_C 中某些项的流量。

从上述分析中可以看到，精馏操作中，被控变量多，可以选用的操纵变量亦多，又可有各种不同的组合，所以精馏塔的控制方案颇多。精馏塔是一个多输入多输出过程，它的通道多，动态响应缓慢，变量间又互相关联，而控制要求又较高，这些都给精馏塔的控制带来一定的困难。同时，各个精馏塔的工艺和结构特点，又是千差万别的，因此在设计精馏塔的控制方案时，更需深入分析工艺特点，了解精馏塔特性，以设计出比较完善、合理的控制方案。

10.5.3 精馏塔被控变量的选择

精馏塔被控变量的选择，指的是实现产品质量控制，表征产品质量指标的选择。精馏塔产品质量指标选择有两类：直接产品质量指标和间接产品质量指标。在此重点讨论间接质量指标的选择。

精馏塔最直接的质量指标是产品成分。近年来成分检测仪表的发展很快，特别是工业色谱的在线应用，出现了直接按产品成分来控制的方案，此时检测点就可放在塔顶或塔底。然而由于成分分析仪表价格昂贵，维护保养复杂，采样周期较长，即反应缓慢，滞后较大，加上可靠性不够，应用受到了一定限制。

(1) 采用温度作为间接质量指标

最常用的间接质量指标是温度。温度之所以可选作间接质量指标，这是因为对于一个二元组分精馏塔来说，在一定压力下，沸点和产品成分之间有单独的函数关系。因此，如果压力恒定，塔板温度就反映了成分。对于多元精馏塔来说，情况就比较复杂，然而炼油和石油化工生产中，许多产品由一系列碳氢化合物的同系物组成，在一定压力下，保持一定的温度，成分的误差就可忽略不计。在其余情况下，压力的恒定总是使温度参数能够反映成分变化的前提条件。由上述分析可见，在温度作为反映质量指标的控制方案中，压力不能有剧烈波动，除常压塔外，温度控制系统总是与压力控制系统联系在一起的。

采用温度作为被控变量时，选择塔内哪一点温度作为被控变量，应根据实际情况加以选择，主要有以下几种。

① 塔顶（或塔底）的温度控制　一般来说，如果希望保持塔顶产品符合质量要求，即主要产品在顶部馏出时，以塔顶温度作为控制指标，可以得到较好的效果。同样，为了保证塔底产品符合质量要求，以塔底温度作为控制指标较好。为了保证另一产品质量在一定的规格范围内，塔的操作要有一定裕量。例如，如果主要产品在顶部馏出，操纵变量为回流量的话，再沸器的加热量要有一定富裕，以使在任何可能的扰动条件下，塔底产品的规格都在一定限度以内。

采用塔顶（或塔底）的温度作为间接质量指标，似乎最能反映产品的情况，实际上并不尽然。当要分离出较纯的产品时，在邻近塔顶的各板之间温差很小，所以要求温度检测装置有极高的精确度和灵敏度，这在实际中有一定困难。不仅如此，微量杂质（如某种更轻的组分）的存在，会使沸点起相当大的变化；塔内压力的波动，也会使沸点起相当大的变化，这些扰动很难避免。因此，目前除了像石油产品的分馏按沸点范围来切割馏分的情况之外，凡目的是要得到较纯成分的精馏塔，现在往往不将检测点置于塔顶（或塔底）。

② 灵敏板的温度控制　在进料板与塔顶（或塔底）之间，选择灵敏板作为温度检测点。灵敏板实质上是一个静态的概念。所谓灵敏板，是指当塔的操作经受扰动作用（或承受控制作用）时，塔内各板的组分都将发生变化，各板温度亦将同时变化，一直到达到新的稳态时，温度变化最大的那块板即称为灵敏板。同时，灵敏板也是一个动态的概念，前已说明灵敏板与上、下塔板之间浓度差较大，在受到扰动（或控制作用）时，温度变化的初始速度较快，即反应快，它反映了动态行为。

灵敏板位置可以通过逐板计算或计算机静态仿真，依据不同情况下各板温度分布曲线比较得出。但是，因为塔板效率不易估准，所以还需结合实践，予以确定。具体的办法是先算出大致位置，在它的附近设置若干检测点，然后在运行过程中选择其中最合适的一点。

③ 中温控制　取加料板稍上、稍下的塔板，甚或加料板自身的温度作为被控变量，这常称为中温控制。从其设计企图来看，希望及时发现操作线左右移动的情况，并得以兼顾塔顶和塔底成分的效果。这种控制方案在某些精馏塔上取得成功，但在分离要求较高时，或是进料浓度 Z_F 变动较大时，中温控制并不能正确反映塔顶或塔底的成分。

(2) 采用压力补偿的温度作为间接质量指标

用温度作为间接质量指标有一个前提，塔内压力应恒定，虽然精馏塔的塔压一般设有控制系统，但对精密精馏等控制要求较高场合，微小压力变化，将影响温度与组分间关系，造成产品质量控制难于满足工艺要求，为此需对压力的波动加以补偿，常用的有温差和双温差控制。

① 温差控制　在精密精馏时，可考虑采用温差控制。在精馏中，任一塔板的温度是成分与压力的函数，影响温度变化的因素可以是成分，也可以是压力。在一般塔的操作中，无论是常压塔、减压塔还是加压塔，压力都是维持在很小范围内波动，所以温度与成分才有对应关系。但在精密精馏中，要求产品纯度很高，两个组分的相对挥发度差值很小，由于成分变化引起的温度变化较压力变化引起温度的变化要小得多，所以微小压力波动也会造成明显的效应。例如，苯-甲苯-二甲苯分离时，大气压变化 6.67kPa，苯的沸点变化 2℃，已超过了质量指标的规定。这样的气压变化是完全可能发生的，由此破坏了温度与成分之间的对应关系。所以在精密精馏时，用温度作为被控变量往往得不到好的控制效果，为此应该考虑补偿或消除压力微小波动的影响。

在石油化工和炼油生产中，温差控制已成功地应用于苯-甲苯-二甲苯、乙烯-乙烷、丙烯-丙烷等精密精馏系统。要应用得好，关键在于选点正确、温差设定值合理（不能过大）以及操作工况稳定。

② 温差差值（双温差）控制　采用温差控制还存在一个缺点，就是进料流量变化时，将引起塔内成分变化和塔内降压发生变化。这两者均会引起温差变化，前者使温差减小，后者使温差增加，这时温差和成分就不再呈现单值对应关系，难于采用温差控制。

采用温差差值控制后，若由于进料流量波动引起塔压变化对温差的影响，在塔的上、下段温差同时出现，因而上段温差减去下段温差的差值就消除了压降变化的影响。从国内外应用温差差值控制的许多装置来看，在进料流量波动影响下，仍能得到较好的控制效果。

10.5.4　精馏塔的控制

精馏塔是一个多变量被控过程，在许多被控变量和操纵变量中，选定一种变量配对，就构成了一个精馏塔的控制方案。当选用塔顶部产品馏出物流量 D 或塔底采出液量 B 来作为操纵变量控制产品质量时，称为物料平衡控制；而当选用塔顶部回流或再沸器加热量来作为操纵变量时，则称为能量平衡控制。

精馏塔自动控制的主要目的，是使塔顶和塔底的产品满足质量要求。当这方面的要求不高以及扰动不多的时候，由前面静态特性可知，只要固定 D/F（或 B/F）和 V/F（或回流比），完全按物料及能量平衡关系进行控制，已能达到目的。这样的控制方案最简单方便，但对于产品质量来说是开环的，所以适应性较差，使用并不很广泛。

（1）按精馏段指标的控制

当对馏出液的纯度较之塔底产品为高，或是全部为气相进料（因为进料 F 变化先影响 X_D），或是塔底、提馏段塔板上的温度不能很好反映产品成分变化时，往往按精馏段指标进行控制。

这时，取精馏段某点成分或温度为被控变量，而以 L_R、D 或 V_S 作为操纵变量，可以组成单回路控制方案或串级控制方案。串级控制方案虽然复杂一些，但可迅速有效地克服进入副环的扰动，并可降低对控制阀特性的要求，在需作精密控制时有所采用。

按精馏段指标控制，对塔顶产品的成分 X_D 有所保证。当扰动不大时，塔底产品成分 X_B 的变动也不大，可由静态特性分析来确定它的变化范围。采用这种控制方案时，在 L_R、D、V_S 和 B 四者中选择一种作为控制产品质量的手段，选择另一种保持流量恒定，其余两者则按回流罐和再沸器的物料平衡，由液位控制器加以控制。常用的控制方案有两类。

① 间接物料平衡控制　间接物料平衡控制方案之一如图 10-40 所示。该方案是按精馏

段指标来控制回流量，保持加热蒸汽流量为定值。该方案由于回流量 L_R 变化后再影响到馏出液 D，所以是间接物料平衡控制。这种控制方案的优点是控制作用滞后小，反应迅速，所以对克服进入精馏段的扰动和保证塔顶产品是有利的，这是精馏塔控制中最常用的方案。

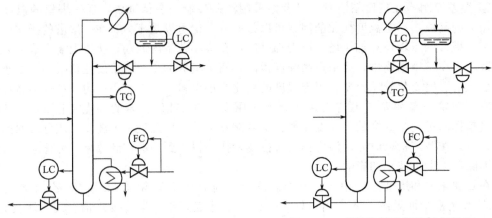

图 10-40　间接物料平衡控制方案之一　　　　图 10-41　直接物料平衡控制方案之一

在该方案中，L_R 受温度控制器调节，但在环境温度改变时，即使 L_R 未变动，内回流亦会变化，且物料与能量之间关联较大，这对于精馏塔平稳操作是不利的。所以在控制器参数整定上应加以注意。有人认为，当采用成分作为被控变量时，控制器采用 PI 即可，不必加微分，该方案主要应用场合是 $L/D < 0.8$ 及某些需要减少滞后的塔。

②　直接物料平衡控制　图 10-41 是直接物料平衡控制方案之一。该方案是按精馏段指标来控制馏出液 D，并保持 V_S 不变。该方案的主要优点是物料与能量平衡之间关联最小；内回流在周围环境温度变化时基本保持不变，例如环境温度下降，使回流的温度下降，暂时使内回流增加，因而使塔顶上升蒸汽减少，冷凝液减小，流位下降，经调节使 L_R 减小，结果使得内回流基本保持不变。这对精馏塔平稳操作有利；还有产品不合格时，温度调节器自动关闭出料阀，自动切断产品。

然而该方案温度控制回路滞后较大，从馏出液 D 的改变到温度变化，要间接地通过液位控制回路来实现，特别是回流罐容积较大，反应更慢，给控制带来了困难，所以该方案适用于馏出液 D 很小（或回流比较大）且回流罐容积适当的精馏塔。

（2）按提馏段指标的控制

当对塔底的成分要求较之对馏出液为高，进料全部为液相（因为进料 F 变化先影响到 X_B），塔顶或精馏段塔板上的温度不能很好反映成分的变化，或实际操作回流比较最小回流比大好多倍时，采用提馏段指标的控制方案。常用的控制方案有两类。

①　间接物料平衡控制　按提馏段指标的间接物料平衡控制方案如图 10-42 所示。该方案是按提馏段的塔板温度来控制加热蒸汽量，从而控制了提馏段质量指标。其中图 10-42(a) 是对回流采用定值控制，而图 10-42(b) 是对回流比采用定值控制。该方案滞后小，反应迅速，所以对克服进入提馏段的扰动和保证塔底产品质量有利。该方案是目前应用最广的精馏塔控制方案，仅在 $V/F \geqslant 2.0$ 时不采用。该方案缺点是物料平衡与能量平衡关系之间有一定关联。

方案（b）较方案（a）复杂一些，但其适应负荷变化能力较强。对于方案（a），由于回流量是固定的，如 F 减小，则必然增加能耗，如 F 增加，则可能出不合格产品。而方案（b）是回流比保持不变，如 F 减小，则 L_R 和 D 均相应减小，如 F 增加，则 L_R 和 D 相应增加，所以适应负荷变化的能力较强。

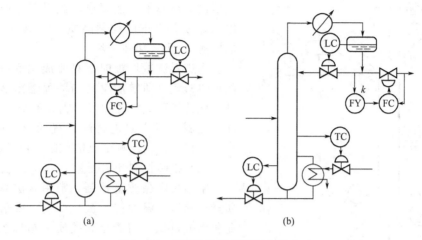

(a)   (b)

图 10-42   间接物料平衡控制方案之二

② 直接物料平衡控制方案   图 10-43 是直接物料平衡控制方案之二，它按提馏段温度控制塔底产品采出 B，并保持回流量恒定。此时 D 是按回流罐的液位来控制，蒸汽量是按再沸器的液位来控制。

这类方案与直接物料平衡控制方案之一（即按精馏段温度来控制 D 的方案）那样，有其独特优点和一定弱点。其优点是物料平衡与能量平衡关系之间关联最小，当塔底采出量 B 少时，这样做比较平稳；当 B 不符合质量要求时，会自行暂停出料。缺点是滞后较大且液位控制回路存在反向特性。该方案仅适用于 B 很少且 $B<20\%V$ 的塔。

③ 压力控制   在精馏塔的自动控制中，保持塔压恒定是稳定操作的条件。这主要是两方面的因素决定的，一是压力的变化将引起塔内气相流量和塔顶上汽液平衡条件的变化，导致塔内物料平衡的变化。二是由于混合

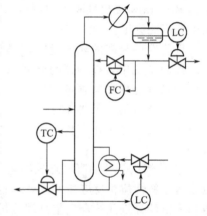

图 10-43   直接物料平衡
控制方案之二

组分的沸点和压力间存在一定的关系，而塔板的温度间接反映了物料的成分。因此，压力恒定是保证物料平衡和产品质量的先决条件。在精馏塔的控制中，往往都设有压力调节系统，来保持塔内压力的恒定。

而在采用成分分析用于产品质量控制的精馏塔控制方案中，则可以在可变压力操作下采用温度调节或对压力变化补偿的方法实现质量控制。其做法是让塔压浮动于冷凝器的约束，而使冷凝器始终接近于满负荷操作。这样，当塔的处理量下降而使热负荷降低或冷凝器冷却介质温度下降时，塔压将维持在比设计要求低的数值。压力的降低可以使塔内被分离组分间的挥发度增加，这样使单位处理量所需的再沸器加热量下降，节省能量，提高经济效益。同时塔压的下降使同一组分的平衡温度下降，再沸器两侧的温度差增加，提高了再沸器的加热能力，减轻再沸器的结垢。

10.5.5 精馏塔的先进控制

（1）前馈控制

精馏塔在反馈控制过程中，若遇到进料扰动频繁，加上控制通道滞后较大等原因，使控

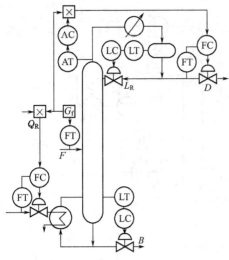

图 10-44　精馏塔的前馈-反馈
控制方案

制质量满足不了工艺要求，此时引入前馈控制可以明显改善系统的控制品质，图 10-44 所示是精馏塔前馈-反馈控制方案。

当进料流量增加时，只要成比例增加再沸器的加热蒸汽（即增加 V）和塔顶馏出液 D，就可基本保持塔顶或塔底的产品成分不变。实践证明，前馈控制可以克服进料流量扰动影响的大部分，余下小部分扰动影响由反馈控制作用予以克服。

（2）推断控制和软测量

精馏塔产品质量控制，常用方法是采用间接质量指标——温度作为被控变量，或采用在线工业色谱分析仪。前者是间接质量指标控制，操作条件等变化时，难于保证产品质量。后者在线工业色谱分析仪价格昂贵，维护保养复杂且引入较大的纯滞后，给控制带来了困难。从 20 世纪 70 年代 Brosillow 提出推断控制策略以来，以软测量为基础的推断控制在工业精馏塔控制中逐渐得到广泛应用。

目前发展起来的软测量技术体现了估计器的特点。在以软测量的估计值作为反馈信号的控制系统中，控制器与软测量的设计是分离的，这给推断控制设计带来了极大方便。估计器设计是根据某种最优准则，选择一组既与主要变量有密切联系，又容易测量的二次变量，通过构造某种数学关系，实现对主要变量的在线估计，这种方法不仅适用于产品质量估计，亦可用于内回流与热焓的测量，而控制器的设计可以采用传统或先进控制方法。

① 分馏塔轻柴油凝固点软测量　分馏塔轻柴油凝固点是一个重要产品质量指标。影响因素有原料性质、反应速度、处理量、分馏塔一中温度、塔顶压力一中回流量等。基于现场数据采集的分析并结合工艺机理分析，表明影响轻柴油凝固点 y 最主要因素为塔顶压力 x_1（MPa），轻柴油抽出板温度 x_2（℃），一中回流量与分馏塔处理量比值 x_3。因此可用下式表示

$$y = f(x_1, x_2, x_3, n)$$

式中，n 为其他影响轻柴油凝固点的因素；$f(\cdot)$ 为待估的函数关系。

函数 $f(\cdot)$ 为复杂的多变量非线性函数，而人工神经元网络理论上可以适用于任意多变量非线性函数且不存在基函数的选择问题。因此采用多层前向网络模型来估计 $f(\cdot)$ 的函数关系。

基于现场采集数据，采用神经网络的学习算法，对轻柴油凝固点的估计函数 $f(\cdot)$ 进行非线性拟合，使

$$\min_{V \cdot W} J = \sum_{k=1}^{m} \left[y(k) - \hat{y}(k) \right]^2$$

极小化。式中，V，W 为轻柴油凝固点估计模型的权系数；m 为轻柴油凝固点样本组数；$\hat{y}(k)$ 为网络 ANN 的输出，即轻柴油凝固点的估计值。

由于分馏塔操作条件及原料性质都会随时而变化，需要不定期地对模型进行校正，以适应工况的变化。由于没有在线质量分析仪表的实时信号，只能采用化验分析数据进行校正。学习过程是以采样化验值与估计值之差为动力进行的，采用线性递推最小二乘法更新输出层

权函数。由于算法简单，学习速度快而利于实际应用。整个轻柴油凝固点软测量结构如图 10-45 所示。

该神经网络模型估计值与分析值最大误差为 1.65℃，平均误差为 0.94℃，满足工艺提出的估计误差不超过 2℃ 的精度要求。该软测量估计值亦用于闭环控制，平稳了生产，减少凝固点波动。产品合格率由 94% 提高到 100%，从而提高了轻柴油产量，产生明显经济效益。

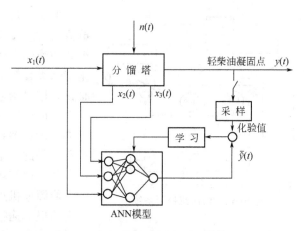

图 10-45　轻柴油凝固点软测量结构图

② 内回流控制　内回流通常是指精馏塔精馏段内上层塔向下层塔板流动的液体流量。内回流控制就是指在精馏过程中控制内回流为恒定量或按某一规律而变化的操作。

当塔顶蒸汽温度与外回流液温度之差变化不大时，采用控制外回流的办法一般可以满足精馏操作要求，因为此时外回流控制基本上反映了内回流控制。但是，当塔顶采用风冷式冷凝器冷凝蒸汽时，则受外界环境温度的影响很大。如随着昼夜之间的气温变化，暴风雨前后气温变化，此时外回流液温度往往变化很大，如仍采用外回流恒定的控制方法，则实际的内回流并不恒定。所以，为了保证精馏塔的良好操作，应该采用内回流控制。

内回流在塔内很难直接测量和控制，但内回流可以通过计算的方法即软测量获得，内回流控制可以通过外回流流量或改变外回流液的温度来进行控制。

内回流等于外回流与部分蒸汽的冷凝液之和，即

$$L_i = L_R + 1$$

部分蒸汽冷凝所产生的气化潜热，等于外回流液温度加热到第一块塔板的温度所需的热量，即

$$l\lambda = L_R C_P (\theta_i - \theta_R)$$

式中，L_R 是外回流流量；L_i 是内回流流量；l 是部分冷凝液流量；λ 是冷凝液的气化潜热；C_P 是外回流液的比热；θ_i 是塔顶第一块塔板温度；θ_R 是外回流液温度。

整理可得

$$L_i = L_R + L_R \frac{C_P \Delta\theta}{\lambda} = L_R \left(1 + \frac{C_P \Delta\theta}{\lambda}\right)$$

式中，$\Delta\theta = \theta_i - \theta_R$。

这就是内回流的数学模型。因为外回流 L_R 和温度差 $\Delta\theta$ 可以直接测量，液体比热 C_P 和气化潜热可查表得到，这样可以计算得内回流 L_i。

图 10-46 所示是内回流控制方案之一，由图可知，它由若干运算单元来完成运算的，以实现内回流控制，内回流控制实施国外已采用内回流计算专用仪表，这样使用更加方便。

③ 热焓控制　热焓是指单位质量的物料所积存的热量。热焓控制是保持某物料的热焓为定值或按一定的规律而变化的操作。

影响精馏塔平稳操作扰动因素之一是进料的温度（或热焓），为此可采用进料的温度控制方案。这种控制方案只适用于进入加热器前后料液都是液相或气相。因为这种情况下，热焓和温度之间具有单值的对应关系，即一定的温度对应一定的热焓。

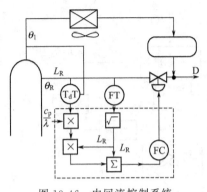

图 10-46　内回流控制系统

但对于汽液混相进料时，热焓与温度之间往往没有单值的对应关系，或者对应关系很不明显，例如对于纯组分的液体介质，当处于汽液平衡的情况下，液体的气化率越大，其热焓也越大，但其温度却恒定不变。此时，采用热焓控制使精馏塔平稳操作就显得很重要。

目前还缺乏直接测量热焓的仪表，但是热焓可以通过热量衡算关系间接得到，即载热体放出的热量等于进料所取得的热量，从而间接计算出进料的热焓。

（3）精馏塔的节能控制

能源危机近年来一直为世界各国关注，开源节流是解决的根本途径，所以在工业生产中，节能已被引为重要研究方向，石油化工企业是工业生产耗能大户，而精馏过程往往又占典型石油化工生产能耗的 40%，由于精馏过程是为了实现分离，塔底气化需要能量，塔顶冷凝尽管是除热，亦要消耗能量，因此精馏塔的节能控制成为人们研究的一个重要课题。

长期以来，经过大量研究工作，提出了一系列新型控制系统，以期尽量节省和合理使用能量。另一方面，对工艺进行必要改进，配置相应的控制系统，充分利用精馏操作中的能量，降低能耗。节能控制方法主要有浮动塔压控制、能量综合利用控制、产品质量的"卡边"控制、双重控制、塔两端产品质量控制等。在此举例介绍几种节能控制方法。

① 浮动塔压控制　在一般精馏操作中，均设有塔压自动控制系统，原因有二，一是过去常用温度作为反映产品质量的间接指标，这只有在一定压力条件下才行。二是只有将塔操作在稳定压力下，才能保证塔的平衡和正常工作。然而从节约能量或经济观点考虑，恒定塔压未必合理，尤其是冷凝器为风冷或水冷两种情况就更加如此。

图 10-47 所示是精馏塔浮动塔压控制方案。方案的特点是增加了一个纯积分（或大比例的 PI 控制器）的阀位控制器 VPC，在原来压力控制系统上增加 VPC 后将起以下两个作用。

a. 不管冷剂情况如何变化（如遇暴风雨降温），塔压首先不受其突然变化的影响，而后再缓缓变化，并最后浮动到冷剂可能提供的最低压力。这就是说塔压应当是浮动的，但不希望突变，因为塔压突变可能会导致塔内液泛，从而破坏塔的正常操作。

b. 为保证冷凝器总在最大热负荷下操作，即阀门开度应处于最小位置，考虑到要有一定控制余量，阀门开度给定在 10% 处，或更小一些的数值。

图 10-47 中 PC 为一般的 PI 控制器，PC 控制系统选定的操作周期短，过程反应快。而阀位控制器 VPC 的操作周期长，过

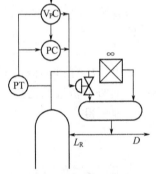

图 10-47　精馏塔压力浮动控制系统

程反应慢。因此，分析时可以假设：PC 系统和 VPC 系统间其动态联系可忽略，即分析 PC 动作时，可以认为 VPC 系统是不动作，而分析 VPC 系统时，又可以认为 PC 系统是瞬时跟踪的。

对于空冷式冷凝器，浮压操作的优点特别明显，据报道环境温度每降低 1℃，分离丙烷和异丁烷所需的能量就减少 1.26%。

采用浮动塔压控制方案后，一般应设置直接质量控制回路。若仍用温度作为间接质量指标控制时，需引入压力校正。

② 能量的综合利用控制　在精馏塔的操作中，塔底再沸器要用蒸汽加热，塔顶冷凝器要除热，通常两者需要消耗能量，有否可能从根本上改变这一情况呢？答案是肯定的，至少有两种方法。第一，把塔顶的蒸汽作为本塔塔底的热源。问题是塔顶蒸汽的冷凝温度低于塔底液体的沸腾温度，热量不能由低温处直接向高温处传递，办法是增加一个透平压缩机，把塔顶蒸汽压缩以提高其冷凝温度，这称为热泵系统。第二，在几个塔串联成塔组的情况，上一塔的蒸汽可作为下一塔的热源。首先要求上一塔塔顶温度远大于下一塔塔底温度，这样上一塔塔顶蒸汽可为下一塔提供大部分能量或更多一些，同时亦可自行压入下一塔再沸器。其次这两塔之间存在着关联，应设计行之有效的控制方案，才能使这种流程得以实现。

10.6　化学反应器的控制

10.6.1　化学反应器的控制要求

化学反应器是化工生产中一类重要的设备。由于化学反应过程伴有化学和物理现象，涉及能量、物料平衡，以及物料、动量、热量和物质传递等过程，因此，化学反应器的操作一般比较复杂。反应器的自动控制直接关系到产品的质量、产量和安全生产。

在反应器结构、物料流程、反应机理和传热传质情况等方面的差异，使反应器控制的难易程度相差很大，控制方案也差别很大。

化工生产过程通常可划分为前处理、化学反应及后处理三个工序。前处理工序为化学反应作准备，后处理工序用于分离和精制反应的产物，而化学反应工序通常是整个生产过程的关键操作过程。

设计化学反应器的控制方案，需从质量指标、物料平衡和能量平衡、约束条件三方面考虑。

（1）质量指标

化学反应器的质量指标一般指反应转化率或反应生成物的浓度。转化率是直接质量指标，如果转化率不能直接测量，可选取与它相关的变量，经运算间接反映转化率。如聚合釜出口温差与转化率的关系为

$$y = \gamma c(\theta_0 - \theta_i)/x_i H \tag{10-1}$$

式中，y 是转化率；θ_i，θ_0 分别是进料与出料温度；γ 是进料重度；c 是物料的比热容；x_i 是进料浓度，H 是单位摩尔进料的反应热。对于绝热反应器，进料温度一定时，转化率与进料与出料的温度差成正比，即 $y = K(\theta_0 - \theta_i)$。这表明转化率越高，反应生成的热量越多，因此，同样进料温度条件下，物料出口温度也越高。所以，可用温差 $\Delta\theta = (\theta_0 - \theta_i)$ 作为被控变量，间接反映转化率的高低。

化学反应过程总伴随有热效应。因此，温度是最能表征反应过程质量的间接质量指标。

一些反应过程也用出料浓度作为被控变量，例如，焙烧硫铁矿或尾砂的反应，可取出口气体中 SO_2 含量作为被控变量。但因成分分析仪表价格贵，维护困难等原因，通常采用温度作为间接质量指标，有时可辅以反应器压力和处理量（流量）等控制系统，满足反应器正常操作的控制要求。

当扰动作用下，反应转化率或反应生成物组分与温度、压力等参数之间不呈现单值函数关系时，需要根据工况变化补偿温度控制系统的给定值。

（2）物料平衡和能量平衡

为使反应正常，转化率高，需要保持进入反应器各种物料量的恒定，或物料的配比符合要求。为此，对进入反应器的物料常采用流量的定值控制或比值控制。此外，部分物料循环

的反应过程中，为保持原料的浓度和物料的平衡，需设置辅助控制系统。例如，合成氨生产过程中的惰性气体自动排放系统等。

反应过程有热效应，为此，应设置相应的热量平衡控制系统。例如，及时移热，使反应向正方向进行等。而一些反应过程的初期要加热，反应进行后要移热，为此，应设置加热和移热的分程控制系统等。

（3）约束条件

约束条件目的是为防止反应器的过程变量进入危险区或不正常工况。例如，一些催化反应中，反应温度过高或进料中某些杂质含量过高，将会损坏催化剂；流化床反应器中，气流速度过高，会将固相催化剂吹走，气流速度过低，又会让固相沉降等。为此，应设置相应的报警、联锁控制系统。

10.6.2 化学反应器的基本控制策略

影响化学反应的扰动主要来自外部，因此，控制外围是反应器控制的基本控制策略。采用的基本控制方法如下。

① 反应物流量控制　为保证进入反应器物料的恒定，可采用参加反应物料的定值控制，同时，控制生成物流量，使由反应物带入反应器的热量和由生成物带走的热量也能够平衡。反应转化率较低，反应热较小的绝热反应器或反应温度较高，反应放热较大的反应器，采用这种控制策略有利于控制反应的平稳进行。

② 流量的比值控制　多个反应物料之间的配比恒定是保证反应向正方向进行所需的，因此，不仅要静态保持相应的比值关系，还需要动态保证相应的比值关系，有时，需要根据反应的转化率或温度等指标及时调整相应的比值。为此，可采用单闭环、双闭环比值控制，有时，可采用变比值控制系统。

③ 反应器冷却剂量或加热剂量的控制　当反应物量稳定后，由反应物带入反应器的热量就基本恒定，如果能够控制放热反应器的冷却剂量或吸热反应器的加热剂量，就能够使反应过程的热量平衡，使副反应减少，及时的移热或加热，有利于反应向正方向进行，因此，可采用对冷却剂量或加热剂量进行定值控制或将反应物量作为前馈信号组成前馈-反馈控制系统。

④ 化学反应器的质量指标是最主要的控制目标。因此，对反应器的控制，主要被控变量是反应的转化率或反应生成物的浓度等直接质量指标，当直接质量指标较难获得时，可采用间接的质量指标，例如，温度或带压力补偿的温度等作为间接质量指标，操纵变量可以采用进料量、冷却剂量或加热剂量，也可采用进料温度等进行外围控制。

10.6.3 化学反应器的基本控制

（1）出料成分的控制

当出料成分可直接检测时，可采用出料成分作为被控变量组成控制系统。例如，合成氨生产过程中变换炉的控制。

变换生产过程是将造气工段来的半水煤气中的一氧化碳转化为合成氨生产所需的氢气和易于除去的二氧化碳，变换炉进行如下气固相反应

$$CO + H_2O \longrightarrow CO_2 + H_2 + Q$$

变换反应的转化率可用变换气中一氧化碳含量表征。控制要求为：变化炉出口一氧化碳含量 $CO < 3.5\%$。影响变换生产过程的扰动有：半水煤气流量、温度、成分，水蒸气压力和温度、冷激水量和催化剂活性等。影响变换反应的主要因素是半水煤气和水蒸气的配比。因此，设计以变换炉出口一氧化碳含量为主被控变量，水蒸气和半水煤气比值为串级副环的

变比值控制系统如图 10-48 所示。其中，半水煤气为主动量，水蒸气为从动量。

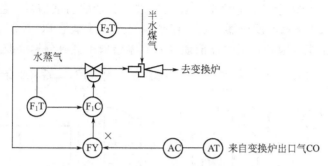

图 10-48　变换炉出口气 CO 含量控制系统

（2）反应过程的工艺参数作为间接被控变量

在反应器的工艺参数中，通常选用反应温度作为间接被控变量。常用的控制方案如下。

① 进料温度控制　如图 10-49 所示，物料经预热器（或冷却器）进入反应器。这类控制方案通过改变进入预热器（或冷却器）的热剂量（或冷却量），来改变进入反应器的物料温度，达到维持反应器内温度恒定的目的。

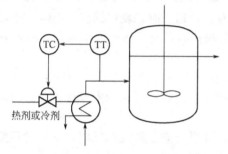

图 10-49　进料温度控制

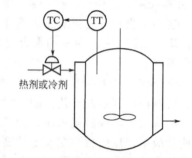

图 10-50　改变传热量的控制

② 改变传热量　大多数反应器有传热面，用于引入或移去反应热，所以采用改变传热量的方法可实现温度控制。例如，图 10-50 所示的夹套反应釜控制。当釜内温度改变时，可通过改变加热剂（或冷却剂）流量来控制釜内温度。该控制方案结构简单，仪表投资少，但因反应釜容量大，温度滞后严重，尤其在进行聚合反应时，釜内物料黏度大，热传递差，混合不易均匀，难于使温度控制达到较高精确度。

③ 串级控制　将反应器的扰动引入到串级控制系统的副环，使扰动得以迅速克服。例如，釜温与热剂（或冷剂）流量的串级控制系统见图 10-51(a)、釜温与夹套温度的串级控制

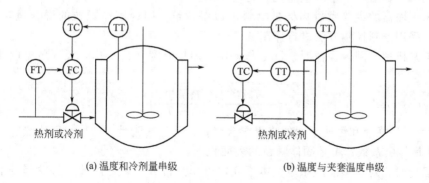

(a) 温度和冷剂量串级　　(b) 温度与夹套温度串级

图 10-51　反应器温度的串级控制系统

系统见图 10-51(b)、图 10-52 是氧化过程串级控制等。

④ 前馈控制　进料流量变化较大时，应引入进料流量的前馈信号，组成前馈-反馈控制系统。例如，图 10-53 所示的反应器，前馈控制器的控制规律是 PD 控制。由于温度控制器采用积分外反馈防止积分饱和，因此，前馈控制器输出采用直流分量滤波。

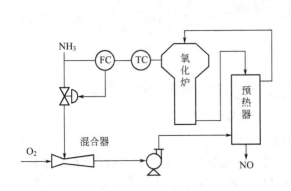

图 10-52　氨氧化过程的串级控制系统　　　　图 10-53　反应器的前馈-反馈控制系统

⑤ 分程控制　采用分程控制系统除了可扩大可调范围外，对一些聚合反应器的控制也常采用。这些反应在反应初期要加热升温，反应过程正常运行时，要根据反应温度，或加热或除热。例如，图 10-53 所示的聚合反应器就采用分程控制系统，通过控制回水和蒸汽量来调节反应温度。

⑥ 分段控制　某些化学反应器要求其反应沿最佳温度分布曲线进行。为此采用分段温度控制，使每段温度根据工艺控制的设定要求进行控制。例如，丙烯腈生产过程中，丙烯进行氨氧化的沸腾床反应器就采用分段控制。

有些反应中，反应物存在温度稍高会局部过热，如果反应是强放热反应，不及时移热或移热不均匀会造成分解或暴聚时，也可采用分段温度控制。

采用反应过程的工艺参数作为间接被控变量时，由于这些被控变量与质量指标之间有一定的联系，但对质量指标来看，系统是开环的，其间没有反馈的联系。因此，应注意防止由于催化剂老化等因素造成被控变量控制是平稳的，而产品质量指标不合格的情况发生。

（3）化学反应器的推断控制

采用在线分析仪表检测化学反应器的产品质量指标，具有滞后大、难维护、价格贵等缺点，因此，大多数反应器的产品质量指标采用间接指标，例如，采用反应温度。随着计算机技术的发展，软测量和推断控制技术正越来越广泛地被用于工业过程产品质量控制指标的检测。

以流化床干燥器湿含量的推断控制为例介绍。

流化床干燥器的主要质量指标是物料出口湿含量。因为固体颗粒的湿含量难于直接测量，因此，采用推断控制方法进行控制。

根据工艺机理，固体颗粒湿含量 x 与入口、出口温度（T_i、T_o）及湿球温度 T_w 有如下关系

$$x = \frac{x_C GC}{H_V \gamma A} \ln\left(\frac{T_i - T_w}{T_o - T_w}\right) \tag{10-2}$$

式中，x_C 是降速和恒速干燥的临界湿含量；G 是空气流量；C 是空气比热容；H_V 是水的潜热；γ 是传质系数；A 是固体颗粒的表面积。

实际运行时，对数项前的系数基本不变，可作为常数处理，因此，湿含量 x 仅与入口、出口温度和湿球温度有关。但湿球温度 T_w 的测量有困难，在较高温度，湿球温度是入口干

球温度的函数，而受湿度影响较小，因此，针对特定的物料湿含量 x，可建立 T_o 与 T_i 的关系曲线。只要控制 T_o 与 T_i 的值符合某一关系曲线，就能将湿含量控制在相应数值。

将所建立 T_o 与 T_i 的关系曲线用可调整斜率 R 和截距 b 的直线近似，即

$$T_{os} = b + RT_i \tag{10-3}$$

式中，T_{os} 是出口温度希望的设定值，斜率 R 和截距 b 由关系曲线确定，并在现场进行适当调整。

考虑到入口温度变化到出口温度变化之间

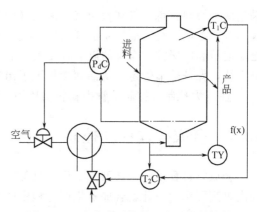

图 10-54　流化床干燥器湿含量推断控制

的时滞，在计算 T_{os} 前，应对入口温度进行延时。流化床干燥器出口物料湿含量的推断控制系统如图 10-54 所示。图中，TY 用于根据 T_o 与 T_i 的关系曲线计算出口温度希望的设定值，其中，包含了对入口温度的延时功能。T_1C 是出口温度控制器，T_2C 是入口温度控制器，P_dC 是干燥器压降控制器。

（4）稳定外围的控制

稳定外围控制是尽可能使进入反应器的每个过程变量保持在规定数值的控制，它使反应器操作在所需操作条件，产品的质量满足工艺要求。通常，稳定外围的控制依据物料平衡和能量平衡进行，主要包括：进入反应器的物料流量控制或物料流量的比值控制；控制反应器出料的反应器液位控制或反应器压力控制；稳定反应器热量平衡的入口温度控制，或加入（移去）热量的控制。

石脑油为原料的一段转化炉内进行如下反应

$$C_nH_{2n+2} + \frac{n-1}{2}H_2O \longrightarrow \frac{3n+1}{4}CH_4 + \frac{n-1}{4}CO_2$$

$$CH_4 + H_2O \longleftrightarrow CO + 3H_2 + Q$$

甲烷转化为一氧化碳的反应是强吸热反应。由炉管外的烧嘴燃烧燃料供给热量，转化过程的控制指标是：出口气体中甲烷含量符合工艺要求；出口气体中氢氮比符合工艺要求。为此，组成稳定外围的控制系统。该系统由下列主要控制系统组成，如图 10-55 所示。

① 进料流量控制　对各进料流量进行闭环控制。包括原料石脑油、水蒸气和空气，及总燃料量等流量的闭环控制。

② 保证蒸汽、空气和石脑油之间的比值控制　以水蒸气流量作为主动量，石脑油作为从动量（比值 K_3），组成双闭环比值控制系统；以石脑油流量作为主动量，空气作为从动量（比值 K_1），组成双闭环比值控制系统。

③ 热量控制　以石脑油流量作为主动量，总燃料量作为从动量（比值 K_2），组成双闭环比值控制系统。保证供热量与原料量的配比。该系统

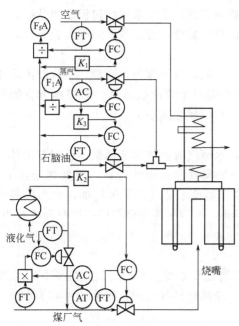

图 10-55　一段转化炉简化控制点流程图

采用两种燃料：炼厂气和液化气。液化气的热值高，炼厂气的热值低，因此，根据热值分析仪 AT 的数值，经热值控制器调整炼厂气和液化气的比值，其中，炼厂气是主动量，液化气是从动量和串级控制系统的副被控变量，热值是串级控制系统的主被控变量，组成变比值控制系统，保证热值恒定。从而间接保证了出口气中残余甲烷含量满足工艺要求。

④ 压力控制　控制炉管内物料的压力，保证反应器出口气体流量的稳定，图中未画出。

10.7　合成氨过程的控制

合成氨过程是一个典型化工生产过程。生产技术和工艺过程日趋复杂，对过程的控制亦提出更高要求。在此就合成氨生产过程中的主要控制系统作简单介绍。

10.7.1　变换炉的控制

合成氨生产过程中变换工序是一个重要环节，它将一氧化碳和水蒸气反应，变换为氢气和二氧化碳。主要反应为：$CO + H_2O \longleftrightarrow CO_2 + H_2 + Q$。

变换炉出口气体中 CO 浓度采用变比值控制系统。根据变换反应机理，将反应物流量按一定比值控制，再根据 CO 浓度及时调整比值设定值。

该控制系统投运后，对半水煤气成分变化、触媒活性变化等扰动的影响都有较好克服能力。变换炉出口气体应进行净化处理，并对分析仪表进行定期维护是控制系统正常运行的前提。因控制通道时间常数较采用入口温度或一段温度控制的控制通道时间常数小，因此，控制质量较好。

10.7.2　转化炉水碳比控制

水碳比控制是转化工段一个十分关键的工艺控制参数。水碳比指进口气中水蒸气和含烃原料中碳分子总数之比。水碳比过低会造成一段触媒的结碳。由于进口气中总碳的分析与测定有一定困难，因此，通常总碳量用进料原料气流量作为间接被控变量。

一段转化炉水碳比控制可采用水蒸气和原料气两个流量的单闭环控制系统，但因没有比值计算和显示，通常需要设置相应的水碳比报警和联锁系统，防止水碳比过低造成结碳。

通常，一段转化炉水碳比控制采用水碳比的比值控制系统。有三种不同的实施方案。

（1）以水定碳的比值控制系统

该比值控制系统的主动量是水蒸气流量，原料气（油）流量作为从动量，组成双闭环比值控制系统，如图 10-56(a) 所示。图中，乘法器 FY 实现比值函数运算，该控制方案能够保证水碳比恒定，当水蒸气不足时，能够使原料气（油）随之减小。

（2）以碳定水的比值控制系统

该比值控制系统的主动量是原料气（油）流量，水蒸气流量作为从动量，组成双闭环比值控制系统，如图 10-56(b) 所示。图中，乘法器 FY 实现比值函数运算，增加高选器 FY 和滞后环节 FY。当原料气（油）流量增加时，经高选器使水蒸气流量也增加，但当原料气（油）流量减小时，由于滞后环节输出还在高值，因此，水蒸气流量要滞后一段时间再减小，因此，不会因水碳比过低使触媒结碳。

（3）水碳比的逻辑提量和减量控制系统

图 10-56(c) 所示比值控制系统是逻辑提量和减量控制系统。当提量时，能够保证先增加水蒸气流量，再增加原料气（油）流量；减量时，先减原料气（油）流量，再减小水蒸气流量。防止了触媒结碳的发生，保证了安全生产。

在比值控制系统中，对水蒸气和原料气（油）流量测量，如果物料的温度、压力或成分

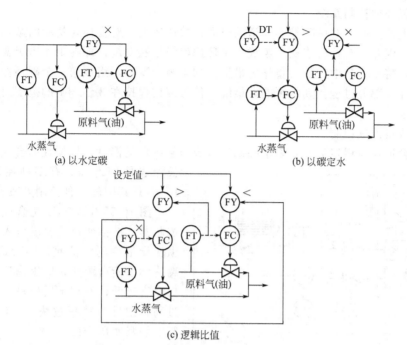

(a) 以水定碳

(b) 以碳定水

(c) 逻辑比值

图 10-56 一段转化炉水碳比控制系统

有较大变化时，需要进行温度和压力补偿，以补偿因重度变化造成的影响，提高测量精确度。

10.7.3 合成塔的控制

合成塔的控制主要有氢氮比控制、合成塔温度控制和合成弛放气控制等。

（1）氢氮比控制

合成氨的反应方程式为：$3H_2 + N_2 \longleftrightarrow 2NH_3$。

由于合成反应的转化率较低（约12%）时，必须将产品分离后的未反应物料循环使用，即循环氢与新鲜氢再进入合成塔进行反应。氢气和氮气之比按 3：1 相混合，并进行反应。

以天然气为原料的大型合成氨厂中，氢氮比控制的操纵变量是二段转化炉入口加入的空气量。从空气加入，经二段转化炉、变换炉、脱碳系统、甲烷化及压缩，才能进行合成反应，因此，整个调节通道很长，时间常数和时滞很大，这表明被控过程是大时滞过程。为此，设计如图 10-57 所示的以合成塔进口气中氢氮比为主被控变量，以新鲜气中氢氮比为副被控变量的串级控制系统。考虑到天然气原料流量波动的影响，引入了原料流量的前馈信

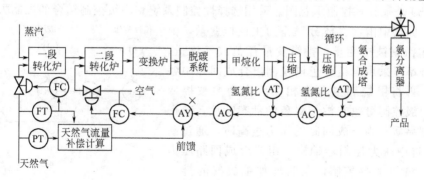

图 10-57 合成反应过程的氢氮比串级变化值控制系统

号，组成串级前馈控制系统。

考虑到上述控制方案中副控制通道的时间常数还较大，对变换氢扰动的影响要到甲烷化后才能反映，因此，有些合成氨厂组成三个环的串级控制系统，即在上述串级变比值控制系统的基础上，将变换气中的氢含量作为最里面的副被控变量，组成第三个副环控制回路，可有效地克服前面部分过程扰动的影响，最终，使氢氮比保持在 3 ± 0.07 的范围内，满足了工艺控制的要求。

（2）合成塔温度控制

为保证合成反应稳定运行，要求控制好合成塔触媒层的温度，以便提高合成转化率，延

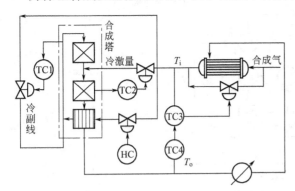

图 10-58　合成塔温度控制

长触媒使用寿命。有多种控制方案，图10-58 是其中的一种控制方案。

图 10-58 中，TC1 是合成塔入口温度控制器，被控变量是合成塔入口温度，操纵变量是冷副线流量。因合成气刚入塔，离化学平衡有距离，应提高反应速率。入口温度过低，不利于反应进行，入口温度过高，则反应速率过快，床温上升过猛，影响触媒使用寿命。

TC2 是合成塔触媒床层温度控制器，被控变量是触媒床层温度，操纵变量是冷激量，因第二层触媒中化学平衡成为主要矛盾，因此，应控制床层温度，以反映化学平衡的状况。

TC3 和 TC4 组成串级控制系统，主被控变量是合成塔出口温度 T_o，副被控变量是入口温度 T_i，操纵变量是入口换热器的旁路流量。根据热量平衡关系，入口温度 T_i 的气体在合成反应中获得热量，温度升高到 T_o，因此，出口温度低表示反应转化率低，反应的热量不够，为此应提高整个床层温度，即提高入口气体的热焓，或提高入口温度控制器的设定值，反之，反应过激时，应降低入口温度设定，使整个床层温度下降。由于要考虑出口温度和入口温度的兼顾，因此，对主、副控制器的参数应整定得较松些。

（3）合成弛放气控制

合成生产过程采用循环流程，新鲜气中带有少量惰性气体（CH_4+Ar），它们不参加反应，但在氨气分离时，因温度不够低而不能被分离出来，随着循环过程的进行，惰性气体将不断累积，不利于反应的进行，为此应采用弛放气放空的方式适量排放惰性气体，使合成塔运行在较高转化率的工况。因排放过程中部分有用气体也随之排放，为此应控制。

图 10-59 是弛放气控制示意图。采用选择性控制系统和串级控制结合的控制方案。正常情况下，由回路中惰性气体分率作为主被控变量，弛放气流量作为副被控变量，操纵变量是弛放气流量。惰性气体分率是采用全组分色谱仪测出合成回路中各组分分率，再将甲烷和氩分率相加后作为主被控变量，采用串级控制可改善被控对象的动态特性，获得较好的控制品质。当合成回路的压力过高时，通过高选器 FY，选中压力控制器输出，组成合成回路压力与弛放气流量的串级控制，及时增加弛放气的排放量，降低压力，直到压力恢复到正常范围后，再切回

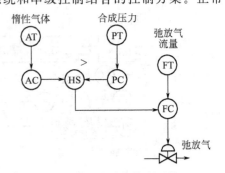

图 10-59　弛放气控制系统

到惰性气分率的控制。

10.8 石油化工过程的控制

10.8.1 常减压过程的控制

常减压蒸馏过程分三段，即初馏、常压蒸馏和减压蒸馏，用于生产各种燃料油和润滑油馏分。

常压系统主要用于生产燃料油，控制要求是馏分组分。以提高分馏精确度为主要控制目标，提高常压塔拔出率，降低加热炉热负荷，提高处理能力，为减压塔操作打好基础。主要扰动来自：进料量、进料温度（热焓）、回流量或回流比，加热蒸汽温度和流量，过热蒸汽温度和压力等。控制指标主要有：常压塔塔顶温度、各侧线的分馏点温度等。

（1）常压塔的控制

常压系统生产燃料油，要求严格的馏分组成，因此，常压系统的控制以提高分馏精确度为主。常压塔常用控制回路见图 10-60。

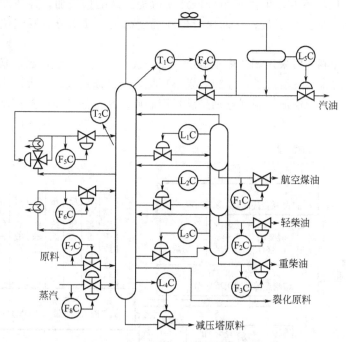

图 10-60　常压塔装置基本控制回路

主要控制回路如下。

① 塔顶温度控制　塔顶温度 T_1C 与回流量 F_4C 组成串级控制系统，保证塔顶馏出产品汽油的质量。

② 侧线控制　当塔顶温度恒定，各循环回流量固定时，侧线温度变化不大，因此，采用控制循环回流量恒定的方法间接保证侧线产品质量。控制方法是：加大循环回流量，使侧线馏出量减小，侧线温度就下降，反之亦然。近年采用软测量技术间接推断侧线产品的质量指标，例如，柴油干点、常三线 90％点等，因此，也可采用这些指标进行控制。侧线的采出量采用定值控制。

③ 塔压控制　常压塔的塔压可不进行控制，直接将冷凝器开口通大气。当采用风冷时，

由于受到环境温度变化的影响较大，会造成冷凝量的改变。当塔顶温度恒定后，常压塔的塔压基本可保持不变。

④ 过热蒸汽控制　进入塔底的过热蒸汽量应控制恒定，它主要用于将原油中的轻组分吹出。汽提塔的过热蒸汽通常控制其压力，以保证汽提塔稳定操作。此外，加热炉出口过热蒸汽温度应控制在 400℃。

⑤ 原料量控制　控制原料量主要是控制负荷的大小，根据常压塔设备的生产能力可调整其设定值。由于控制阀安装在加热炉前，因此，油温不高，不会出现气相进料。必要时可设置前馈控制，与过热蒸汽量按一定比例变化。进料温度通常由加热炉控制燃料量来调节。例如，组成加热炉出口温度（原料进口温度）与炉膛温度的串级控制。

⑥ 液位控制　塔底产品是减压塔的进料，因此，对塔底液位采用简单均匀控制或串级均匀控制。汽提塔的液位直接影响汽提塔轻组分的采出，因此，汽提塔液位采用单回路控制系统。它与侧线产品采出量的定值控制系统一起，能够保证侧线温度的稳定。例如，扰动使侧线采出量增大时，侧线温度上升，汽提塔液位也随之上升，液位控制回路关小控制阀，减小了采出量，侧线温度也随之下降，反之亦然。当侧线产品中轻组分增加，侧线温度下降，汽提塔的入塔流量虽然不变，但因轻组分增加使汽提出来的量增加，并使液位下降，通过液位控制打开控制阀，加大采出量，从而保持侧线温度稳定。油水分离器液位采用简单的单回路控制。

塔顶汽油质量控制一般采用调节塔顶温度，而一线、二线、三线产品质量控制分别采用调节一线流量、二线流量、三线流量，控制效果不理想，产品质量波动较大。为此采用多变量预估控制。采用三个多变量预估控制器分别是满足产品质量指标的产品质量控制器和切割点控制器，还有用于设备能力约束的加工能力控制器。多变量预估控制器框图如图 10-61 所示。

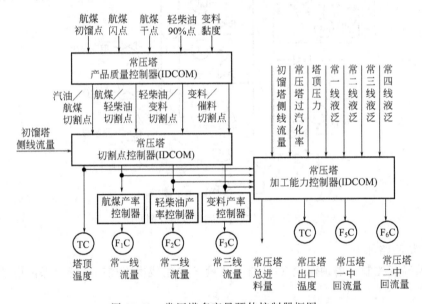

图 10-61　常压塔多变量预估控制器框图

产品质量控制器和加工能力控制器操纵变量个数少于被控变量个数，但多数时间被控变量都在约束范围之内，不用调节，操纵变量一般都有自由度，因此该优化目标的实现是可能的。实现优化目标后，对产品质量控制器而言，相当于航煤的初馏点、闪点在约束范围内卡下限控制，航煤的干点卡上限控制；对加工能力控制器而言，相当于常压塔的处理量卡设备能力的约束上限控制，常压塔的过气化率卡约束下限控制，实现了产品质量和设备能力的

"卡边"控制。

产品质量控制器的被控变量实测值来自在线质量分析仪表,过程本身的时延较大,其调节很缓慢(一般每次允许的最大调节量约是实现预估控制时的1/10),产品质量控制器向下一级送出的调节量小,使得切割点控制器被控变量的设定值相对比较稳定。切割点控制器的被控变量都是要求保持在设定点上的线性变量,测值由实时工艺计算得到,基本无时延。当生产方案不变,原油性质发生变化时,控制器能根据被控变量实测值的变化迅速作出反应,抑制这种扰动,保证平稳操作。

产品质量控制器和切割点控制器组成串级控制,对克服产品质量波动,平稳产品质量和提高航煤的收率等发挥了重要作用,它使常压蒸馏塔的总拔出率亦得到了提高,获得了明显经济效益。

(2) 减压塔的控制

减压系统生产润滑油馏分或裂化原料,对馏分要求不高,主要要求馏出油残炭合格前提下提高拔出率,减少渣油量。因此,提高减压塔汽化段真空度,提高拔出率是主要控制目标。减压塔的控制与常压塔的控制相似。减压塔常用控制回路见图10-62。

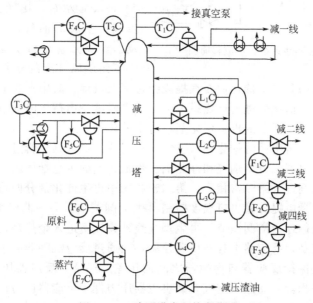

图 10-62　减压塔常用控制回路

① 塔压控制　采用二级蒸汽喷射泵,控制蒸汽压力和真空度。

② 塔顶温度控制　塔顶不出产品,采用一线油打循环,回流控制塔顶温度,组成一线温度和回流量的串级控制。

③ 液位控制　与常压塔液位控制相似,汽提塔液位采用单回路控制系统。它与侧线产品采出量的定值控制系统一起,能够保证侧线温度的稳定。

④ 原料和过热蒸汽的控制　与常压塔控制类似,不多述。

10.8.2　催化裂化过程的控制

催化裂化过程是以重油馏分油为原料,在催化剂和450～530℃,0.1～0.3MPa条件下,经过裂化为主的一系列反应,生成气体、汽油、柴油、重质油及焦炭的工艺过程。其工艺主要特点是轻质油收率高,可达70%～80%,气体产率,主要是C_3、C_4,达10%～20%,其中,烯烃含量达50%,因此,是石油加工过程中重要的二次加工手段。

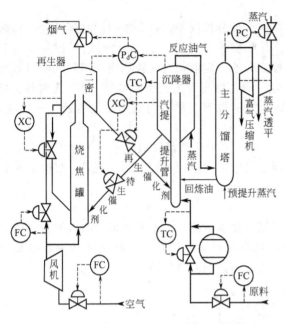

图 10-63　反应-再生系统控制流程简图

催化裂化过程通常由反应-再生系统、分馏系统和吸收-稳定系统三部分组成。

（1）反应-再生系统的控制

反应-再生系统是催化裂化过程中最重要的部分。其反应机理和工艺动态过程复杂，要使反应-再生系统参数中所有被控变量处于受控状态，某些重要操纵变量又能处于其理想的经济目标，是过程控制必须解决的问题。图 10-63 所示是分子筛提升管催化裂化装置的反应-再生系统控制流程。

原料经换热后与回炼油混合到 250～279℃，再与来自分馏塔底 350℃油浆混合进入筒式反应器的提升管下部，在提升管内，原料油与来自第二密相床的再生催化剂（700℃左右）接触、迅速气化并进行反应，生成的油气同催化剂一起向上流动。经提升管出口快速分离进入沉降器，经三组旋风分离器分离油气和催化剂。油气在分馏塔进行产品的分离，催化剂在汽提段经过蒸汽汽提，其中夹带的大部分油气被蒸汽汽提，经汽提后的待生催化剂进入烧焦罐下部。汽提段藏量由待生电动滑阀控制，第二密相床经外循环管进入烧焦罐下部的再生催化剂与待生催化剂一起，与主风机提供的主风混合并烧焦，使催化剂再生，再生后的催化剂与空气、烟气并流进入稀相管进一步烧焦，稀相管出口设置 4 组粗旋风分离器，分离烟气和催化剂。带催化剂的再生烟气经 6 组旋风分离器进一步分离，回收的催化剂进入第二密相床。第二密相床中再生催化剂分两路，一路经再生斜管去提升管反应器，其量由提升管出口温度控制再生滑阀调节。另一路经循环管返回烧焦罐，其量由二密藏量控制循环量滑阀调节。再生烟气经外集气室进入余热炉，燃烧后排空。再生器压力由双动滑阀控制，反应器本身不设置控制，而通过反应沉降器的压力反映，并由富气压缩机调速控制。应保持反应器与再生器之间的压差，通常，反应器压力略高于再生器压力，因再生器为烧去积炭，需送入空气，如再生器压力低于反应器压力，就可能使空气进入反应器发生爆炸，其压差通过再生器出口烟气量调节。

除了图 10-63 示控制系统外，还设置了约束控制，使部分控制成为卡边控制，保证设备安全。一些装置对重要的过程变量，例如，催化剂循环量、剂油比等采用软测量技术，进行推断和估计，并应用于生产过程中，取得了很好的效果。

（2）裂解气分馏塔的控制

裂解气分馏塔的进料来自催化反应器的 460℃以上带有催化剂粉末的裂解气，经换热、降温和除尘后，从分馏塔底部以气相进料，经分馏后，塔顶得到富气和粗汽油，侧线在汽提塔中经汽提、换热、冷却后得到轻柴油和重柴油，侧线还产出回炼油，塔底得到渣油。与一般的分馏塔控制类似，采用循环回流控制侧线温度，保证侧线馏分的组分。汽提塔的蒸汽从汽提段底部送入，根据汽提液位控制产品的采出量。塔顶温度采用塔顶温度和回流量的串级控制。与一般分馏塔不同，由于全塔剩余的热量大，因此，塔顶采用循环回流、中段也采用两个回流、塔底采用渣油回流的方法，为此，设置相应的温度控制系统，或温度和回流量的串级控制系统，塔底则采用液位和流量的单回路控制。塔压控制采用排放富气量控制，粗汽油量采用回流罐液位和馏出量的串级控制。再沸器加热量和塔底采出量采用定值控制。再沸器液位控制进入的载热体流量，保证一定的加热量。裂解气分馏塔的基本控制回路如图10-64所示。

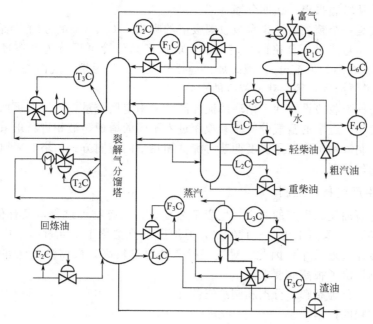

图 10-64 裂解气分馏塔装置基本控制回路

（3）吸收-稳定系统的控制

吸收-稳定系统包括吸收解吸塔和稳定塔。吸收-稳定系统的控制系统简图如图 10-65 所示。

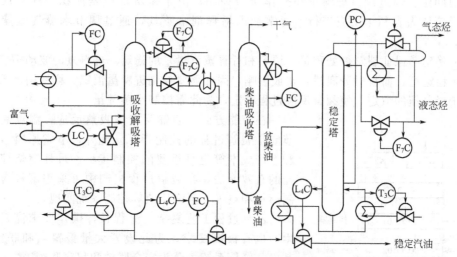

图 10-65 吸收-稳定系统的基本控制回路

吸收解吸塔用稳定汽油（C_3 以上组分）为吸收剂，把富气中的 C_3、C_4 馏分吸收，全塔分两段，上段是吸收段，下段是解吸段。富气从塔中部进入，稳定汽油由塔顶打入，在塔内逆向接触，稳定汽油吸收富气中的 C_3、C_4 馏分。下到解吸段的汽油除含 C_3、C_4 馏分，还含 C_2 馏分，它与塔底来的高温蒸汽接触，使汽油中的 C_2 馏分解吸，从塔顶出来的馏出物

是基本脱除 C_3 以上组分的贫气。

柴油吸收塔的进料是吸收稳定塔的贫气，它从塔底进入，与塔顶进入的来自分馏塔的贫柴油逆向接触，贫柴油作为吸收剂吸收贫气中的汽油，经吸收汽油后的干气从塔顶引出，吸收汽油后的柴油从塔底采出，送回分馏塔。

稳定塔实质是一个精馏塔。来自吸收解吸塔的吸收了 C_3、C_4 馏分的汽油从稳定塔的中部进入，塔底产品是蒸汽压合格的稳定汽油，塔顶产品经冷凝后分为液态烃（主要是 C_3、C_4 馏分）和气态烃（$\leqslant C_2$ 馏分）。液态烃再进行分离，脱除丙烷（脱丙烷塔）、丁烷（脱丁烷塔）、丙烯（脱丙烯塔）等，获得相应的产品。

吸收解吸塔的吸收段设置两个循环回流控制，采用定回流量控制。塔顶加入的稳定汽油量也采用定值控制。进塔的富气分气相和液相进入不同的塔板，液相进料量采用液位均匀控制。再沸器的控制采用恒定塔釜温度调节再沸器加热量的控制方式。塔底采出采用塔釜液位和出料的串级均匀控制。

10.8.3 乙烯生产过程的控制

乙烯装置是石油化工生产的龙头。生产工艺复杂，既有物理过程，又有化学反应过程；既有高温（1300℃），又有低温（−170℃），但均属于典型化工单元过程。这些单元之间衔接紧密，中间缓冲余地较小，因此，对过程操作的要求较高，操作参数允许变化的范围很小，对自动控制提出了很高的要求。

乙烯生产过程分为裂解、分离和制冷三部分。

（1）裂解过程的控制

不同的乙烯裂解炉类型，其控制方案也有所不同。由于乙烯裂解过程的特点，其控制大多数已经采用 DCS 实施，一些生产过程已采用先进控制技术。

乙烯收率是主要控制指标。采用甲烷与丙烯比表示裂解深度，可通过调节燃料量或原料量控制；停留时间应尽量短，以抑制二次反应进行。由于裂解炉类型已经确定，因此停留时间主要通过调节进料量和操作压力控制；由于裂解反应是体积增加的反应，因此降低反应压力有利于反应进行，通常加入稀释剂水蒸气，通过调节水蒸气流量来控制汽烃比。

负荷稳定是保证裂解炉处理量（原料和稀释蒸汽量）的稳定。进料量的波动不仅影响裂解炉的平稳运行，而且对分离过程造成影响，因此需要控制进料量恒定。稀释用水蒸气量恒定有利于烃分压的恒定，使裂解反应过程稳定，为此需控制水蒸气量。

在节能方面，裂解反应是吸热反应，温度高，因此节能是裂解过程的控制指标。此外，节省原料、水蒸气和生产成本等也是重要的控制指标。最佳燃烧控制是节能的有效方法，在裂解过程控制中可采用烟气含氧量控制燃料和空气、蒸汽比值等控制系统实现。

乙烯过程工艺复杂，流程长，操作要求高，对安全生产也有极高要求，为此设置大量报警点和联锁系统，其中，联锁系统可分为安全联锁和程序联锁等。

① 乙烯裂解炉的裂解深度控制　乙烯裂解炉的裂解深度控制框图如图 10-66 所示。它以裂解气中丙烯分析值与甲烷分析值之比作为裂解深度的指标，通过控制器 CCO101 输出作为炉管出口温度控制器的设定，其中，通过分配器与出口温度平均值 COT 比较，其偏置模块的输

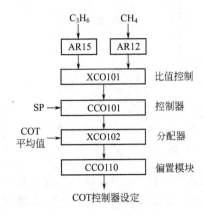

图 10-66　出口温度设定控制裂解深度

出作为各出口温度控制器的设定，调节燃料量。

随着裂解炉规模的扩大，炉管数与烧嘴数可能不同，因此，解耦控制会较困难。近年也有采用改变裂解原料量控制出口温度的控制方法，但需注意总负荷的平衡。其控制策略是裂解原料量增加，出口温度下降，系统的响应快，且它的变化对其他炉管的扰动影响小；考虑到总负荷的平衡，某一炉管裂解原料量增加，其他炉管的裂解原料量就要减少才能保证总量的恒定，因此，总通量不变，且出口温度不变。

② 裂解炉生产能力控制　当裂解各炉管总进料量波动超过±2%时，用调节炉膛压力来控制，即用燃料气压力的变化调节来消除总进料量的变化。它用总量控制器输出作为燃料气压力控制器的设定，通过改变燃料气总管控制阀开度，使炉管出口温度变化，并经调节进料量使出口温度稳定，并使总量能够平稳而缓慢变化。为防止炉管出口温度控制系统与燃料气压力控制系统之间的相互关联，总量控制器采用"间隙作用"的PI控制算法。

在实际应用中，需对烃密度校正，得到质量流量。密度的校正可直接用VGO密度计数据，也可根据AGO密度和EA112、EA113出口温度数据进行密度和温升的补偿计算获得。图10-67是总通量控制系统的框图。

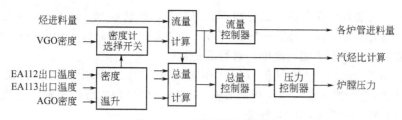

图 10-67　总通量控制系统

③ 裂解炉汽烃比控制　为有利于反应进行，希望有较低的烃分压，除可在较低的压力下操作外，还可采用加入适量的稀释剂。汽烃比控制有两种控制方案。

简单比值控制方案：根据进料量与蒸汽量组成简单比值控制系统。烃进料量是主动量，蒸汽流量是从动量，烃流量进行密度补偿，蒸汽流量进行温度压力补偿计算，比值控制系统如图 10-68 所示。

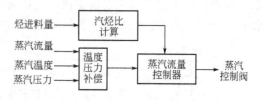

图 10-68　汽烃比的简单控制方案

对于要求较高场合可采用双交叉限幅比值控制方案：即逻辑提量和逻辑减量比值控制系统。用出口温度表示负荷，出口温度高表示提量，应先提蒸汽，然后提烃进料量；出口温度低表示减量，应先减烃进料量，再减蒸汽量。

（2）分离过程的控制

分离过程的控制主要是各精馏塔和转化反应器的控制。各精馏塔以产品质量指标为控制指标，通常，采用相应的温度或产品浓度作为被控变量，主要控制系统如下。

① 汽油分馏塔以塔顶温度为被控变量，控制回流量，并使该塔的侧线出料量最大。

② 脱甲烷塔的主要控制是以塔底甲烷浓度作为主被控变量，以再沸器载热体流量为副被控变量组成的串级控制系统。

③ 脱乙烷塔的主要控制是以提馏段温度为主被控变量，以进料流量和再沸器进出口温度组成的热量为副被控变量，组成提馏段温度和热量的串级控制。

④ 乙炔转化器的主要控制是以乙炔浓度为被控变量，以乙炔流量作为主动量，以氢气流量作为从动量组成变比值控制系统。

⑤ 脱丙烷塔的主要控制是以提馏段温度为主被控变量，加热量为副被控变量，组成串级控制系统，并实施塔顶回流量与塔顶气相流量的定比值控制，使塔顶馏出液中的 C_4 含量最小。

⑥ 丙烯精馏塔的主要控制是以进料流量为前馈信号，塔顶丙烷浓度作为反馈信号，组成前馈-反馈控制系统，操纵变量是回流量。塔釜采用塔底丙烯浓度控制加热量。

⑦ 乙烯精馏塔的主要控制是以进料量为前馈信号，以乙烯浓度为被控变量，侧线出料量为副被控变量，组成前馈-串级控制系统，操纵变量是侧线出料量。

⑧ 脱丁烷塔的主要控制是以提馏段温度为主被控变量，加热量为副被控变量的串级控制。并实施塔顶回流量与塔顶气相流量的定比值控制，使塔顶馏出液中的 C_5 含量最小。

⑨ 丙二烯转化器的控制与乙炔转化器的控制类似，以丙二烯和丙炔浓度为主被控变量，以丙炔和丙二烯流量作为主动量，以氢气流量作为从动量组成变比值控制系统。

制冷过程的控制主要是丙烯、乙烯和甲烷制冷系统中压缩机的防喘振控制，但并非在每段设置防喘振控制系统，例如，丙烯压缩机仅在第一段和第四段设置防喘振控制。

10.8.4　聚合过程的控制

聚合过程是在聚合反应釜内，在分散剂、缓冲剂、链转移剂、防黏剂、热稳定剂、引发剂和终止剂等助剂作用下，单体在一定温度和压力下聚合成为高分子聚合物的过程。

（1）聚对苯二甲酸乙二酯（聚酯）过程的控制

聚酯生产方法很多，但原料仍以对二甲苯为主。对二甲苯（PX）制成对苯二甲酸（PTA）的直接酯化缩聚法是广泛应用的方法。聚酯切片是合成纤维原料及感光胶片片基材料。生产过程主要由缩聚和回收两部分。

酯化反应由三个酯化釜串接组成，原料 PTA 和乙二醇（EG）的混合浆料从第一酯化釜底部进入，酯化温度 260～270℃，反应压力从 0.25MPa 递减至 0.02MPa，总酯化率达 96%～97%。缩聚反应分预缩聚和后缩聚，反应温度随流程进展而升高，反应压力逐步下降。缩聚反应中游离的 EG 从釜顶以气相逸出，经喷淋冷凝器至丁二醇回收装置。EG 的回收包括废 EG 蒸发、蒸馏塔和精馏塔等。图 10-69 是酯化、缩聚工艺控制流程简图。

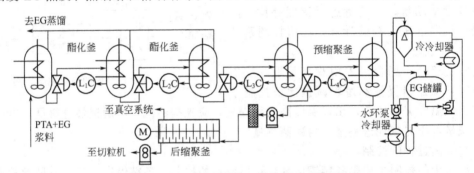

图 10-69　酯化、缩聚工艺控制流程简图

PTA 粉料经称重仪称重，与设定值比较，改变螺旋输送器电机转速，用于控制进入混合槽的 PTA 粉料量，这是以称重量为主被控变量，转速为副被控变量的串级控制系统。同时，称重信号经信号转换后，经比值运算后作为 EG 物料控制器的设定，控制 EG 的加入量，达到 PTA 与 EG 的一定摩尔分率配比要求，这是定比值控制系统。图 10-69 中未画出。

混合后的浆料从第一酯化釜底部进入，在管道上安装流通式放射性铯密度计，间接检测配比情况。第二和第三酯化釜、两个预缩聚釜都采用液位控制进料量的控制方案，如图

10-69中所示。调节后缩聚釜的出料泵电机的转速控制出料量。第一酯化釜液位通过浆料泵电机转速控制进料浆量。由于液位稳定，因此，反应停留时间恒定。

生产实际操作表明酯化反应釜的温度对主要控制指标酯化率 ES 极为重要，一般反应釜温度通过调节进入反应釜夹套的蒸汽量控制。反应釜压力（或真空）通过调节釜顶排出（或吸入）的 EG 蒸汽量控制。这种控制方案难于保证产品质量，为确保产品质量，有的企业采用软测量技术测量酯化率 ES，以测量酯化率 ES 作为主被控变量与酯化反应釜的温度组成串级控制系统，主控制器采用动态矩阵控制，副控制器采用 PID 控制，获得了满意的控制效果。

（2）聚氯乙烯过程的控制

聚氯乙烯是最通用的塑料品种之一，广泛应用于国民经济各个领域。生产聚氯乙烯的主要方法是悬浮法。生产工艺流程分如下六个单元：化学品调制和进料，聚氯乙烯聚合，VC 回收，干燥，产品 PVC 处理，公用工程。

聚合过程是在有搅拌的反应器内进行的，采用间歇操作。下面介绍部分控制系统。

① 无离子水计量控制系统 聚合过程采用热水入料方式操作，即无离子水加热到 48℃ 左右后加入聚合釜，以提高釜内原料温度缩短升温时间的操作方式。无离子水尽量采用两个涡轮流量计串联连接在水平的同一加料管道，其间有 2.5m 距离，如图 10-70 所示。

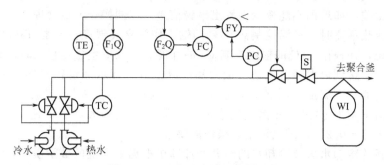

图 10-70 无离子水计量控制系统

图 10-70 中，冷、热无离子水混合后的无离子水温度采用分程控制分别控制冷、热无离子水控制阀。混合后温度对进料无离子水流量进行温度补偿，F_1Q 是进料体积检测用仪表，F_2Q 是进料表，用于计量，并经 FC 控制进料控制阀的开度。进料压力有一个最低软限值，当进料压力低于该设定值时，由压力控制器 PC 取代流量控制器，控制进料量，防止涡轮流量计因出口压力低引起的进料气化，造成流量计读数的误差。如果计量仪表故障时，系统还设置计量罐，用称重仪表 WI 进行校正。为使计量正确，控制系统设置了满流速和微流速两种进料流速设定，满流速时可达 136m³/h，微流速时仅 23m³/h，当计量接近设定的计量值时，控制系统改用微流速控制进料，直到达到设定的计量值时关闭进料控制阀。整个控制系统采用计算机控制装置实施，因此，进料控制阀后还设置进料切断电磁阀，用于自动开启和关闭计量控制系统。

② 聚合釜温度控制系统 PVC 的聚合反应是放热反应，因此，应及时将反应热移走，保持釜内温度恒定。通常采用釜温为主被控变量，夹套温度为副被控变量的串级控制系统。图 10-71 是聚合温度控制系统示意图。

聚合反应开始，95℃热水直接加入夹套，并在釜内添加引发剂，不同牌号的树脂，对温度、原料量等有不同的要求，即配方程序不同。

当聚合反应开始后，就要向夹套通入冷却水，根据需要可增大冷却水量，直到达到最大

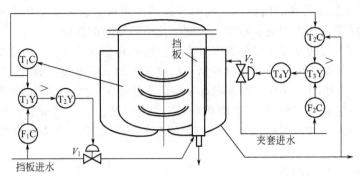

图 10-71 聚合温度控制系统

的经济流速。这时,可向釜内的挡板内供水,并按反应温度调节供水量。当挡板也达到最大经济流速时,表示已经达到该聚合釜的最大移热能力。

图 10-71 中,进水控制阀均为气关型,主、副温度控制器为反作用控制器。T_1Y 和 T_3Y 是高选器,T_2Y 和 T_4Y 是配方程序用的逻辑切换装置,釜温是根据釜内的 5 点温度确定的,其中,4 点温度测量液相温度,1 点温度测量气相温度,气相温度应低于液相温度,如果 4 点温度的偏差大于程序设定值,则配方程序自动定时全开进水控制阀,减少温度测量值与设定值的偏差,如果仍不能减少则发出报警信号,以便操作人员处理。

当反应生成热不高时,釜温控制器 T_1C 的输出作为夹套温度控制器 T_2C 的外设定,组成串级控制系统,并根据 T_2C 的输出控制 V_2 的开度。当反应生成热很大时,夹套控制阀全开,直到夹套进水达到最大经济流速。最大经济流速由夹套水流量控制器 F_2C 的设定值确定。它通过高选器选中流量控制器 F_2C 输出实现。同样,釜温控制器输出低,高选器选中挡板流量控制器 F_1C 的输出,使挡板进水流量控制阀开到最大经济流速。经上述控制后,釜温波动范围可达 $\pm 0.2℃$,满足了工艺操作的要求。

夹套和挡板的冷却水量及冷却水的温升经计算机根据聚合釜的数学模型,计算获得聚合釜的放热速度,并进而得到 VCM 生成 PVC 的转化率。

聚合釜的升温控制采用逻辑控制与 PID 控制结合的方法进行。根据不同配方所确定的升温温度确定直接加热温度设定值、PID 切换点等。

当聚合温度过高或反应过程中发生停电等事故时,控制系统中的事故处理系统会自动打开终止剂控制阀,加入终止剂,停止反应。

③ 缓冲剂计量控制系统 PVC 聚合反应的缓冲剂是磷酸三钙白色颗粒固体,因此,计量过程要不断搅拌,由于是间歇反应,因此,计量过程是间歇进行的,整个计量过程采用逻辑顺序控制,由配方控制程序给出。

④ 其他控制系统 为了使聚合反应正常进行,还设置下列主要控制系统:反应终止点控制;故障检测和诊断;搅拌电机功率;聚合釜满釜;系统的停车等。

(3) 聚乙烯过程的控制

聚乙烯是乙烯聚合而成的高分子化合物。产品分高、中、低压聚乙烯和低压低密度聚乙烯等。高压聚乙烯又称为低密度聚乙烯(LDPE),指在 $100 \sim 300MPa$ 下生产的密度为 $0.91 \sim 0.935 \, g/cm^3$ 的聚乙烯。高压聚乙烯生产工艺有二十几种,按反应器类型可分为管式和釜式反应器两大类。管式反应器的反应压力高,反应温度高,但转化率也较高,反应时间较短,停留时间较短,分子量分布较宽,对过程控制和安全控制的要求亦高。

高压聚乙烯过程控制采用模拟量和逻辑控制紧密结合方式,主要控制系统如下。

① 氧与乙烯配比控制 引发剂纯氧消耗量少,故用乙烯稀释来降低浓度,氧浓度影响

聚合反应速度和转化率，并影响反应产品的性能。浓度高，聚合速度快，转化率高。产品熔融指数上升，产品密度、分子量和屈服强度下降。不同牌号产品的耗氧量也不同。为此，采用两套热质量流量计检测流量，用小量程、大量程或小量程加大量程测量以满足不同生产规模的要求。乙烯量采用整体喷嘴测量，并采用温度补偿和上游稳压，保证流量信号与质量流量成正比。图10-72是配比控制系统和联锁安全系统图。

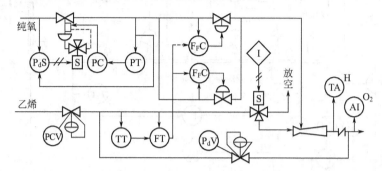

图 10-72 聚乙烯聚合反应中氧和乙烯酯比控制和联锁安全系统图

由于乙烯在氧中的爆炸性混合物浓度范围在 3%～80% 容积，引发剂中乙烯浓度要大于爆炸上限或接近上限运行，为防止配比失控，需设置有关联锁控制系统。

系统局部停车联锁系统先经电磁阀切断乙烯三通阀，使乙烯流量迅速降到零，并经比值系统将纯氧进料阀关闭。而氧流量停止流动后，使纯氧总管上的压力控制阀前后压降下降到零，P_dS 动作，经电磁阀动作来切断氧压力控制阀，为纯氧系统事故切断提供双重保险，提高整个系统的可靠性。即使系统有泄漏，还可经乙烯三通控制阀放空，防止在系统中积累，使氧浓度升高。

P_dV 自力式差压控制阀在两端压差大于 50kPa 时，自动打开，乙烯经旁路进入引发剂压缩机。正常运行时，压差小于 50kPa，因此，该控制阀关闭。该控制阀用于防止联锁动作时，因乙烯进料阀关闭，使压缩机入口形成负压，将空气吸入压缩机的事故。

② 反应器综合控制 反应器综合控制包括主流入口差压控制、反应峰值温度和反应压力串级控制、冷侧流温度和流量控制等常规控制和时间程序、逻辑程序等顺序控制。图 10-73是反应器主要控制系统图。

a. 反应器主流入口差压控制。反应器主流入口差压指二次压缩机出口压力与反应器入口（管式反应器首部）压力之差。控制差压可消除反应器压力周期性脉动变化对冷侧流注入流量的影响，使冷侧流注入系统的工况稳定。采用反应峰值温度 T_1C 与入口压力 P_1C 的串级控制系统。由于反应器压力受时间程序的影响而周期变化，因此，不能直接用差压值。为此，将温度控制器输出叠加差压的偏置值后作为二次压缩机出口压力控制器的设定，使压缩机出口压力与反应器设定压力之间保持一个恒定压差。

b. 反应器压力控制。反应器的操作压力对聚合反应影响很大，为确保压力检测信号的正确，采用三重检测元件和变送器（图中的 P_1T、P_2T 和 P_3T），经高选器 PY 后获得反应器最大压力作为压力控制器的测量信号。控制器 PID 和 PD 功能的切换由时间逻辑程序控制，用于配合脉冲周期降压控制。PID 切换到 PD 时，积分作用被记忆，不会因测量与设定之间的偏差而变化，副控制器的输出控制反应器末端的脉冲控制阀。压力控制器设定等于反应器压力设定减去反应器峰值温度控制器输出。

c. 反应器周期脉冲降压控制。反应生成的聚合物黏度大，易黏附在反应器管壁，影响传热效果，为清除黏附的聚合物，采用周期脉冲降压控制，使管内流体呈现脉动流，从而冲

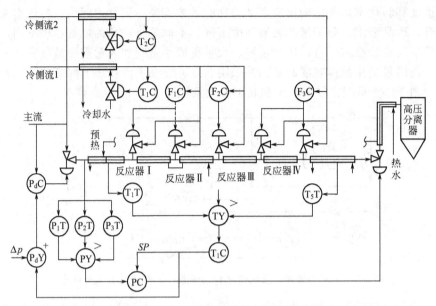

图 10-73　聚乙烯反应器的主要控制系统

刷黏附物，脉冲周期约 $60\sim100s$，降压深度约 $0\sim20MPa$。

　　d. 聚合反应温度控制。沿反应器管长（1500m）设置 40 个温度检测点，反应器入口和高压分离器管道上设置 6 个温度检测点，这些温度信号送高选器，得到反应器峰值温度，因此，反应器温度控制实质是峰值温度控制。

　　聚合反应器压力与聚合反应速率呈现线性关系，因此，反应器峰值温度作为主被控变量，反应器压力作为副被控变量组成串级控制系统。通过切换开关可实现以下三种串级控制方式。

　　• 温度和压力直接串级。

　　• 温度的正半波与压力串级：取温度峰值高于设定值时，温度信号与压力组成串级，温度峰值低于设定值时，温度信号直接控制出料脉冲阀。

　　• 串级切除：用于开车。

　　e. 主控制器的安全控制。氧与乙烯聚合存在临界压力，低于该临界压力时，几乎不发生聚合反应，只有大于该临界压力，即使氧含量低于 $2\mu L/L$（即 2ppm），仍可进行聚合反应。因此，临界压力的控制是安全控制的基础。安全控制就是当工艺参数异常时，将压力降到临界压力以下的控制方法。根据工艺不同的事故条件，安全控制的方式不同，例如，可直接切断脉冲周期信号，停止脉冲降压控制；可直接切断进料控制阀；可将反应器压力控制器的设定直接降到安全压力，或以一定速率降低压力设定值等。一旦故障消除后，压力要逐步由人工恢复到正常操作压力。

10.9　生化过程的控制

　　生化过程十分复杂，涉及到生物化学、化学工程等诸多学科。生化过程的基础是发酵，利用微生物发酵可为人类提供大量食品和药品，如啤酒、谷氨酸、抗生素等。生化过程涉及到微生物细胞的生长代谢，是一个具有时变性、随机性和多变量输入输出的动态过程。生化过程需要检测的参数包括物理参数、化学参数、生物参数。物理参数通常有生化反应器温度、生化反应器压力、空气流量、冷却水流量、冷却水进口温度、搅拌马达转速、搅拌马达电流、泡沫高度等。化学参数有 pH 值和溶解氧浓度。生物参数包括生物物质呼吸代谢参数、生物质浓度、代谢产物浓度、底物浓度、生物比生长速率、底物消耗速率、产物形成速率等。这些参数中，温度、压力、流量等运用常规检测手段就能检测，而对有些参数（如成分浓度、糖、氮、DNA 等）的检测缺乏在线检测仪表，这些参数不能直接作为被控变量，因此主要可采用与质量有关的变量，如温度、搅拌转速、pH、溶解氧、通气流量、罐压、泡沫等作为被控变量。另外，生化过程大多采用间歇生产过程，与连续生产过程有较大差别。总体来讲，生化过程控制难度较大。

10.9.1 常用生化过程控制

（1）发酵罐温度控制

一般发酵过程均为放热过程，温度多数要求控制在 30～50℃（±0.5℃）。过程操纵变量为冷却水，一般不需加热（特别寒冷地区除外）。图 10-74 为发酵罐温度控制流程图。测温元件多数采用 Pt_{100} 热电阻。由于发酵过程容量滞后较大，因此多数采用 PID 控制规律。

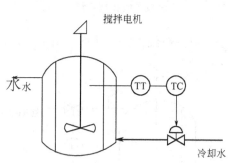

图 10-74　发酵罐温度控制

（2）通气流量、罐压和搅拌转速控制

当搅拌转速、罐压和通气流量进行单回路控制时，其流程图如图 10-75 所示。由于在同一发酵罐中通气流量和罐压相互关联影响严重，因此这两个控制回路不宜同时使用。图 10-75(a) 中控制罐压，而图 10-75(b) 中控制通气流量。

此外，搅拌转速、罐压（或通气流量）控制常作为副回路与溶氧组成串级控制系统。

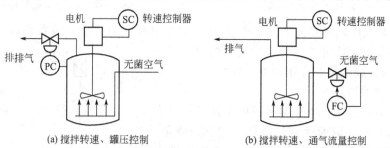

(a) 搅拌转速、罐压控制　　　　　(b) 搅拌转速、通气流量控制
图 10-75　发酵罐搅拌转速、罐压（或流通气量）控制

（3）溶氧浓度控制

在好气菌的发酵过程中，必须连续地通入无菌空气，使空气中的氧溶解到培养液中，然后在液流中传给细胞壁进入细胞质，以维持菌体生长和产物的生物合成。在发酵过程中必须控制溶解氧浓度，使其在发酵过程的不同阶段都略高于临界值，这样既不影响菌体的正常代谢，又不致为维持过高的溶氧水平而大量消耗动力。

培养液的溶解氧水平其实质为供氧和需氧矛盾的结果。影响溶氧浓度有多种因素，在控制中可以从供氧效果和需氧效果两方面加以考虑。需氧效果方面要考虑菌体的生理特性等。供氧效果方面要考虑通气流量、搅拌速率和气体组分中的氧分压、罐压、罐温以及培养液的物理性能。通常控制供氧手段来控制溶氧浓度，最常用的溶氧浓度控制方案是改变搅拌速率和改变通气速率。

① 改变通气速率　在通气速率低时改变通气速率可以改变供气能力，加大通气量对提

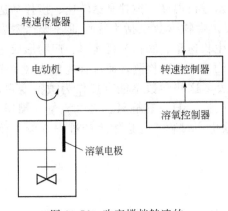

图 10-76 改变搅拌转速的
溶氧串级控制系统

高溶氧浓度有明显效果。但是在空气流速已经较大时，再提高通气速率则控制作用并不明显，反而会产生副作用，如泡沫形成、罐温变化等。

② 改变搅拌速率 该方案控制效果一般要比改变通气速率方案好。这是因为通入的气泡被充分破碎，增大有效接触面积，而且液体形成涡流，可以减少气泡周围液膜厚度和菌丝表面液膜厚度，并延长气泡在液体中停留时间，提高供氧能力。图10-76 是改变搅拌转速的溶氧串级控制系统。

（4）pH 控制

在发酵过程中为控制 pH 值而加入的酸碱性物料，往往就是工艺要求所需的补料基质，所以在pH 控制系统中还需对所加酸碱物料进行计量，以便进行有关离线参数的计算。图 10-77 是采用连续流加酸碱物料方式控制 pH。

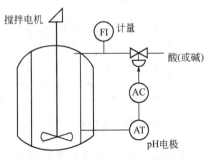

图 10-77 连续流加 pH 控制

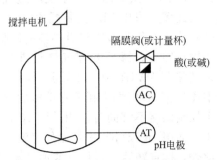

图 10-78 脉冲式流加 pH 控制

图 10-78 是采用脉冲式流加方式控制 pH。在这种控制方式中，控制器将 PID 运算的输出转换成在一定周期内开关信号，控制隔膜阀（或计量杯）。该控制方式在目前应用较为广泛。

（5）自动消泡控制

在很多发酵过程中，由于多种原因会产生大量泡沫，从而引起发酵环境的改变，甚至引起逃液现象，造成不良后果。通常在搅拌轴的上方安装机械消泡桨，少量的泡沫会不断地被打破。但当泡沫量较大时，就必须加入消泡剂（俗称"泡敌"）进行消泡，采用位式控制方式。当电极检测到泡沫信号后，控制器便周期性地加入消泡剂，直至泡沫消失。在控制系统中可以对加入的消泡剂进行计量，以便控制消泡剂总量和进行有关参数计算。控制流程见图 10-79。

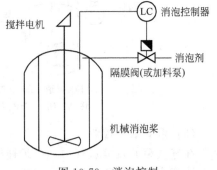

图 10-79 消泡控制

10.9.2 青霉素发酵过程控制

青霉素发酵过程中直接检测的变量有：温度、pH 值、溶解氧、通气流量、转速、罐压、溶解 CO_2、发酵液体积、排气 CO_2、排气 O_2 等。离线检测的参数有：菌体量、残糖量、含氮量、前体浓度和产物浓度等。通过检测这些参数，还可以进一步获取有关间接参数。各种参数随着菌体培养代谢过程的进行而变化，并且参数之间有耦合相关，会影响控制的稳定性。相关性包括两个方面，其一是理化相关，指参数之间由于物质理化性质的变化引起的关联，如传热与温度、酸碱与 pH 值和转速、通气流量和罐压与溶氧水平的相关性。其二是生物相关，指通过生物细胞的生命活动所引起的参数之间关联，如在青霉素发酵一定条件下，补糖将引起排气 CO_2 浓度的增加和培养液的 pH 值下降。由于过程复杂，目前大多数都采用计算机控制。图 10-80 是一个青霉素发酵过程控制系统。

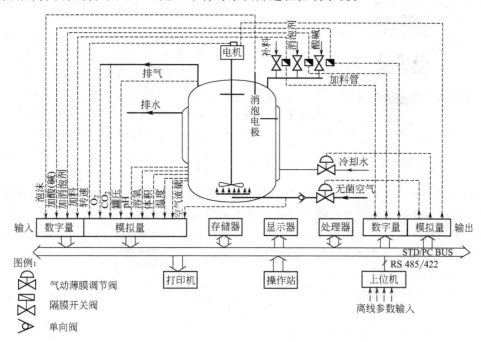

图 10-80　一种用于青霉素发酵的控制系统示意图

控制系统由上位机、下位机等组成。下位机采用 STD（或 PC）总线工业控制机。上、下位机通过 RS485/422 通讯接口联系。上位机实现监测、补料控制算法、数据处理及人机对话等。下位机实现过程检测、PID 控制、监控、掉电后的自启动及随机故障的自动恢复等。

10.9.3　啤酒发酵过程控制

啤酒发酵过程是一个微生物代谢过程。它通过酵母的多种酶解作用，将可发酵的糖类转化为酒精和 CO_2，以及其他一些影响质量和口味的代谢物。在发酵期间，工艺上主要控制的变量是温度、糖度和时间。糖度的控制是由控制发酵温度来完成，而在一定麦芽汁浓度、酵母数量和活性的条件下时间的控制也取决于发酵温度。因此控制好啤酒发酵过程的温度及其升降速率是决定啤酒质量和生产效率的关键。

啤酒发酵过程典型的温度控制曲线如图 10-81 所示。oa 段为自然升温段，无需外部控制；ab 段为主发酵阶段，典型温度控制点是 12℃；bc 段为降温逐渐进入后醛，典型的降温速度为 0.3℃/h；cd 段为后醛阶段，典型温度控制点是 5℃；de 段为降温进入储酒阶段，典型的降温速度为 0.15℃/h；ef 为储酒，典型温度控制点是 0～-1℃。

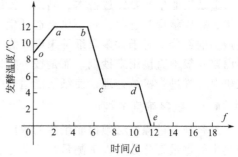

图 10-81　啤酒发酵温度控制曲线

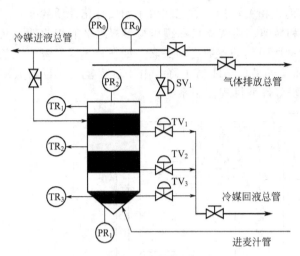

图 10-82　啤酒发酵过程带控制点工艺流程图

啤酒发酵生产工艺对控制的要求主要如下。

① 控制罐温在特定阶段时与标准的工艺生产曲线相符。

② 控制罐内气体的有效排放，使罐内压力符合不同阶段的需要。

③ 控制结果不应与工艺要求相抵触，如局部过冷、破坏酵母沉降条件等。

图 10-82 是带控制点的工艺流程图，采用计算机控制方案。$TR_1 \sim TR_3$ 为均衡测定罐内上中下三点温度的铂电阻，$PR_1 \sim PR_2$ 为罐顶气压及罐底压力测量的压力变送器，SV_1 为气动开关阀，执行控制器下达的气压排放命令。$TV_1 \sim$ TV$_3$ 三台流量控制阀将根据 $TR_1 \sim TR_3$ 测定的罐内温度并依据一定的控制规律来控制环绕罐体的三段冷媒换热带内流过冷媒的流量，以此达到控制罐温的目的。

发酵工艺过程对温控偏差要求很高，但由于采用外部冷媒间接换热方式来控制体积较大的发酵罐温度，极易引起超调和持续振荡，整个过程存在大纯滞后环节。使用普通的 PID 控制是无法满足控制要求的。因此采用了一些特殊的控制方法，如工艺曲线分解、温度超前拦截、连续交互式 PID 控制技术等，以获得较高的控制品质。

整个控制系统硬件结构见图 10-83。控制系统分为二级。第一级是 PC 监控站，用于提供操作界面，并且向控制器下装控制组态软件，便于系统功能和控制算法的修改。第二级是控制器和 I/O，每个控制器可以完成对十个发酵大罐的全部测控任务。

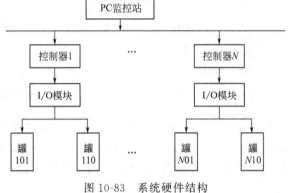

图 10-83　系统硬件结构

10.10　造纸过程的控制

造纸工业生产要经过备木、制浆、抄纸等工序。其中抄纸工序最重要，包括纸料制备、纸机、完成整理等过程。它不仅是造纸生产的关键，决定着纸页的产量、质量，而且还是能耗最多的部分。对于大多数纸种来说，为了提高纸页的强度、光洁度等质量，纸浆厂生产的漂白浆一般不直接用来抄纸，而是按一定比例加入染料、化学添加剂和填料，用打浆机和磨浆机对纤维进行机械处理，使纸浆能适合于造纸。

10.10.1　纸浆浓度的控制

纸料制备过程中必须控制纸浆的浓度。这里的"浓度"是指绝干纤物料在纸浆和水的混合物中的重量百分数。人工测量浓度的方法包括取样、称重、除去试样中的水分、再称出剩余试样的重量等步骤。这种方法适合于抽样检查，但不适合于连续控制。连续控制时要求对

10 生产过程控制

浓度的变化进行实时的、在线的检测。工艺上一般要在高浓下储存纸浆，以减小储浆池的容积。但是用管路输送高浓纸浆不但比较困难，而且效率低下。因此通常采用浓度控制系统向储浆池出口的纸浆中加入稀释水。

（1）单稀释控制系统

图 10-84 是一个典型的单稀释控制系统，通常这种系统使纸浆浓度降低 0.5%～1%。该系统由浓度检测单元 CE、浓度变送器 AT、辅助记录仪 AR、浓度记录控制器 AC，以及安装在稀释水管上的控制阀所组成。

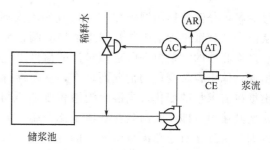

图 10-84　典型的单稀释浓度控制系统

（2）双稀释控制系统

当要求纸浆浓度的稀释量超过 0.5%～1%时，通常使用图 10-85 所示的双稀释控制系统，通过两步加水来实现。在浓度大于 6%的高浓浆池上普遍使用该方案。为了便于泵输送纸料，在储浆池底部即稀释区加水，把纸料浓度稀释到 4%左右，再用类似于图 10-84 所示的浓度控制系统进行二次浓度控制。一次稀释是通过控制器 A_2C 和控制阀加入大部分水来完成的。这个一次浓度控制器一般可使用标准比例控制器或位式控制器。该控制器的输入信号来自二次回路中的控制器 A_1C 向控制阀输出的信号。

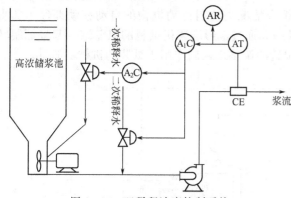

图 10-85　双稀释浓度控制系统

10.10.2　纸料配浆的比值控制

不同性质的浆料要按一定比例进行混合。另外在混合池里还要按比例加入一些化学添加剂和染料。

图 10-86 为一种典型的连续管道计量配浆系统。安装在混合池上的液位控制器的输出信

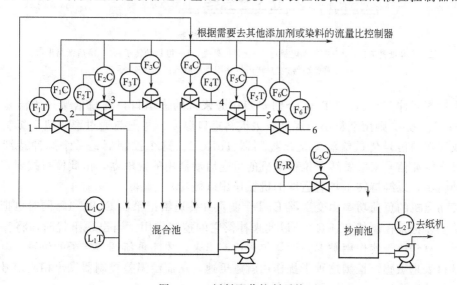

图 10-86　纸料配浆控制系统

1—松木浆；2—硬木浆；3—损纸浆；4—来自染料储槽；5—来自添加剂储槽；6—来自淀粉储槽

249

号对各组分流量控制器施加作用，改变流入混合池的各组分量。液位记录控制器 L_2C 驱动从混合池到纸机抄前纸料管线上的控制阀，来补偿纸机需求量的变化，从而维持抄前池的液位。而此处的流量根据电磁流量计的信号由记录仪 F_7R 记录下来。液位记录控制器 L_1C 根据混合池出料量变化的情况而动作，从而维持混合池内的液位。因此混合池的液位也将反映出纸机需求量的变化。当混合池液位随着纸机需求量的变化而变化时，液位控制器 L_1C 将改变其输出，即改变向装在各流量比控制器 $F_1C \sim F_6C$ 中的比例机构传送的信号。比例装置根据各组分相对于总流量所要求的合理流量来调整每个控制器的设定值，而这个合理流量是预先确定并输入到比例装置中的。所配用的各种浆的流量用电磁流量计来测量，染料、添加剂和淀粉的流量用电磁流量计来测量。混合池上的液位变送器 L_1T 和纸机抄前池上的液位变送器 L_2T 虽然可用吹气式的，但通常多采用膜片式的。

10.10.3　磨浆机的控制

为了改善纸浆的纤维交织性能，必须对纸浆进行机械处理。磨浆机是现代连续磨浆设备，其自动操作是利用磨浆机的传动负荷、转子的压力、伏辊真空度、纸料通过磨浆机的温差、打浆度的测量结果，或者几个因素的综合情况去控制传动机构的自动移动部件来实现的。图 10-87 是一种典型的把驱动电机的功率和通过锥形磨浆机纸料的温差结合起来控制转子位置的系统，其根本目的是通过对转子位置的调整来控制作用于纸浆的机械功的量。

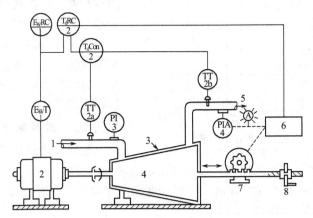

图 10-87　磨浆机控制

1—未磨纸料进口；2—主驱动电机；3—磨浆机外壳；4—可移动转子；5—磨后纸料出口；
6—可逆启动器；7—转子位移用齿轮电机机构；8—手轮

温度检测元件 TT-2a、TT-2b 分别安装在磨浆机的进出口，测量信号送给温差变送器 T_dCon-2；T_dCon-2 则用纸料出口温度减去纸料进口温度，并把与通过磨浆机后纸料所升高的温度成比例的信号传送给温差记录控制器 TdRC-2。这个控制器是一个脉冲持续型控制器，它发出脉冲信号来触发转子位移电机的可逆启动器用的继电器，由此便可按要求向里或向外移动转子，以维持转子具有适度的机械作用（做功）。

主传动电机的负荷功率由变送器 E_wT-1 测量并传送给记录器 E_wRC-1，同时也把这个信号传送给温差记录控制器 T_dRC-2，以此来补偿它的控制作用。当出现干扰时，将存在一个时间滞后，直到该干扰作用被温差测量仪表检测出来，才能重新调节转子的位置。电机负荷功率测量仪表越敏感，检测这种干扰作用就越迅速，从而给温差控制器发出相应信号，以此来补偿它的控制作用。也可以用手轮来人工操纵。

压力指示仪 PI-3 用来显示磨浆机可能出现的堵塞和断浆现象。压力指示报警器 PIA-4

也用来显示这两种不正常现象，此外在低流量时，取代温差控制器传送到可逆启动器的控制信号而自动地拉出转子并同时发出报警信号。

10.10.4 白水回收控制

白水回收装置通常用来从纸机白水中回收纤维和填料，回收的纤维和填料重新用来抄纸，而排水可作为纸料制备的稀释水和洗涤水，或用在其他制浆和抄纸车间。

图 10-88 是转鼓式及真空四转式白水回收机的控制系统。流入白水回收机的白水流量由 FRC-1 所在流量控制回路控制。用液位控制器 LIC-2 维持网槽内的适当液位，以保证白水回收机的有效操作，通过 LIC-2 控制转鼓的转速，增加或减小转鼓的过滤速度，达到液位控制要求。用远传的手动机构 HIC-3 向白水回收机的卸料口加温水，以达到稀释目的，并有助于过滤。纸料的浓度用浓度控制器 CRC-4 控制加到白水回收机卸料口的回水量来调节。

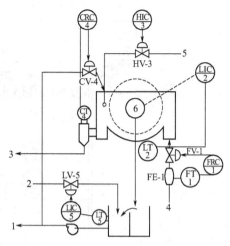

图 10-88 白水回收控制
1—回收水返回生产系统；2—补充水；3—纸料返回生产系统；4—来自纸机的白水；5—温水；6—传动电机

10.11 转炉控制

氧化转炉炼钢是炼钢生产的主要工艺，其冶炼过程是：将高炉铁水及石灰石、萤石等一些辅助原料装入炉内，从顶部插入氧枪向炉内喷吹氧气，与铁水中的杂质反应成渣并从铁水中除去，获得所要求的钢种。为生产低碳钢和超低碳钢，采用顶吹和底吹同时进行的复合吹炼工艺。

10.11.1 顶吹供氧控制系统

影响转炉生产的产量、质量、炉膛和能耗的重要参数是氧气压力和供氧流量。提高氧气压力和供氧流量，就增加了氧气对铁水的穿透深度，缩短了吹氧时间，提高了产量。但是，氧气压力太高，会造成铁水喷溅，损坏转炉炉衬而降低炉龄。而转炉炼钢冶炼周期短（约35min），又是断续过程，吹氧、停吹操作频繁。因此对氧气压力和供氧流量的控制非常重要。该控制系统的难点是必须同时稳定地控制氧气压力和氧气流量，而供氧系统氧气压力和氧气流量在同一管道上工作，相互之间有干扰，致使控制系统无法稳定。图 10-89 是顶吹供氧控制系统流程图，它较好地解决了两个控制系统在同一管道上的相互干扰问题。

控制系统第一级为压力控制，用 PID 控制器，氧气压力经调节阀减压至 $1.3 \sim 1.6$ MPa；第二级为氧气流量控制，也用 PID 控制器。由于两个控制系统在同一管道上，转炉吹炼或停吹、转炉吹炼时间的长短等因素均会使氧气总管的压力波动。而压力波动又会引起氧气流量的变化。因此采取如下两个措施。

① 压力控制系统内设置了阀门的计算规定开度控制　阀门计算规定开度控制方式是指转炉吹炼开始后，按氧气总管压力和吹氧设定值大小进行运算后输出控制信号，使压力控制阀处于某一开度。经过规定时间后，压力控制器才根据输入的氧气压力信号大小自动控制阀开度。

② 流量控制系统内设置了固定开度控制　氧气流量固定开度控制是指转炉吹炼开始后，

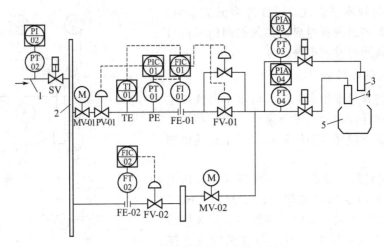

图 10-89　顶吹供氧控制系统流程图

1—氧气；2—集气管；3—1 号氧枪；4—2 号氧枪；5—转炉

不使流量变化很大，使控制系统处于比较稳定状态，因此设法在刚打开氧气切断阀时使流量控制阀固定在某一开度，经过一定时间后，控制系统才投入自动。

为提高吹氧流量的测量精度，应对吹氧量进行温度、压力修正。氧气流量的设定值一般情况下由计算机设定。

10.11.2　底吹供气控制系统

图 10-90 控制从转炉底部送入炉内搅拌气体的流量。虽然系统结构并不复杂，但由于转炉底吹工艺过程冶炼周期短、炉况变化快，且不同冶炼钢种每个炉次的各阶段供给的气体种类和强度是变动的，因此本控制系统具备了多样控制功能，主要有如下四个方面。

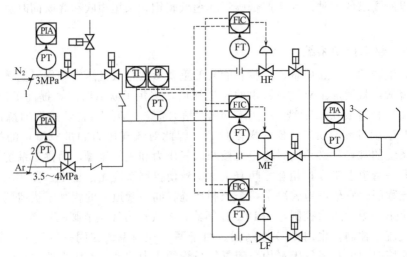

图 10-90　底吹供气控制系统流程图

1—氮气；2—氩气；3—转炉

① 控制系统有多种模式，在转炉吹炼过程中根据不同钢种、不同吹炼时间，对底吹供给的氮气、氩气流量进行控制。

② 控制系统紧跟工序快速实时切换供气管路（HF，大流量管路；MF，中流量管路；LF，小流量管路）和供气种类（氩气、氮气）。

③ 控制系统对转炉底吹供给的不同气体使用同一套节流装置能进行计算和处理。

④ 控制系统有多重保护的安全联锁功能，以防止底吹堵塞、失电等，确保转炉安全可靠工作。

由此而知，底吹供气控制系统是底吹气体流量连续控制和气体切换顺序控制综合为一体化的控制系统。具体实施时采用 DCS。

控制系统中虽然有三个并行的流量控制系统，但在转炉冶炼过程中的任何时间只有一个管路供给一种气体，即只有一个流量控制系统工作。流量控制器都采用 PID 控制器。

当转炉开始准备冶炼时，HF、MF、LF 三个管路切换为 LF 低流量管路，供给氮气，防止转炉残渣堵塞供气管路，直到装入铁水。当氧枪下降吹氧后，供气管路切换到 MF 中流量管路并继续吹入氮气，直到吹炼期 60% 以前。当吹炼到达吹炼期 60% 已接近后期，再切换到 HF 大流量管路，供给的气体切换为氩气，直至吹炼终了准备出钢，再切换为 LF 管路，供给气体又切换为氮气，准备下炉吹炼。

为保证转炉安全生产和提高钢的质量，切换联锁时序的要求很严格，即在切换时先行气体阀门必须等待后续气体阀门打开后才能关闭，不允许停止供气。另外氮气与氩气切换时机要根据冶炼钢种要求而定，如由氮气切换为氩气时间过早，必然增加氩气耗量，增加钢的成本。如由氮气切换为氩气时间过晚，则使钢中含氮量超标，降低钢的质量。

10.11.3 炉口微差压及煤气回收控制系统

转炉吹炼过程中产生大量以一氧化碳为主要成分的转炉煤气，可以将其回收后作为燃料。图 10-91 是炉口微差压及煤气回收控制系统。

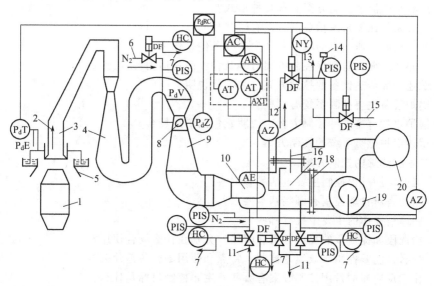

图 10-91　炉口微差压及煤气回收控制系统

1—转炉；2—烟气；3—固定烟罩；4—第一文氏管；5—活动烟罩；6—氮气；7—至 AC 控制器；
8—RD 阀；9—第二文氏管；10—风机；11—至风机翼轮的冲洗水；12—煤气；13—烟气放散；
14—点火器；15—蒸汽；16—放散阀；17—三通阀；18—回收阀；19—水封阀；20—至煤气柜

① 炉口微差压的控制范围　炉口微差压控制就是控制炉内压力在一个最佳范围内。如果炉内压力大于大气压力，则转炉煤气喷出炉外而降低回收量，同时又损坏设备和污染环境。如果炉内压力小于大气压力，则从炉口吸入空气使一氧化碳变成二氧化碳，降低了煤气的热值。理论上将微差压应控制为 0，但受设备和工艺条件影响，微差压一般控制在 10～20Pa。

②取压口位置　取压口位置选在不易堵塞、能真实反映炉口压力情况、维护方便的地方。一般选择在下部烟罩同活动烟罩的水封处。

③炉口微差压变送器　测量范围为$-100\sim100Pa$。

④炉口微差压控制器　采用 PI 控制规律。

⑤整个系统的控制过程　微差压变送器将检测的炉口微差压信号送入微差压控制器，由它控制二级文氏管管喉口内的 RD 阀，使炉口保持在 $\pm10Pa$，以保证回收高质量的转炉煤气。图 10-91 中的 AE、AT、AC 是转炉煤气成分分析，以确保煤气质量和安全。分析系统应完全满足以下条件。

a. 氧枪下降到正常吹炼位置。

b. 烟罩下降到正常回收位置。

c. 经分析炉气中一氧化碳含量大于 30%。

d. 经分析炉气中氧含量小于 1%。

e. 三通阀位置正常。

f. 储气柜允许回收煤气。

满足这些条件后，控制器使放散控制阀关闭，回收阀打开，回收煤气送入煤气柜。上述条件如果不能全部满足，则不能回收煤气，此时控制器使放散控制阀打开，回收阀关闭，烟气经放散烟囱点火放入大气。

思考题与习题 10

10-1　离心泵的流量控制方案有哪几种形式？

10-2　离心泵与往复泵流量控制方案有哪些相同点与不同点？

10-3　何谓离心式压缩机的喘振？产生喘振条件是什么？

10-4　离心式压缩机防喘振控制方案有哪几种？简述适用场合。

10-5　试述一般传热设备的控制方案，并举例说明。

10-6　锅炉设备主要控制系统有哪些？

10-7　锅炉水位有哪三种控制方案？说明它们的应用场合。

10-8　试述锅炉燃烧系统的控制方案。

10-9　简述加热炉的控制方案。

10-10　工业窑炉过程控制主要包括哪些内容？

10-11　精馏塔对自动控制有哪些基本要求？

10-12　精馏塔操作的主要干扰有哪些？

10-13　精馏段和提馏段的温控方案有哪些？分别在什么场合使用？

10-14　什么是温差控制，双温差控制？特点和使用场合各是什么？

10-15　化学反应器的常用控制方案有哪些？主要控制目标是什么？

10-16　转化炉水碳比控制有哪些？

10-17　常压塔多变量预估控制器有哪些？

10-18　催化裂化过程主要包括哪三部分控制系统？

10-19　生化过程控制有何特点？

10-20　发酵过程有哪些变量需要检测、控制？

10-21　转炉生产过程主要包括哪些控制系统？

10-22　比较纸浆浓度控制中单稀释和双稀释控制的异同点。

10-23　简述纸料配浆比值控制方案。

附录1　自控工程设计字母代号

字　母	第一位字母		后继字母
	被测变量或初始变量	修　饰　词	功　能
A	分析		报警
B	喷嘴火焰		供选用
C	电导率		控制
D	密度	差	
E	电压(电动势)		检出元件
F	流量	比(分数)	
G	尺度(尺寸)		玻璃
H	手动(人工触发)		
I	电流		指示
J	功率	扫描	
K	时间或时间程序		自动-手动操作器
L	物位		指示灯
M	水分或湿度		
N	供选用		供选用
O	供选用		节流孔
P	压力或真空		试验点(接头)
Q	数量或件数	积分、积算	积分、积算
R	放射性		记录或打印
S	速度或频率	安全	开关或联锁
T	温度		传送
U	多变量		多功能
V	黏度		阀、挡板、百叶窗
W	重量或力		套管
X	未分类		未分类
Y	供选用		继动器或计算器
Z	位置		驱动、执行或未分类的执行器

　　后继字母的确切含意，应根据实际情况做出不同的解释，例如，"R"可理解为"记录仪"、"记录"或"记录用"；"T"可理解为"变送器"、"传送"或"传送的"等。又如，"G"表示功能为"玻璃"，指用于对过程检测直接观察而无标度的仪表；"L"表示单独设置的指示灯，用于显示正常的工作状态。

　　表示被测变量的任何第一位字母与修饰字母"d"(差)、"f"(比)、"q"(积分、积算)等组合起来使用时，应把它们看作一个具有新的含意的组合体。修饰字母一般用小写，但是在不至于产生混淆的情况下，也可以用大写，并注意同一设计项目中用字的统一。例如，"PdI"表示压差指示，"PI"表示压力指示，"Pd"和"P"为两个不同的变量。"S"表示安全，仅用于检测仪表或检测元件及终端控制元件的紧急保护，如"PSV"表示非正常状态下联锁动作的压力泄放阀或切断阀。

　　"A"作为分析变量时，应在图形符号圆圈外标明分析的具体内容。如 CO_2 含量分析，可在圆圈外标注 CO_2。

　　"H"、"M"和"L"可以分别表示被测变量的"高"、"中"和"低"值，将它们标注在仪表图形符号圆圈的外边。"H"和"L"还可以分别表示阀门或其他通断设备的"开"和"关"位置。

　　"供选用"的字母，可由设计人员自行定义，如"N"可定义为"应力"变量。

　　"X"具有"未分类"含意，当"X"和其他字母一起使用时，除了具有明确意义的符号之外，应在图形符号圆圈外标明"X"的具体含意。

　　"U"表示"多变量"时，可代替两个以上第一位字母的含意。当它表示"多功能"时，则表示两个以上功能字母的组合。

　　后继字母"Y"表示继动器、计算器功能时，应在图形符号圆圈外标注它的具体功能。其功能符号和代号也有统一的规定。

附录 2　部分热电偶、热电阻分度表

镍铬-镍硅（镍铬-镍铝）热电偶分度表

（GB 2614—81 标准）

分度号：K　　　　　　　　　　　　　　　　　　　　　　　　　参考端温度为 0℃

温度/℃	0	1	2	3	4	5	6	7	8	9
	热　电　动　势/mV									
0	0.000	0.039	0.079	0.119	0.158	0.198	0.238	0.277	0.317	0.357
10	0.397	0.437	0.477	0.517	0.557	0.597	0.637	0.677	0.718	0.758
20	0.798	0.838	0.879	0.919	0.960	1.000	1.041	1.081	1.122	1.162
30	1.203	1.244	1.285	1.325	1.366	1.407	1.448	1.489	1.529	1.570
40	1.611	1.652	1.693	1.734	1.776	1.817	1.858	1.899	1.949	1.981
50	2.022	2.064	2.105	2.146	2.188	2.229	2.270	2.312	2.353	2.394
60	2.436	2.477	2.519	2.560	2.601	2.643	2.684	2.726	2.767	2.809
70	2.850	2.892	2.933	2.975	3.016	3.058	3.100	3.141	3.183	3.224
80	3.266	3.307	3.349	3.390	3.432	3.473	3.515	3.556	3.598	3.639
90	3.681	3.722	3.764	3.805	3.847	3.888	3.930	3.971	4.012	4.054
100	4.095	4.137	4.178	4.219	4.261	4.302	4.343	4.384	4.426	4.467
110	4.508	4.549	4.590	4.632	4.673	4.714	4.755	4.796	4.837	5.878
120	4.919	4.960	5.001	5.042	5.083	5.124	5.164	5.205	5.246	5.287
130	5.327	5.368	5.409	5.450	5.490	5.531	5.571	5.612	5.652	5.693
140	5.733	5.774	5.814	5.855	5.895	5.936	5.976	6.016	6.057	6.097
150	6.137	6.177	6.218	6.258	6.298	6.338	6.378	6.419	6.459	6.499
160	6.539	6.579	6.619	6.659	6.699	6.739	6.779	6.819	6.859	6.899
170	6.939	6.979	7.019	7.059	7.099	7.139	7.179	7.219	5.259	7.299
180	7.338	7.378	7.418	7.458	7.498	7.538	7.578	7.618	7.658	7.697
190	7.737	7.777	7.817	7.857	7.897	7.937	7.977	8.017	8.057	8.097
200	8.137	8.177	8.216	8.256	8.296	8.336	8.376	8.416	8.456	8.497
210	8.537	8.577	8.617	8.657	8.697	8.737	8.777	8.817	8.857	8.898
220	8.938	8.978	9.018	9.058	9.099	9.139	9.179	9.220	9.260	9.300
230	9.341	9.381	9.421	9.462	9.502	9.543	9.583	9.624	9.664	9.705
240	9.745	9.786	9.826	9.867	9.907	9.948	9.989	10.029	10.070	10.111
250	10.151	10.192	10.233	10.274	10.315	10.355	10.396	10.437	10.478	10.519
260	10.560	10.600	10.641	10.682	10.723	10.764	10.805	10.846	10.887	10.928
270	10.969	11.010	11.051	11.093	11.134	11.175	11.216	11.257	11.298	11.339
280	11.381	11.422	11.463	11.504	11.546	11.587	11.628	11.669	11.711	11.752
290	11.793	11.835	11.876	11.918	11.959	12.000	12.042	12.083	12.125	12.166
300	12.207	12.249	12.290	12.332	12.373	12.415	12.456	12.498	12.539	12.581
310	12.623	12.664	12.706	12.747	12.789	12.831	12.872	12.914	12.955	12.997
320	13.039	13.080	13.122	13.164	13.205	13.247	13.289	13.331	13.372	13.414
330	13.456	13.497	13.539	13.581	13.623	13.665	13.706	13.748	13.790	13.832
340	13.874	13.915	13.957	13.999	14.041	14.083	14.125	14.167	14.208	14.250
350	14.292	14.334	14.376	14.418	14.460	14.502	14.544	14.586	14.628	14.670

续表

温度 /℃	0	1	2	3	4	5	6	7	8	9
	热　电　动　势/mV									
360	14.712	14.754	14.796	14.838	14.880	14.922	14.964	15.006	15.048	15.090
370	15.132	15.174	15.216	15.258	15.300	15.342	15.384	15.426	15.468	15.510
380	15.552	15.594	15.636	15.679	15.721	15.763	15.805	15.847	15.889	15.931
390	15.974	16.016	16.058	16.100	16.142	16.184	16.227	16.269	16.311	16.353
400	16.395	16.438	16.480	16.522	16.564	16.607	16.649	16.691	16.733	16.776
410	16.818	16.860	16.902	16.945	16.987	17.029	17.072	17.114	17.156	17.199
420	17.241	17.283	17.326	17.368	17.410	17.453	17.495	17.537	17.580	17.622
430	17.664	17.707	17.749	17.792	17.834	17.876	17.919	17.961	18.004	18.046
440	18.088	18.131	18.173	18.216	18.258	18.301	18.343	18.385	18.428	18.470
450	18.513	18.555	18.598	18.640	18.683	18.725	18.768	18.810	18.853	18.895
460	18.938	18.980	19.023	19.065	19.108	19.150	19.193	19.235	19.278	19.320
470	19.363	19.405	19.448	19.490	19.533	19.576	19.618	19.661	19.703	19.746
480	19.788	19.831	19.873	19.916	19.959	20.001	20.044	20.086	20.129	20.172
490	20.214	20.257	20.299	20.342	20.385	20.427	20.470	20.512	20.555	20.598
500	20.640	20.683	20.725	20.768	20.811	20.853	20.896	20.938	20.981	21.024
510	21.066	21.109	21.152	21.194	21.237	21.280	21.322	21.365	21.407	21.450
520	21.493	21.535	21.578	21.621	21.663	21.706	21.749	21.791	21.834	21.876
530	21.919	21.962	22.004	22.047	22.090	22.132	22.175	22.218	22.260	22.303
540	22.346	22.388	22.431	22.473	22.516	22.559	22.601	22.644	22.687	22.729
550	22.772	22.815	22.857	22.900	22.942	22.985	23.028	23.070	23.113	23.156
560	23.198	23.241	23.284	23.326	23.369	23.411	23.454	23.497	23.539	23.582
570	23.624	23.667	23.710	23.752	23.795	23.837	23.880	23.923	23.965	24.008
580	24.050	24.093	24.136	24.178	24.221	24.263	24.306	24.348	24.391	24.434
590	24.476	24.519	24.561	24.604	24.646	24.689	24.731	24.774	24.817	24.859
600	24.902	24.944	24.987	25.029	25.072	25.114	25.157	25.199	25.242	25.284
610	25.327	25.369	25.412	25.454	25.497	25.539	25.582	25.624	25.666	25.709
620	25.751	25.794	25.836	25.879	25.921	25.964	26.006	26.048	26.091	26.133
630	26.176	26.218	26.260	26.303	26.345	26.387	26.430	26.472	26.515	26.557
640	26.599	26.642	26.684	26.726	26.769	26.811	26.853	26.896	26.938	26.980
650	27.022	27.065	27.107	27.149	27.192	27.234	27.276	27.318	27.361	27.403
660	27.445	27.487	27.529	27.572	27.614	27.656	27.698	27.740	27.783	27.825
670	27.867	27.909	27.951	27.993	28.035	28.078	28.120	28.162	28.204	28.246
680	28.288	28.330	28.372	28.414	28.456	28.498	28.540	28.583	28.625	28.667
690	28.709	28.751	28.793	28.835	28.877	28.919	28.961	29.002	29.044	29.086
700	29.128	29.170	29.212	29.254	29.296	29.338	29.380	29.422	29.464	29.505
710	29.547	29.589	29.631	29.673	29.715	29.756	29.798	29.840	29.882	29.924
720	29.965	30.007	30.049	30.091	30.132	30.174	30.216	30.257	30.299	30.341
730	30.383	30.424	30.466	30.508	30.549	30.591	30.632	30.674	30.716	30.757
740	30.799	30.840	30.882	30.924	30.965	31.007	31.048	31.090	31.131	31.173
750	31.214	31.256	31.297	31.339	31.380	31.422	31.463	31.504	31.546	31.587
760	31.629	31.670	31.712	31.753	31.794	31.836	31.877	31.918	31.960	32.001
770	32.042	32.084	32.125	32.166	32.207	32.249	32.290	32.331	32.372	32.414
780	32.455	32.496	32.537	32.578	32.619	32.661	32.702	32.743	32.784	32.825
790	32.866	32.907	32.948	32.990	33.031	33.072	33.113	33.154	33.195	33.236

温度 /℃	0	1	2	3	4	5	6	7	8	9
	热 电 动 势/mV									
800	33.277	33.318	33.359	33.400	33.441	33.482	33.523	33.564	33.604	33.645
810	33.686	33.727	33.768	33.809	33.850	33.891	33.931	33.972	34.013	34.054
820	34.095	34.136	34.176	34.217	34.258	34.299	34.339	34.380	34.421	34.461
830	34.502	34.543	34.583	34.624	34.665	34.705	34.746	34.787	34.827	34.868
840	34.909	34.949	34.990	35.030	35.071	35.111	35.152	35.192	35.233	35.273
850	35.314	35.354	35.395	35.435	35.476	35.516	35.557	35.597	35.637	35.678
860	35.718	35.758	35.799	35.839	35.880	35.920	35.960	36.000	36.041	36.081
870	36.121	36.162	36.202	36.242	36.282	36.323	36.363	36.403	36.443	36.483
880	36.524	36.564	36.604	36.644	36.684	36.724	36.764	36.804	36.844	36.885
890	36.925	36.965	37.005	37.045	37.085	37.125	36.165	37.205	37.245	37.285

铂热电阻分度表

分度号：Pt50 $R_0 = 50.00\Omega$ $\alpha = 0.003850$

测量端温度 /℃	0	1	2	3	4	5	6	7	8	9
	电 阻 值/Ω									
−100	29.82	29.61	29.41	29.20	29.00	28.79	28.58	28.38	28.17	27.96
−90	31.87	31.67	31.46	31.26	31.06	30.85	30.64	30.44	30.23	30.03
−80	33.92	33.72	33.51	33.31	33.10	32.90	32.69	32.49	32.28	32.08
−70	35.95	35.75	35.55	35.34	35.14	34.94	34.73	34.53	34.33	34.12
−60	37.98	37.78	37.58	37.37	37.17	36.97	36.77	36.56	36.36	36.16
−50	40.00	39.80	39.60	39.40	39.19	38.99	38.79	38.59	38.39	38.18
−40	42.01	41.81	41.61	41.41	41.21	41.01	40.81	40.60	40.40	40.20
−30	44.02	44.82	43.62	43.42	43.22	43.02	42.82	42.61	42.41	42.21
−20	46.02	45.82	45.62	45.42	45.22	45.02	44.82	44.62	44.42	44.22
−10	48.01	47.81	47.62	47.42	47.22	47.02	46.82	46.62	46.42	46.22
−0	50.00	49.80	49.60	49.40	49.21	49.01	48.81	48.61	48.41	48.21
0	50.00	50.20	50.40	50.59	50.79	50.99	51.19	51.39	51.58	51.87
10	51.98	52.18	52.38	52.57	52.77	52.97	53.17	53.36	53.56	53.76
20	53.96	54.15	54.35	54.55	54.75	54.94	55.14	55.34	55.53	55.73
30	55.93	56.12	56.32	56.52	56.71	56.91	57.11	57.30	57.50	57.70
40	57.89	58.09	58.28	58.48	58.67	58.87	59.06	59.26	59.45	59.65
50	59.85	60.04	60.24	60.43	60.63	60.82	61.02	61.21	61.41	61.60
60	61.80	62.00	62.19	62.39	62.58	62.78	62.97	63.17	63.36	63.55
70	63.75	63.94	64.14	64.33	64.53	64.72	64.91	65.10	65.30	65.49
80	65.69	65.88	66.08	66.27	66.46	66.65	66.85	67.04	67.23	67.43
90	67.62	67.81	68.01	68.20	68.39	68.58	68.78	68.97	69.17	69.36
100	69.55	69.74	69.93	70.13	70.32	70.51	70.70	70.89	71.09	71.28
110	71.48	71.67	71.86	72.05	72.24	72.43	72.62	72.81	73.00	73.20
120	73.39	73.58	73.77	73.96	74.15	74.34	74.53	74.73	74.92	75.11
130	75.30	75.49	75.68	75.87	76.06	76.25	76.44	76.63	76.82	77.01
140	77.20	77.39	77.58	77.77	77.96	78.15	78.34	78.53	78.72	78.91
150	79.10	79.29	79.48	79.67	79.86	80.05	80.24	80.43	80.62	80.81
160	81.00	81.19	81.38	81.57	81.76	81.95	82.14	82.32	82.51	82.70
170	82.89	83.08	83.27	83.46	83.64	83.83	84.01	84.20	84.39	84.58
180	84.77	84.95	85.14	85.33	85.52	85.71	85.89	86.08	86.27	86.46
190	86.64	86.83	87.02	87.20	87.39	87.58	87.77	87.95	88.14	88.33
200	88.51	88.70	88.89	89.07	89.26	89.45	89.63	89.82	90.01	90.19

WZC 型铜热电阻分度表

(ZBY028—81)

分度号：Cu50　　　　　　　　　　$R_0 = 50\Omega$　　　　　　　　　　$\alpha = 0.004280$

温度 /℃	0	1	2	3	4	5	6	7	8	9
	电　　阻　　值/Ω									
0	50.00	50.21	50.43	50.64	50.86	51.07	51.28	51.50	51.71	51.93
10	52.14	52.36	52.57	52.78	53.00	53.21	53.43	53.64	53.86	54.07
20	54.28	54.50	54.71	54.92	55.14	55.35	55.57	55.78	56.00	56.21
30	56.42	56.64	56.85	57.07	57.28	57.49	57.71	57.92	58.14	58.35
40	58.56	58.78	58.99	59.20	59.42	59.63	59.85	60.06	60.27	60.49
50	60.70	60.92	61.13	61.34	61.56	61.77	61.98	62.20	62.41	62.63
60	62.84	63.05	63.27	63.48	63.70	63.91	64.12	64.34	64.55	64.76
70	64.98	65.19	65.41	65.62	65.83	66.05	66.26	66.48	66.69	66.90
80	67.12	67.33	67.54	67.76	67.97	68.19	68.40	68.62	68.83	69.04
90	69.26	69.47	69.68	69.90	70.11	70.33	70.54	70.76	70.97	71.18
100	71.40	71.61	71.83	72.04	72.25	72.47	72.68	72.90	73.11	73.33
110	73.54	73.75	73.97	74.18	74.40	74.61	74.83	75.04	75.26	75.47
120	75.68	75.90	76.11	76.33	76.54	76.76	76.97	77.19	77.40	77.62
130	77.83	78.05	78.26	78.48	78.69	78.91	79.12	79.34	79.55	79.77
140	79.98	80.20	80.41	80.63	80.84	81.06	81.27	81.49	81.70	81.92
150	82.13	—	—	—	—	—	—	—	—	—

参 考 文 献

[1] 俞金寿，孙自强．过程自动化及仪表．第2版．北京：化学工业出版社，2007.

[2] 厉玉鸣．化工仪表及自动化．第4版．北京：化学工业出版社，2006.

[3] 俞金寿，顾幸生等．过程控制工程．北京：高等教育出版社，2012.

[4] 陆德民．石油化工自动控制手册．北京：化学工业出版社，2000.

[5] 黄德先，王京春，金以慧．过程控制系统．北京：清华大学出版社，2011.

[6] 俞金寿．工业过程先进控制技术．上海：华东理工大学出版社，2008.